岩波講座　基礎数学

Fourier 解析

監修
小平邦彦

編集
岩堀長慶
河田敬義
*藤田　宏
*小松彦三郎
田村一郎
服部晶夫
飯高　茂

岩波講座　基礎数学

解 析 学(I) vi

Fourier 解　析

小 松 彦 三 郎

岩 波 書 店

目　　次

はじめに

Fourier 解析は 1811 年に発表された J.-B.-J. Fourier の熱伝導の研究に起源がある．Fourier は任意の関数が三角関数の重ね合せで表わされることを主張し，要素となる三角関数に対する解の重ね合せとして熱方程式の一般解を与えた．線型偏微分方程式の解を要素的な解の重ね合せとして得るという試みは Fourier 以前にもあったが，すべての解がこの方法で得られることおよび係数が積分によって与えられることを言明したのは Fourier が最初である．これは近代解析学の夜明けともいうべき事件であった．‘任意の関数’，‘積分’など解析学における最も基礎的な概念そのものが Fourier のこの主張を明確化し正当化する過程で確立されていったのである．G. F. B. Riemann の積分を定義した論文は“関数の三角級数による表現可能性について”と題されている．G. Cantor の集合論および位相空間論も三角級数の研究から導かれた．H. Lebesgue の積分論および D. Hilbert の積分方程式論にはじまる関数解析学も Fourier 解析に不可分に結びついている．この流れは J. von Neumann による量子力学の基礎づけ，N. Wiener による通信および予知の理論に及ぶ．一方，三角関数が円周 $\boldsymbol{T}$ および実直線 $\boldsymbol{R}$ の群構造に伴って自然に現われる特殊関数であるという立場から，三角級数の理論を一般の位相群または Lie 群に拡張する群上の調和解析の理論も生まれた．

このように Fourier 解析の関連する領域は広大であるが，狭い意味で Fourier 解析というときは，Fourier 級数がいつ収束するかなどの比較的限定された問題を扱う解析学を意味する．本講で扱うのはもちろんこの狭義の Fourier 解析である．しかも主として 1 変数の場合のみを考察する．これだけ限定してもすべてが自明というわけにはいかない．われわれも言及するだけで止めざるを得なかった Carleson-Hunt の概収束定理を除いて，ここで論じられる結果はほとんどすべて 1930 年ごろまでに得られたものであるが，証明法の改良は現在も進行中である．主要な結果は不等式の形で与えられるが，これらの不等式および不等式を証明する方法は他の解析学に対しても現在，将来にわたり有用であると思われる．G. H. Hardy, J. E. Littlewood および G. Pólya が名著“Inequalities”を著した動機も同じようなことではなかったかと忖度される．われわれも“Inequalities”の中の主要な結果はすべてなるべく現代的な立場で再構成するよう試みた．

第1章の主題は Riesz-Thorin と Marcinkiewicz-Hunt の補間定理である．これは二つの不等式がなりたつとき，それらを補間する無数の不等式が得られるという定理である．後の不等式ははじめの不等式の帰結であって，いわばナンセンスな定理であるが，大いに思考の経済にはなる．例えば，Hardy-Littlewood-Sobolev の不等式について，関数の再配分を用いたもとの証明と補間定理を用いた本文の証明を比較されたい．流行にしたがって，Lebesgue 空間 $L^p(X)$ は指数が $0<p<1$ で Banach 空間にならない場合もていねいに扱った．

第2章では Lebesgue 空間における Fourier 級数論を述べる．第1章の結果を利用した実関数的方法をとるようにつとめたが，Hardy 空間については本来整型関数の理論であることおよび頁数の節約のため複素関数的方法をとった．

第3章の前半は Fourier 積分論であり，第2章に平行した結果を与える．後半では可換 Lie 群上の2乗可積分関数の Fourier 変換に関する Plancherel の定理と，正値正則測度と正定符号関数が互いの Fourier 変換になっていることを示す Bochner の定理を述べた．

本来の Fourier 解析の主題であって本講で扱うことのできなかったものは多い．不等式の理論としては Littlewood-Paley の理論がない．Wiener の一般 Tauber 型定理もない．また Fourier 解析の起源からいえば，関数の滑らかさ，特に導関数との関係について何も触れていないのはおかしい．実はこれについては Hölder 連続関数の空間およびそれを一般化した Besov 空間の理論と共に論ずるつもりで準備したのであるが，紙数の都合で切り捨てざるを得なかった．なお超関数の Fourier 解析および偏微分方程式に対する応用については本講座の“定数係数線型偏微分方程式”を見られたい．

本講では本講座の“測度と積分”および“関数解析”の結果を特に引用することなく用いたが，この他に積分論および関数解析より若干の結果を必要とした．それらは，読者の便宜をはかって，巻末の付録にまとめてある．

第1章　Lebesgue 空間と補間定理

§1.1　Lebesgue 空間

$(X, \mathcal{M}, \mu)$ を集合 X, X 上の σ 集合代数 $\mathcal{M}$ および $\mathcal{M}$ 上の完全加法測度 μ からなる測度空間とする．簡単のため X は σ 有限であると仮定する．

定義 1.1　$0<p<\infty$ に対して，$|f(x)|^p$ が可積分であるような X 上の可測関数 $f(x)$ 全体の集合を $L^p(X)$ と書き，

$$\|f\|_{L^p(X)} = \left(\int_X |f(x)|^p \mu(dx)\right)^{1/p} \tag{1.1}$$

を f の**ノルム**という．また，本質的に有界な可測関数，すなわち

$$\|f\|_{L^\infty(X)} = \inf\{\sup\{|f(x)| \mid x \in X \setminus N\} \mid \mu(N)=0\} \tag{1.2}$$

が有限である可測関数全体の集合を $L^\infty(X)$ と書き，(1.2) の数を f の**ノルム**という．

X が局所コンパクト空間であり，$\mathcal{M}$ が X のコンパクト集合をすべて含むときには，この他に指数として ω を許すことにし，$f \in L^\omega(X)$ とは $f \in L^\infty(X)$ かつ x が無限遠点に近づくとき $f(x) \to 0$ となること，すなわち任意の $\varepsilon>0$ に対しコンパクト集合 $K \subset X$ が存在し $\|f\|_{L^\infty(X\setminus K)} < \varepsilon$ をみたすことであると定義する．ノルムは $L^\infty(X)$ と同じものをとる：

$$\|f\|_{L^\omega(X)} = \|f\|_{L^\infty(X)}. \tag{1.3}$$

有限の p すなわち $0<p<\infty$ に対しては普通の順序を入れ，任意の有限の p に対して

$$p < \infty, \quad p < \omega \tag{1.4}$$

とみなす．混乱を避けるため ∞ と ω は比較しないことにする．

以上の関数 f は実数値をとるとしてもよいし，複素数値をとるとしてもよいが，特に断らないときは複素数値であるとする．

$p=\infty$ または ω を含めて，$f \in L^p(X)$ とほとんどいたるところ等しい関数は $L^p(X)$ に属し，差のノルムは 0 となる．このような関数は同一視して，$L^p(X)$

のただ一つの元と考える.

空間 $L^p(X)$, $p>0$, を **Lebesgue 空間**と総称する. 特に $(X, \mathcal{M}, \mu)$ が X の各点に測度1を与えた離散測度空間のときは, $L^p(X)$ を $l^p(X)$ と書く. X が自然数の集合 $\boldsymbol{N}$ のときは $\boldsymbol{N}$ を省略して l^p と書く. l^ω は普通 c_0 と書かれる数列空間である. ——

$p\geqq 1$ ならば $L^p(X)$ が Banach 空間になることは既知であろうが, 念のため証明を与えておく. 基礎となるのは次の不等式である.

定理 1.1 (Young の不等式) $a, b\geqq 0$ かつ $0<\theta<1$ とする. このとき, 任意の $0<\varepsilon<\infty$ に対して

(1.5) $$a^\theta b^{1-\theta} \leqq \theta\varepsilon^{1-\theta}a+(1-\theta)\varepsilon^{-\theta}b.$$

かつ $0<\varepsilon<\infty$ を動かしたときの右辺の下限は左辺に等しい.

証明 a または b が0のときは明らかであるから, $a>0$ かつ $b>0$ とする. 右辺を ε の関数とみなしたとき, その導関数は

$$\theta(1-\theta)(\varepsilon^{-\theta}a-\varepsilon^{-\theta-1}b) = \theta(1-\theta)\varepsilon^{-\theta}(a-\varepsilon^{-1}b).$$

したがって, $\varepsilon=b/a$ のとき, 最小値

$$\theta\left(\frac{b}{a}\right)^{1-\theta}a+(1-\theta)\left(\frac{b}{a}\right)^{-\theta}b = a^\theta b^{1-\theta}$$

をとる. ▌

定理 1.2 (Hölder の不等式) $1\leqq p, p'\leqq\infty$ かつ

(1.6) $$\frac{1}{p}+\frac{1}{p'}=1$$

をみたすとする. このとき, 任意の $f\in L^p(X)$, $g\in L^{p'}(X)$ に対して, 各点ごとの積 $f(x)g(x)$ は $L^1(X)$ に属し,

(1.7) $$\|fg\|_{L^1(X)} \leqq \|f\|_{L^p(X)}\|g\|_{L^{p'}(X)}.$$

証明 p または p' が ∞ のときは明らかである. その他の場合は Young の不等式により, 任意の $0<\varepsilon<\infty$ に対し

$$|f(x)g(x)| \leqq \frac{\varepsilon^{1/p'}}{p}|f(x)|^p+\frac{\varepsilon^{-1/p}}{p'}|g(x)|^{p'}$$

がなりたつ. 右辺が可積分であるから, 左辺もそうである. X 上で積分して

$$\|fg\|_{L^1(X)} \leqq \frac{\varepsilon^{1/p'}}{p}\|f\|_{L^p(X)}{}^p+\frac{\varepsilon^{-1/p}}{p'}\|g\|_{L^{p'}(X)}{}^{p'}$$

を得る．ここで Young の不等式の逆の部分を用いれば，$0<\varepsilon<\infty$ を動かしたときの右辺の下限は $\|f\|\,\|g\|$ に等しいことがわかる．こうして (1.7) が証明された．∎

(1.6) をみたす二つの指数 p, p' は互いに**共役**であるという．

定理 1.3 (**Minkowski の不等式**)　$p\geqq 1$ のとき，任意の $f, g\in L^p(X)$ に対して，各点ごとの和 $f(x)+g(x)$ は $L^p(X)$ に属し，

$$\|f+g\|_{L^p(X)}\leqq \|f\|_{L^p(X)}+\|g\|_{L^p(X)}. \tag{1.8}$$

証明　$p=1, \infty$ または ω のときは容易であるから証明を略す．

$1<p<\infty$ のとき，まず

$$|f(x)+g(x)|^p\leqq 2^p(|f(x)|^p+|g(x)|^p) \tag{1.9}$$

ゆえ，$f+g\in L^p(X)$ に注意する．$p'=p/(p-1)$ を共役な指数とする．Hölder の不等式により

$$\begin{aligned}\int|f(x)+g(x)|^p\mu(dx) &\leqq \int|f(x)+g(x)|^{p-1}(|f(x)|+|g(x)|)\,\mu(dx)\\ &\leqq \|(f+g)^{p-1}\|_{L^{p'}(X)}(\|f\|_{L^p(X)}+\|g\|_{L^p(X)})\\ &= \|f+g\|_{L^p(X)}{}^{p-1}(\|f\|_{L^p(X)}+\|g\|_{L^p(X)}).\end{aligned}$$

すなわち，

$$\|f+g\|_{L^p(X)}{}^p\leqq \|f+g\|_{L^p(X)}{}^{p-1}(\|f\|_{L^p(X)}+\|g\|_{L^p(X)}). \tag{1.10}$$

$\|f+g\|_{L^p(X)}=0$ ならば，明らかに (1.8) が成立する．そうでないときは，(1.10) の両辺を $\|f+g\|_{L^p(X)}{}^{p-1}$ で割って (1.8) を得る．∎

次の定理の証明ではわれわれの積分が Lebesgue 式の積分であることが本質的に用いられている．

定理 1.4　$p\geqq 1$ とする．関数列 $f_n\in L^p(X)$ が

$$\sum_{n=1}^{\infty}\|f_n\|_{L^p(X)}<\infty \tag{1.11}$$

をみたすならば，

$$f(x)=\sum_{n=1}^{\infty}f_n(x) \tag{1.12}$$

はほとんどすべての $x\in X$ に対して絶対収束し，$L^p(X)$ に属する関数となり，かつ $n\to\infty$ のとき

$$\|f_1+f_2+\cdots+f_n-f\|_{L^p(X)}\longrightarrow 0. \tag{1.13}$$

証明　$p=\infty$ または ω の場合は容易であるから証明を略す.

$$g_n(x) = |f_1(x)|+|f_2(x)|+\cdots+|f_n(x)|,$$

$$g(x) = \lim_{n\to\infty} g_n(x) = \sum_{n=1}^{\infty}|f_n(x)|$$

とおく. $g_n(x)$ は可測関数の単調増加列であるから, $g(x)$ は, $+\infty$ の値をとることを許せば, すべての $x\in X$ に対して確定した可測関数になる. Minkowski の不等式により

$$\|g_n\|_{L^p(X)} \leqq \|f_1\|_{L^p(X)}+\cdots+\|f_n\|_{L^p(X)} \leqq \sum_{n=1}^{\infty}\|f_n\|_{L^p(X)}$$

ゆえ, Beppo Levi の定理により

$$\int |g(x)|^p\mu(dx) = \lim_{n\to\infty}\int |g_n(x)|^p\mu(dx) < \infty.$$

すなわち $g(x)\in L^p(X)$ がわかる. 特に, ほとんどすべての $x\in X$ に対し $g(x)$ は有限の値をとる. このような x に対して (1.12) は絶対収束する. $|f(x)|\leqq g(x)$ より, 明らかに $f\in L^p(X)$ でもある.

$$|f_1(x)+\cdots+f_n(x)-f(x)|^p \leqq |g(x)|^p \in L^1(X)$$

ゆえ, Lebesgue の収束定理より (1.13) が従う. ▌

(1.11) をみたす級数 $\sum f_n$ は $L^p(X)$ において**絶対収束**するという.

$p=2$ の場合, $L^p(X)$ のノルムは**内積**

$$(f,g) = \int f(x)\overline{g(x)}\,\mu(dx) \tag{1.14}$$

に伴うノルム $\|f\|=(f,f)^{1/2}$ に等しい.

以上をまとめれば次の定理になる. これは $p=2$ のとき E. Fischer と F. Riesz によって, その他のとき F. Riesz によって得られた.

定理 1.5　$L^p(X)$ は, $p=2$ のとき, 内積 (1.14) によって Hilbert 空間をなし, $1\leqq p\leqq\infty$ または $p=\omega$ のときノルム (1.1), (1.2), (1.3) によって Banach 空間をなす.

証明　(1.14) で定義される内積が次の**内積の公理**をみたすことは直ちに証明できる:

(i)　　$(f,f)\geqq 0;$

(ii)　　$(f,g)=\overline{(g,f)};$

(iii) $$(af+bg, h) = a(f,h)+b(g,h);$$

(iv) $$(f,f)=0 \implies f=0.$$

ただし，f, g, h は $L^2(X)$ の任意の元，a, b は任意の複素数である．

(1.1) 等で定義されるノルムが次の**ノルムの公理**のうち (ii) 以外をみたすことは明らかであり，(ii) は Minkowski の不等式に他ならない：

(i) $$\|f\| \geqq 0;$$

(ii) $$\|f+g\| \leqq \|f\|+\|g\|;$$

(iii) $$\|af\| = |a|\|f\|;$$

(iv) $$\|f\|=0 \implies f=0.$$

ただし，f, g は $L^p(X)$ の任意の元，a は任意の複素数である．

最後に，絶対収束級数がすべて収束するノルム空間は完備である．実際 f_n を任意の Cauchy 列としたとき，適当に部分列 f_{n_k} をとれば，$\|f_{n_{k+1}}-f_{n_k}\| \leqq 2^{-k}$ とすることができ，$f_{n_1}+(f_{n_2}-f_{n_1})+\cdots+(f_{n_k}-f_{n_{k-1}})+\cdots$ は絶対収束する．この極限を f としたとき，もとの列 f_n が f に収束することは容易に示される．▮

Hölder の不等式は次のように一般化することができる．

定理 1.6 $p>0$, $q>0$ かつ

(1.15) $$\frac{1}{r}=\frac{1}{p}+\frac{1}{q}$$

とする．ただし，

(1.16) $$\frac{1}{\infty}=\frac{1}{\infty}+\frac{1}{\infty}, \qquad \frac{1}{\omega}=\frac{1}{\omega}+\frac{1}{\infty}=\frac{1}{\infty}+\frac{1}{\omega}=\frac{1}{\omega}+\frac{1}{\omega},$$

それ以外のときは $1/\omega=1/\infty=0$ とみなす．このとき，$f \in L^p(X)$，$g \in L^q(X)$ ならば，積 fg は $L^r(X)$ に属し，かつ

(1.17) $$\|fg\|_{L^r(X)} \leqq \|f\|_{L^p(X)}\|g\|_{L^q(X)}.$$

証明 p または q が ∞ または ω のときの証明は容易である．それ以外のときは $|f|^r$ と $|g|^r$ に Hölder の不等式を適用すればよい．▮

$\mu(X)<\infty$ のときは，$g=1$ としてこの定理を適用することにより，$f \in L^p(X)$ ならば，任意の $0<q<p$ に対して $f \in L^q(X)$ となることがわかる．さらに詳しくノルムについて次の連続性がなりたつ．

定理 1.7 $0<\mu(X)<\infty$ ならば，任意の $0<p\leqq\infty$ に対して $L^p(X)\subset L^q(X)$，

$0<q<p$，かつ

(1.18)
$$\|f\|_{L^p(X)} = \lim_{q \nearrow p} \|f\|_{L^q(X)}.$$

証明　$q<p$ ならば，(1.17) により

$$\|f\|_{L^q(X)} \leqq \|f\|_{L^p(X)} \|1\|_{L^{(q^{-1}-p^{-1})^{-1}}(X)}.$$

ここで

$$\|1\|_{L^{(q^{-1}-p^{-1})^{-1}}(X)} = (\mu(X))^{q^{-1}-p^{-1}} \longrightarrow 1, \quad q \nearrow p,$$

ゆえ，

$$\|f\|_{L^p(X)} \geqq \limsup_{q \nearrow p} \|f\|_{L^q(X)}.$$

p が有限な場合，X を $X_1=\{x \in X \mid |f(x)|>1\}$ と $X_2=\{x \in X \mid |f(x)| \leqq 1\}$ に分ける．X_1 に対しては Beppo Levi の定理，X_2 に対しては Lebesgue の収束定理を用いれば，$q \nearrow p$ のとき

$$\begin{aligned}\|f\|_{L^q(X)}{}^q &= \int_{X_1} |f(x)|^q \mu(dx) + \int_{X_2} |f(x)|^q \mu(dx) \\ &\longrightarrow \|f\|_{L^p(X)}{}^p.\end{aligned}$$

$p=\infty$ の場合，$\|f\|_{L^\infty(X)}>0$ とし，任意の $\varepsilon>0$ をとる．$X_1=\{x \in X \mid |f(x)| \geqq \|f\|_{L^\infty(X)}-\varepsilon\}$ とすれば，$\mu(X_1)>0$ ゆえ，$q<\infty$ に対し

$$\|f\|_{L^q(X)} \geqq (\|f\|_{L^\infty(X)}-\varepsilon)(\mu(X_1))^{1/q}.$$

$q \nearrow \infty$ のとき右辺は $\|f\|_{L^\infty(X)}-\varepsilon$ に収束するから，

$$\|f\|_{L^\infty(X)}-\varepsilon \leqq \liminf_{q \nearrow \infty} \|f\|_{L^q(X)}. \qquad \blacksquare$$

定理 1.3 および 1.4 は積分の形でも成立する．すなわち

定理 1.8　$f(x, y)$ を σ 有限な完備測度空間 $(X, \mathcal{M}, \mu)$ と $(Y, \mathcal{N}, \nu)$ の完備直積測度空間上の可測関数とし，$1 \leqq p \leqq \infty$ または $p=\omega$ とする．ただし $p=\omega$ のときは X は σ コンパクトであると仮定する．このとき，ほとんどすべての $y \in Y$ に対して $f(x, y) \in L^p(X)$ かつ

(1.19)
$$\int_Y \|f(x, y)\|_{L^p(X)} \nu(dy) < \infty$$

ならば，ほとんどすべての $x \in X$ に対して $f(x, y)$ は y の関数として可積分かつ

(1.20)
$$F(x) = \int_Y f(x, y) \nu(dy)$$

は $L^p(X)$ に属し,

$$\|F\|_{L^p(X)} \leqq \int_Y \|f(x,y)\|_{L^p(X)}\nu(dy). \tag{1.21}$$

証明 はじめに $\|f(x,y)\|_{L^p(X)}$ が y の可測関数であることに注意しておく. $p<\infty$ のときは $\|f(x,y)\|_{L^p(X)}{}^p$ は正値[1]可測関数 $|f(x,y)|^p$ の x に関する積分であるから, $+\infty$ の値をとることを許せば $|f(x,y)|^p$ が x に関して可測となるほとんどすべての $y\in Y$ に対して確定し, y の可測関数になる. この p 乗根も可測である.

$p=\infty$ または ω のときも, $\mu(X)<\infty$ ならば, (1.18) により可測関数の極限として可測になる. $\mu(X)=\infty$ のときは, X を有限測度の可測集合列 $X_1\subset X_2\subset\cdots$ の合併の形に表わしておいて $\|f(x,y)\|_{L^\infty(X)}=\sup\|f(x,y)\|_{L^\infty(X_n)}$ となることを用いればよい.

$p=\infty$ のとき, ほとんどすべての $(x,y)\in X\times Y$ に対して

$$|f(x,y)| \leqq \|f(x,y)\|_{L^\infty(X)} \in L^1(Y)$$

が成立する. したがって, $f(x,y)$ はほとんどすべての $x\in X$ に対して可積分であって, $F(x)=\int f(x,y)\nu(dy)$ は可測かつほとんどすべての $x\in X$ に対し

$$|F(x)| \leqq \int_Y \|f(x,y)\|_{L^\infty(X)}\nu(dy) \tag{1.22}$$

をみたす.

$p=\omega$ のときは, $K_1\Subset K_2\Subset\cdots\Subset K_n\Subset\cdots$ かつ $\bigcup K_n=X$ となるコンパクト列をとっておく. 任意の $\varepsilon>0$ に対し

$$Y_n=\{y\in Y \mid \|f(x,y)\|_{L^\infty(X\setminus K_n)} \leqq \varepsilon\|f(x,y)\|_{L^\omega(X)}\}$$

とおく. X の任意のコンパクト集合 K はどれかの K_n に含まれるから, 増大可測集合列 Y_n の合併 $\bigcup Y_n$ はほとんどすべての $y\in Y$ を含む. したがって

$$\int_{Y\setminus Y_n} \|f(x,y)\|_{L^\omega(X)}\nu(dy) \leqq \varepsilon$$

となる n が存在する.

$$F(x)=\int_{Y_n} f(x,y)\nu(dy)+\int_{Y\setminus Y_n} f(x,y)\nu(dy)$$

---

1) 本講を通じて'正値'は'非負'を意味する.

と書いたとき，第2項は (1.22) により $L^\infty(X)$ ノルムが ε をこえない関数になる．第1項については，同じく (1.22) により

$$\left\|\int_{Y_n} f(x,y)\nu(dy)\right\|_{L^\infty(X\setminus K_n)} \leqq \int_{Y_n} \|f(x,y)\|_{L^\infty(X\setminus K_n)}\nu(dy)$$

$$\leqq \varepsilon\int_{Y_n}\|f(x,y)\|_{L^\infty(X)}\nu(dy).$$

ゆえに

$$\|F(x)\|_{L^\infty(X\setminus K_n)} \leqq \left(1+\int\|f(x,y)\|_{L^\infty(X)}\nu(dy)\right)\varepsilon.$$

$\varepsilon>0$ は任意であるから，$F\in L^\infty(X)$ がなりたつ．

$p=1$ のときは Fubini の定理より従う．

以下 $1<p<\infty$ とする．はじめ $f(x,y)\geqq 0$ の場合を考える．このときは $+\infty$ の値をとることを許せば，(1.20) はほとんどすべての $x\in X$ に対して確定する．Minkowski の不等式の証明のときと同様に

$$\int|F(x)|^p\mu(dx) = \iint|F(x)|^{p-1}f(x,y)\nu(dy)\mu(dx).$$

Hölder の不等式により，各 $y\in Y$ に対して

$$\int|F(x)|^{p-1}f(x,y)\mu(dx) \leqq \|F\|_{L^p(X)}{}^{p-1}\|f(x,y)\|_{L^p(X)}.$$

したがって，Fubini の定理により

$$\|F\|_{L^p(X)}{}^p \leqq \|F\|_{L^p(X)}{}^{p-1}\int_Y\|f(x,y)\|_{L^p(X)}\nu(dy)$$

を得る．それゆえ，もし $\|F\|_{L^p(X)}<\infty$ ならば，(1.21) がなりたつ．一般の場合は，$\lim X_n=X$ となる有限測度の可測集合列 $X_1\subset X_2\subset\cdots\subset X$ と $\lim Y_n=Y$ となる有限測度の可測集合列 $Y_1\subset Y_2\subset\cdots\subset Y$ をとり，

$$f_n(x,y)=\begin{cases}\min\{f(x,y),n\}, & x\in X_n,\quad y\in Y_n,\\ 0, & \text{その他},\end{cases}$$

により $f_n(x,y)$ を定義すれば，$f_n(x,y)\nearrow f(x,y)$ かつ $F_n(x)=\int f_n(x,y)\nu(dy)\nearrow F(x)$ となる．明らかに $\|F_n\|<\infty$ であるから，$f_n(x,y)$ に対しては (1.21) が成立する．この極限として $f(x,y)$ に対しても (1.21) が成立する．

次に，$f(x,y)$ が必ずしも正値ではないとき，$|f(x,y)|$ に対して，上の結果を

適用すれば，$G(x)=\int|f(x,y)|\nu(dy)\in L^p(X)$ より，ほとんどすべての $x\in X$ に対して $f(x,y)\in L^1(Y)$ となることがわかる．また，$G(x)$ は X の中の任意の有限測度の部分集合 X_1 上可積分であるから，Fubini の定理により $F(x)=\int f(x,y)\nu(dy)$ は X_1 上可積分である．特に F は X 上可測である．さらに

$$\|F\|_{L^p(X)}\leqq\|G\|_{L^p(X)}\leqq\int_Y\|f(x,y)\|_{L^p(X)}\nu(dy).$$

これで，一般の場合にも (1.21) が証明できた．∎

この定理を **Minkowski の不等式の積分形**ということにする．これを少し一般的な形に書きあらためたものが次の **Jessen の不等式**である．

定理 1.9 $f(x,y)$ を σ 有限な完備測度空間 $(X,\mathcal{M},\mu)$ と $(Y,\mathcal{N},\nu)$ の完備直積測度空間上の可測関数とする．$0<p\leqq q\leqq\infty$ または $0<p<q=\omega$ ならば

(1.23) $$\|\|f(x,y)\|_{L^p(X)}\|_{L^q(Y)}\leqq\|\|f(x,y)\|_{L^q(Y)}\|_{L^p(X)}.$$

証明 $p<\infty$ のときは $g(y,x)=|f(x,y)|^p$ と指数 q/p に対して定理 1.8 を適用すれば，(1.23) を p 乗した結果を得る．

$p=\infty$ のときは

(1.24) $$\|\|f(x,y)\|_{L^\infty(X)}\|_{L^\infty(Y)}=\|f(x,y)\|_{L^\infty(X\times Y)}$$

となることに注意すればよい．∎

Y を 2 個の点のみからなる集合，ν を各点の測度が 1 である測度とすれば，$q=1$ として次の不等式が得られる．

定理 1.10 $0<p<1$ かつ f,g が $L^p(X)$ に属する正値関数ならば

(1.25) $$\|f\|_{L^p(X)}+\|g\|_{L^p(X)}\leqq\|f+g\|_{L^p(X)}.$$ ——

これはノルムがみたすべき三角不等式と逆むきの不等式であり，f,g が一般ならば真の不等号がなりたつ．すなわち，$0<p<1$ に対しては $L^p(X)$ のノルムはノルムの公理 (ii) をみたさない．それゆえ，$L^p(X)$ はノルム空間ではない．しかし次の弱い形の不等式は成立する．

定理 1.11 $0<p<1$ の場合，任意の $f,g\in L^p(X)$ に対して各点ごとの和 $f+g$ は $L^p(X)$ に属し，

(1.26) $$\|f+g\|_{L^p(X)}{}^p\leqq\|f\|_{L^p(X)}{}^p+\|g\|_{L^p(X)}{}^p,$$

(1.27) $$\|f+g\|_{L^p(X)}\leqq 2^{(1/p)-1}(\|f\|_{L^p(X)}+\|g\|_{L^p(X)}).$$

証明 まず $a,b\geqq 0$ に対して

$$(a+b)^p \leqq a^p+b^p \leqq 2^{1-p}(a+b)^p \tag{1.28}$$

がなりたつことに注意する．これは b を固定したとき，a の関数とみなして微分することにより容易に証明できる．第1の不等式はベクトル $f=(a,0)$ と $g=(0,b)$ に対する (1.25) でもある．

最初の不等式により

$$|f(x)+g(x)|^p \leqq (|f(x)|+|g(x)|)^p \leqq |f(x)|^p+|g(x)|^p.$$

これを積分して (1.26) を得る．

(1.26) の右辺に (1.28) の後の不等式を適用し p 乗根をとれば (1.27) が得られる．▮

定義 1.2　一般に，線型空間 F 上の実数値関数 $\|f\|$ がノルムの公理 (i), (iii), (iv) および

$$\|f+g\| \leqq \kappa(\|f\|+\|g\|) \tag{ii$'$}$$

をみたすとき，$\|f\|$ を**擬ノルム** (quasi-norm)[1] という．ただし，κ は $f,g\in F$ によらない定数である．(iii) と組み合せれば，$F\neq\{0\}$ であるかぎり $\kappa\geqq 1$ でなければならないことがわかる．——

擬ノルム $\|f\|$ をもつ線型空間 F を**擬ノルム空間**という．擬ノルム空間 F においても有向族 f_ν が f に収束するとは $\|f_\nu-f\|\to 0$ となることであるとして位相を定義する．$\|f-g\|$ は三角不等式をみたさないからこれはそのままでは距離にならないが，次の定理によりノルム空間の場合と同様差 $f-g$ のみによって定まる距離があって上の位相はこの距離に関する位相と一致する．

定理 1.12　F を $\kappa\geqq 1$ を擬ノルムの定数とする擬ノルム空間とする．$0<\rho\leqq 1$ を $\kappa=2^{(1/\rho)-1}$ の根としたとき，F には

$$d(f,g) \leqq \|f-g\|^\rho \leqq 2d(f,g) \tag{1.29}$$

をみたす $f-g$ のみによって定まる距離 $d(f,g)=d(f-g)$ が存在する．

証明　f の有限和による分解全体に関する下限

$$d(f) = \inf\left\{\sum_{k=1}^n \|f_k\|^\rho \,\middle|\, f=\sum_{k=1}^n f_k\right\} \tag{1.30}$$

によって $d(f)$ を定義する．$f=f$ も一つの分解であるから $d(f)\leqq\|f\|^\rho$ がなりた

1)　この擬ノルムの定義は吉田耕作 "位相解析 I" (岩波書店，1951) および "Functional Analysis" (Springer, 1974) のものとは異なる．

つ．

後の不等式を証明するには $f=f_1+\cdots+f_n$ に対して

$$\|f\|^\rho \leqq 2(\|f_1\|^\rho+\cdots+\|f_n\|^\rho) \tag{1.31}$$

を示せばよい．そのためまず，$\nu_1, \cdots, \nu_n$ が $\nu_k \geqq 0$ かつ $2^{-\nu_1}+\cdots+2^{-\nu_n} \leqq 1$ をみたす整数ならば

$$\|f\|^\rho \leqq \max_{1\leqq k\leqq n} \{2^{\nu_k}\|f_k\|^\rho\}$$

となることを証明する．$n=1$ のときは明らかである．n 未満のとき証明できたとして n のとき証明しよう．$\sum_{k=1}^{n} 2^{-\nu_k+1} \leqq 2$ は $\{1, \cdots, n\}$ を空でない二つの部分 I_1, I_2 に分けてそれぞれ

$$\sum_{k\in I_1} 2^{-\nu_k+1} \leqq 1, \qquad \sum_{k\subset I_2} 2^{-\nu_k+1} \leqq 1$$

がなりたつようにすることができる．帰納法の仮定により

$$\left\|\sum_{k\in I_j} f_k\right\|^\rho \leqq \max_{k\in I_j} \{2^{\nu_k-1}\|f_k\|^\rho\}, \qquad j=1, 2.$$

ゆえに，

$$\|f\|^\rho \leqq \kappa^\rho\left(\left\|\sum_{k\in I_1} f_k\right\|+\left\|\sum_{k\in I_2} f_k\right\|\right)^\rho \leqq 2\max\left\{\left\|\sum_{k\in I_1} f_k\right\|^\rho, \left\|\sum_{k\in I_2} f_k\right\|^\rho\right\}$$
$$\leqq \max_{1\leqq k\leqq n} \{2^{\nu_k}\|f_k\|^\rho\}.$$

(1.31) を証明するには，$\nu_1, \cdots, \nu_n$ を

$$2^{-\nu_k} \leqq \|f_k\|^\rho \Big/ \sum_{j=1}^{n} \|f_j\|^\rho \leqq 2^{-\nu_k+1}$$

によって定めればよい．実際はじめの不等式から $\sum 2^{-\nu_k} \leqq 1$，あとの不等式から

$$\|f\|^\rho \leqq \max \{2^{\nu_k}\|f_k\|^\rho\} \leqq 2\sum_{j=1}^{n} \|f_j\|^\rho$$

を得る．これで (1.29) の証明ができた．

定義と (1.29) のあとの不等式から

(i) $$d(f) \geqq 0;$$

(iii) $$d(f) = d(-f);$$

(iv) $$d(f)=0 \implies f=0$$

は明らかである．

$f=f_1+\cdots+f_m$, $g=g_1+\cdots+g_n$ ならば

$$d(f+g) \leqq \sum_{j=1}^{m}\|f_j\|^\rho+\sum_{k=1}^{n}\|g_k\|^\rho.$$

右辺の下限をとって

(ii) $$d(f+g) \leqq d(f)+d(g)$$

を得る．以上により $d(f-g)$ は距離の公理をみたす．▌

$L^p(X)$, $0<p<1$, のときは $\rho=p$ であり，(1.26) からわかるように $\|f-g\|^\rho$ 自身が距離になっている．

定理 1.13 擬ノルム空間 F は上の位相の下で線型位相空間をなす．すなわち，線型空間としての演算である加法およびスカラーとの乗法は連続である．

証明 F において $f_n\to f$, $g_n\to g$, C において $a_n\to a$ となるとき

$$\|(f_n+g_n)-(f+g)\| \leqq \kappa(\|f_n-f\|+\|g_n-g\|) \longrightarrow 0,$$

$$\|a_nf_n-af\| \leqq \kappa(\|a_n(f_n-f)\|+\|(a_n-a)f\|)$$

$$= \kappa(|a_n|\|f_n-f\|+|a_n-a|\|f\|) \longrightarrow 0.$$ ▌

定理 1.4 と同様次の定理が成立する．

定理 1.14 $0<p<1$ とする．関数列 $f_n\in L^p(X)$ が

(1.32) $$\sum_{n=1}^{\infty}\|f_n\|_{L^p(X)}{}^p < \infty$$

をみたすならば，

(1.33) $$f(x) = \sum_{n=1}^{\infty} f_n(x)$$

はほとんどすべての $x\in X$ に対して絶対収束し，$L^p(X)$ に属する関数となり，かつ $n\to\infty$ のとき

(1.34) $$\|f_1+\cdots+f_n-f\|_{L^p(X)} \longrightarrow 0.$$

特に，擬ノルム空間 $L^p(X)$ は完備である．

証明 定理 1.4 と同様である．

$$g(x) = \lim_{n\to\infty}\sum_{k=1}^{n}|f_k(x)|$$

に (1.26) と Beppo Levi の定理を適用して $g\in L^p(X)$ を得る．それゆえ (1.33) はほとんどすべての $x\in X$ に対して絶対収束し，$L^p(X)$ の元となる．$|f_1(x)+\cdots+f_n(x)-f(x)|^p\leqq g(x)^p\in L^1(X)$ ゆえ，Lebesgue の収束定理により (1.34) を

得る．

任意の Cauchy 列は適当に部分列をとれば，(1.32) をみたす級数 (1.33) の部分和になるから，常に収束する．∎

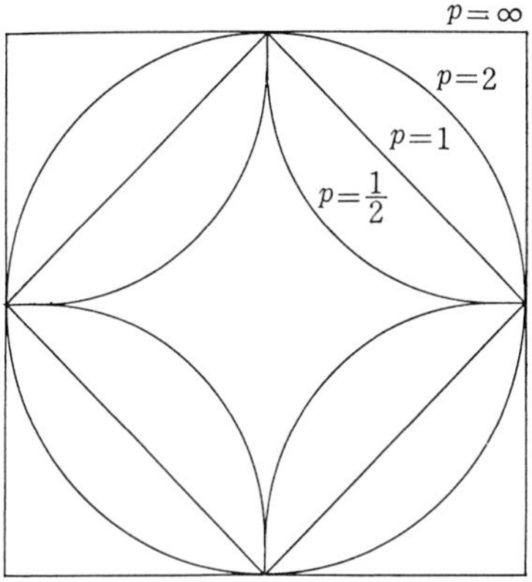

図 1.1 $l^p(\{1,2\})$ の単位球

完備な距離づけ可能な線型位相空間を Banach は (F) 空間と名づけた．(F) 空間の間の線型作用素に対しても Banach の開写像定理および閉グラフ定理が成立する．しかし図 1.1 でもわかるように，$0<p<1$ に対する $L^p(X)$ の単位球は凸ではない．次節で示すように，X が**非アトム的**であるとき，すなわち真に正の測度をもつ可測集合が必ず真に正の測度をもつ互いに素な二つの可測集合の和に分割されるとき，$L^p(X)$，$0<p<1$，は 0 以外の連続線型汎関数をもたない．特に凸集合からなる 0 の基本近傍系は存在しない．すなわち，$L^p(X)$，$0<p<1$，は一般に局所凸でない線型位相空間である．

§1.2 Lebesgue 空間における連続線型作用素，特に畳み込み

擬ノルム空間 F の部分集合 B が**有界** (bounded) とは B 上 F の擬ノルムが有界であることと定義する．

定義 1.3 F, G を擬ノルム空間とするとき，作用素 $T: F\to G$ が**擬加法的** (quasi-additive) であるとは，定数 K が存在して任意の $f, g\in F$ および $a\in \boldsymbol{C}$ に対して

(1.35) $$\|T(af)\|_G = |a|\|Tf\|_G,$$

(1.36) $$\|Tf-Tg\|_G \leqq K\|T(f-g)\|_G$$

がなりたつことであると定義する．——

T が線型ならば，もちろん，擬加法的である．

定理 1.15 擬ノルム空間の間の擬加法的作用素 $T: F \to G$ に対して次の条件は互いに同等である：

(a) T は原点 $0 \in F$ において連続である；

(b) T は F 上一様連続である；

(c) T は有界集合を有界集合にうつす；

(d) $f \in F$ によらない定数 M が存在して

(1.37) $$\|Tf\|_G \leqq M\|f\|_F, \qquad f \in F. \qquad \text{——}$$

証明はノルム空間と線型作用素の場合と全く同じであるから省略する．本講座“関数解析”定理 4.1 を参照せよ．

M の最小値

(1.38) $$\|T\| = \sup_{\|f\| \leqq 1} \|Tf\|_G$$

を T の**ノルム**という．一般に (1.37) をみたす作用素を**有界作用素**という．このとき，T は明らかに (c) の性質をもつからである．

$1 \leqq p \leqq \infty$, $p' = p/(p-1)$ を互いに共役な指数とする．

$\boldsymbol{C}$ は絶対値をノルムとする Banach 空間をなすから，Hölder の不等式 (1.7) は $g \in L^{p'}(X)$ ならば，$f \in L^p(X)$ に積分 $\int_X f(x)g(x)\mu(dx)$ を対応させる写像が $L^p(X)$ から $\boldsymbol{C}$ への連続線型作用素になることを示している．$1 \leqq p < \infty$ ならば，$L^p(X)$ から $\boldsymbol{C}$ への連続線型作用素，すなわち $L^p(X)$ 上の**連続線型汎関数**はこれでつくされる：

定理 1.16 $1 \leqq p < \infty$, $p^{-1} + p'^{-1} = 1$ ならば，$L^p(X)$ 上の任意の連続線型汎関数 l に対して，ただ一つの $g \in L^{p'}(X)$ が存在し

(1.39) $$\langle f, l \rangle = \int_X f(x)g(x)\mu(dx)$$

と表わされる．しかも

(1.40) $$\|l\| = \|g\|_{L^{p'}(X)}. \qquad \text{——}$$

証明はたいていの関数解析の教科書にある．例えば，本講座“関数解析”定理 8.6，または現代数学演習叢書 3“解析学の基礎”(岩波書店，1977) 224 ページを見よ．

$p=\infty$ の場合，$L^p(X)$ 上の連続線型汎関数全体は $L^1(X)$ を含む線型空間をなし，X が有限個の点しか含まないかあるいはこれと同等なとき以外は $L^1(X)$ より真に大きい線型空間になる．

定理 1.17 (Day) X が σ 有限かつ非アトム的測度空間ならば，$L^p(X)$，$0<p<1$，上の連続線型汎関数は 0 以外存在しない．

証明 はじめ $\mu(X)<\infty$ と仮定する．定理 1.7 により $L^1(X)\subset L^p(X)$ は連続な埋込みである．したがって，$L^p(X)$ 上の連続線型汎関数 l を $L^1(X)$ に制限したものは $g\in L^\infty(X)$ を用いて (1.39) の形に表わされる．

もし $g\neq 0$ ならば，真に正の測度をもつ可測集合 $E\subset X$ と $\delta>0$ が存在して $x\in E$ に対して $|g(x)|\geqq\delta$ となる．X が非アトム的ということから，どんなに小さな $\varepsilon>0$ を選んでも $0<\mu(E_\varepsilon)\leqq\varepsilon$ をみたす可測集合 $E_\varepsilon\subset E$ が存在することがわかる．そこで $\varepsilon_n=\mu(E_n)\to 0$ となる可測集合列 $E_n\subset E$ をとり，

$$f_n(x)=\begin{cases}\dfrac{\overline{g(x)}}{\varepsilon_n|g(x)|}, & x\in E_n,\\ 0, & x\notin E_n,\end{cases}$$

とすれば，

$$\langle f_n, l\rangle=\int_{E_n}\varepsilon_n{}^{-1}|g(x)|\mu(dx)\geqq\delta.$$

一方，

$$\|f_n\|_{L^p(X)}=\varepsilon_n{}^{(1/p)-1}\longrightarrow 0.$$

これは矛盾である．したがって，$g=0$.

任意の $f\in L^p(X)$ を有界関数で近似すれば，$L^1(X)$ は $L^p(X)$ の中で稠密なことがわかる．それゆえ，l は $L^p(X)$ 上でも恒等的に 0 である．

$\mu(X)=\infty$ のときは X を $\mu(X_n)<\infty$ となる部分集合列 $X_1\subset X_2\subset\cdots$ の合併の形に表わしておき，$f\in L^p(X)$ に対して $f_n(x)=\chi_{X_n}(x)f(x)$ とする．ここで χ_{X_n} は X_n の定義関数である．明らかに $f_n\to f$. 一方，$\{f_n|f\in L^p(X)\}$ は $L^p(X_n)$ と同一視できるから，$\langle f_n, l\rangle=0$. ゆえに $\langle f, l\rangle=\lim\langle f_n, l\rangle=0$. ∎

Hölder の不等式の一般化である定理 1.6 において，指数 q と r の役割をとりかえることにより次の定理が得られる．

定理 1.18 p, q, r は $(0, \infty]$ に属し

$$\frac{1}{p}+\frac{1}{r}=\frac{1}{q} \tag{1.41}$$

をみたす指数とする．$g\in L^r(X)$ ならば，$f\in L^p(X)$ に対して各点ごとの積 $f(x)g(x)$ を対応させる写像は $L^p(X)$ から $L^q(X)$ の中への有界線型作用素であり，作用素のノルムは $\|g\|_{L^r(X)}$ に等しい．

証明 定理1.6の不等式

$$\|fg\|_{L^q(X)} \leqq \|f\|_{L^p(X)}\|g\|_{L^r(X)} \tag{1.42}$$

により，作用素のノルムは $\|g\|_{L^r(X)}$ をこえないことがわかる．

$f(x)=|g(x)|^{r/p}$ とすれば，(1.42) で等号が成立する．したがって，作用素のノルムは $\|g\|_{L^r(X)}$ より小さくはない．∎

定理 1.19 $(X,\mathcal{M},\mu)$, $(Y,\mathcal{N},\nu)$ を σ 有限な完備測度空間，$(X\times Y,\mathcal{M}\hat{\otimes}\mathcal{N},\mu\hat{\otimes}\nu)$ を完備直積測度 $\mu\hat{\otimes}\nu$ をもつ直積空間とする．また，p,q,r を $[1,\infty]$ に属し，

$$\frac{1}{p}+\frac{1}{r}=\frac{1}{q}+1 \tag{1.43}$$

をみたす指数とする．$X\times Y$ 上の可測関数 $K(x,y)$ が，ほとんどすべての $x\in X$ を固定したとき y の関数として $L^r(Y)$ に属し，ほとんどすべての $y\in Y$ を固定したとき x の関数として $L^r(X)$ に属し，かつ定数 M,N が存在して

$$\int_X |K(x,y)|^r\mu(dx) \leqq M, \qquad \text{a.e. } y, \tag{1.44}$$

$$\int_Y |K(x,y)|^r\nu(dy) \leqq N, \qquad \text{a.e. } x, \tag{1.45}$$

をみたすならば，任意の $f(y)\in L^p(Y)$ に対して

$$Kf(x)=\int_Y K(x,y)f(y)\nu(dy) \tag{1.46}$$

はほとんどすべての x に対して可積分であり，x の関数として可測かつ

$$\|Kf\|_{L^q(X)} \leqq M^{1/q}N^{1-(1/p)}\|f\|_{L^p(Y)}. \tag{1.47}$$

証明 はじめ $K(x,y)\geqq 0$, $f(y)\geqq 0$ と仮定する．Fubini の定理により，∞ の値をとることを許すならば積分 (1.46) は常に存在し，x の可測関数になる．(1.42) を用いれば

$$\int K(x,y)f(y)\nu(dy)$$

$$= \int K(x,y)^{1-(r/q)} K(x,y)^{r/q} f(y)^{p/q} f(y)^{1-(p/q)} \nu(dy)$$

$$\leqq \left(\int K(x,y)^r \nu(dy)\right)^{1-(1/p)} \left(\int K(x,y)^r f(y)^p \nu(dy)\right)^{1/q}$$

$$\cdot \left(\int f(y)^p \nu(dy)\right)^{(1/p)-(1/q)}$$

$$\leqq N^{1-(1/p)} \|f\|_{L^p(Y)}{}^{1-(p/q)} \left(\int K(x,y)^r f(y)^p \nu(dy)\right)^{1/q}, \qquad \text{a.e. } x,$$

と評価できる．ゆえに $q=\infty$ の場合は明らかに (1.47) が成立する．$q<\infty$ の場合は Fubini の定理により

$$\begin{aligned} \|Kf(x)\|_{L^q(X)}{}^q &\leqq (N^{1-(1/p)} \|f\|_{L^p(Y)}{}^{1-(p/q)})^q \int\int K(x,y)^r f(y)^p \nu(dy) \mu(dx) \\ &\leqq (N^{1-(1/p)} \|f\|_{L^p(Y)}{}^{1-(p/q)})^q M \|f\|_{L^p(Y)}{}^p \\ &= (M^{1/q} N^{1-(1/p)} \|f\|_{L^p(Y)})^q. \end{aligned}$$

両辺の q 乗根をとって (1.47) を得る．特に，$Kf(x)$ はほとんどすべての x に対して有限である．

$K(x,y)$, $f(y)$ が正でないときも，$K(x,y)f(y)$ の正, 負の部分および虚数部分の正, 負の部分の絶対値は $|K(x,y)||f(y)|$ でおさえられるから，(1.46) はほとんどすべての x に対して積分可能であり，x の可測関数になる．さらに

$$|Kf(x)| \leqq \int |K(x,y)||f(y)| \nu(dy)$$

より，この場合も (1.47) がなりたつことがわかる．∎

この定理は $r=1$ の場合が重要であり，このとき，$K(x,y)$ を積分核とする積分作用素 (1.46) はすべての $1\leqq p\leqq\infty$ に対し $L^p(Y)$ を $L^p(X)$ にうつす有界線型作用素になる．かつそのノルムは $M^{1/p}N^{1-(1/p)}$ でおさえられる．

$X=Y=\boldsymbol{R}^n$, μ, ν が Lebesgue 測度などの場合，$K(x,y)$ が差 $x-y$ のみによって定まる関数ならば，(1.46) は**畳み込み**

$$f*g(x) = \int_X f(x-y) g(y) dy \tag{1.48}$$

になる．畳み込みが意味をもつには，$X=Y$ が局所コンパクト群であればよいのであるが，ここでは**有限生成の可換 Lie 群**の場合のみを考えることにする．す

なわち，X は加法で表わされる演算をもつ可換群であると共に有限次元の多様体であって，群の演算は可微分，かつ零元 0 の連結成分である部分群 X_0 による商群 X/X_0 は有限生成の離散可換群であると仮定する．

実数群 $\boldsymbol{R}$，単位円周 $\boldsymbol{T}\cong\boldsymbol{R}/2\pi\boldsymbol{Z}$，整数群 $\boldsymbol{Z}$，有限巡回群 $\boldsymbol{Z}/m\boldsymbol{Z}$ およびそれらの直積はこの例になるが，実はこれでつくされる．実際，Lie 群の最も初等的な結果から 0 の連結成分 X_0 は $\boldsymbol{R}^{n_1}\times\boldsymbol{T}^{n_2}$ と同型になる．X/X_0 は有限生成可換群なのでその基本定理により $\boldsymbol{Z}^{n_3}\times(\boldsymbol{Z}/m_1\boldsymbol{Z})\times\cdots\times(\boldsymbol{Z}/m_n\boldsymbol{Z})$ と同型であり X の部分群 X_1 にもちあげることができる．よって X は X_0 と X_1 の直積と同型である．

X 上の 0 でない Radon 測度(の完備化) μ が **Haar 測度**であるとは，$E\subset X$ が可測ならば，任意の $x\in X$ に対し $x+E=\{x+y\mid y\in E\}$ および $-E=\{-y\mid y\in E\}$ も可測であって

$$\mu(x+E)=\mu(-E)=\mu(E)$$

がなりたつことであると定義する．

$\boldsymbol{R}$ および $\boldsymbol{T}$ 上の Lebesgue 測度は Haar 測度である．$\boldsymbol{Z}$ および $\boldsymbol{Z}/m\boldsymbol{Z}$ においては各点の測度を 1 とする離散測度が Haar 測度になる．Haar 測度の直積が直積群上の Haar 測度になることは容易に証明できる．したがって，われわれの群 X は Haar 測度をもつ．以下 Haar 測度を一つとって，それを dx と表わすことにする．例えば，$\boldsymbol{Z}$ において各点に測度 1 を与えたとき，$\int_X f(x)\,dx=\sum_{x\in\boldsymbol{Z}}f(x)$ となる．Haar 測度は定数倍を除いてただ一つ存在することが知られている．

$L^p(X)$ は Haar 測度 dx に関する Lebesgue 空間を表わすとする．このとき，

$$\int_X |f(x-y)|^r dx=\int_X |f(x-y)|^r dy=\|f\|_{L^r(X)}{}^r.$$

したがって，定理 1.19 の特別な場合として次の定理を得る．

定理 1.20 (**Young**)　X を有限生成の可換 Lie 群，p,q,r を $[1,\infty]$ に属し

(1.49) $$\frac{1}{r}=\frac{1}{p}+\frac{1}{q}-1$$

をみたす指数とする．このとき，$f\in L^p(X)$ と $g\in L^q(X)$ の畳み込み $f*g$ は $L^r(X)$ に属し

(1.50) $$\|f*g\|_{L^r(X)}\leqq\|f\|_{L^p(X)}\|g\|_{L^q(X)}.$$ ——

$r=\infty$ となるときは，もうすこし精密な結果がなりたつ．そのため次のような

連続関数の空間を導入しておく．

$C(X)$ は X 上の複素数値連続関数全体のなす線型空間，$C_c(X)$ はそのうちコンパクトな台をもつもの全体のなす線型部分空間を表わす．X がコンパクトならば $C(X)=C_c(X)$ であり

(1.51)
$$\|f\|_{C(X)} = \sup_{x\in X} |f(x)|$$

をノルムとする Banach 空間になる．X がコンパクトでないときは $C(X)\neq C_c(X)$ である．このときは位相を考えないことにする．

$C_0(X)$ は x が無限遠点に近づくとき 0 に収束する $C(X)$ の元全体，すなわち $C(X)\cap L^\infty(X)$ に $L^\infty(X)$ のノルムを与えたものとする．これは $L^\infty(X)$ あるいは $L^\infty(X)$ における $C_c(X)$ の閉包と一致し，Banach 空間をなす．

最後に，$UC(X)$ は X 上有界かつ一様連続な複素数値関数全体の線型空間に $L^\infty(X)$ のノルムを与えたものとする．一様連続関数列の一様収束極限は一様連続であるから，$UC(X)$ も Banach 空間である．

定理 1.21 $1<p<\infty$ と共役な指数を p' とするとき，

(1.52)
$$L^p(X) * L^{p'}(X) \subset C_0(X);$$

(1.53)
$$L^1(X) * L^\infty(X) \subset UC(X);$$

(1.54)
$$L^1(X) * L^\infty(X) \subset C_0(X).$$ ——

証明に先立ち，$X=\boldsymbol{R}^n$ の場合はよく知られている二,三の事実を一般の場合に拡張しておく．

定理 1.22 $p<\infty$ ならば，$C_c(X)$ は $L^p(X)$ の中で稠密である．

証明 X は σ コンパクトであり，コンパクト集合の Haar 測度は有限である．$K_1\Subset K_2\Subset\cdots$ を $\bigcup K_n=X$ をみたすコンパクト集合列とするとき，任意の $f\in L^p(X)$ に対して，$\|\chi_{K_n}f-f\|_{L^p(X)}\to 0$，ただし，$\chi_{K_n}$ は K_n の定義関数である．次に $\chi_{K_n}f$ は，Lebesgue 積分の定義により，K_n に含まれる可測集合 E の定義関数 χ_E の 1 次結合でいくらでも近似することができる．結局 χ_E が $C_c(X)$ の元でいくらでも近似できることが示されれば十分である．これは $\boldsymbol{R}^n$ の場合と同様，Haar 測度の正則性と Tietze の拡張定理によって証明できる(例えば，付録の Lusin の定理(定理 A.3)の証明を参照せよ)．▌

$f\in L^p(X)$，$a\in X$，に対して

(1.55)
$$T_a f(x) = f(x-a)$$

によって**平行移動** T_a を定義する．

定理 1.23　(i)　平行移動 T_a は $L^p(X)$ を $L^p(X)$ にうつす有界線型作用素であり

(1.56)　$$\|T_a f\|_{L^p(X)} = \|f\|_{L^p(X)}\ ;$$

(ii)　$$T_0 f = f;$$

(iii)　任意の $a, b \in X$ に対し

(1.57)　$$T_a \cdot T_b = T_{a+b};$$

(iv)　$p<\infty$ ならば，任意の $f \in L^p(X)$ に対し

(1.58)　$$\|T_a f - f\|_{L^p(X)} \longrightarrow 0, \qquad a \to 0.$$

証明　(i)-(iii) は明らかである．

(iv)　$g \in C_c(X)$，$\operatorname{supp} g = K$ ならば，g はコンパクト集合 K 上の連続関数として一様連続である．すなわち，任意の $\varepsilon>0$ に対して $0 \in X$ のコンパクト近傍 V が存在して $a \in V$ ならば，$\|T_a g - g\|_{L^\infty(X)} \leqq \varepsilon$ となる．$K+V$ もコンパクトで，この測度は有限であるから，$0<p<\infty$ のときも $\|T_a g - g\|_{L^p(X)} \leqq \varepsilon |K+V|^{1/p}$.

$f \in L^p(X)$ が一般の場合は，定理 1.22 により $\|f-g\|_{L^p(X)} \leqq \varepsilon$ となる $g \in C_c(X)$ が存在する．この g に対して上の 0 の近傍 V をとれば，$a \in V$ に対し

$$\begin{aligned}\|T_a f - f\|_{L^p(X)} &\leqq \kappa \|T_a(f-g)\|_{L^p(X)} + \kappa^2 \|T_a g - g\|_{L^p(X)} + \kappa^2 \|g-f\|_{L^p(X)} \\ &\leqq \kappa^2 (2\varepsilon + |K+V|^{1/p} \varepsilon').\end{aligned}$$ ∎

定理 1.21 の証明　$f \in L^p(X)$，$g \in L^{p'}(X)$，$p<\infty$ とする．$f*g \in L^\infty(X)$ はすでに知られている．

$$\begin{aligned}\|T_a(f*g) - f*g\|_{L^\infty(X)} &= \|(T_a f - f) * g\|_{L^\infty(X)} \\ &\leqq \|T_a f - f\|_{L^p(X)} \|g\|_{L^{p'}(X)}.\end{aligned}$$

定理 1.23 (iv) により右辺の第1因子は $a \to 0$ のとき 0 に収束する．したがって，$f*g$ は一様連続である．

(1.59)　$$\operatorname{supp} f*g \subset \operatorname{supp} f + \operatorname{supp} g$$

となることは容易にたしかめられるから，f, g が共にコンパクト台の関数ならば $f*g$ もコンパクト台をもつ．f に対しては $\|f-f_n\|_{L^p(X)} \to 0$ となる $f_n \in C_c(X)$ がとれる．$p' \leqq \omega$ ならば，同様に $\|g-g_n\|_{L^{p'}(X)} \to 0$ となるコンパクト台の関数列 g_n が存在する．$f_n * g_n \in C_c(X)$ ゆえ，

$$\|f*g - f_n * g_n\|_{L^\infty(X)} \leqq \|(f-f_n)*g\|_{L^\infty(X)} + \|f_n * (g-g_n)\|_{L^\infty(X)}$$

$$\leqq \|f-f_n\|_{L^p(X)}\|g\|_{L^{p'}(X)}+\|f_n\|_{L^p(X)}\|g-g_n\|_{L^{p'}(X)} \longrightarrow 0$$

より $f*g\in C_0(X)$ がわかる．∎

定理 1.20 により $f\in L^1(X)$ との畳み込みは $g\in L^p(X)$，$1\leqq p\leqq\infty$，を $f*g\in L^p(X)$ にうつす有界線型作用素であり，作用素としてのノルムは $\|f\|_{L^1(X)}$ をこえない．特に，

定理 1.24 $p=1$ または ∞ ならば，$f\in L^1(X)$ との畳み込みは $\|f\|_{L^1(X)}$ に等しいノルムをもつ $L^p(X)$ から $L^p(X)$ への有界線型作用素である．

証明 $p=1$ の場合を考える．任意の $\varepsilon>0$ に対し，$\|g\|_{L^1(X)}=1$ かつ $\|f*g\|_{L^1(X)}>\|f\|_{L^1(X)}-\varepsilon$ をみたす g の存在が証明できればよい．g として δ 関数をとることが許される ($X=\boldsymbol{Z}$ 等なら可能である) ならば，$\|g\|_{L^1(X)}=1$ かつ $\|f*g\|_{L^1(X)}=\|f\|_{L^1(X)}$ となる．一般の X では δ 関数は $L^1(X)$ に属さないので，δ 関数に近い $L^1(X)$ の元をとって近似によって証明する．

補題 1.1 任意の 0 の近傍 V に対して，$C_c(X)$ の元 j_V であって，$\operatorname{supp} j_V\subset V$，$j_V(x)\geqq 0$ かつ

$$\int_X j_V(x)\,dx=1 \tag{1.60}$$

をみたすものが存在する．

証明 $X=\boldsymbol{R}^{n_1}\times\boldsymbol{T}^{n_2}\times\boldsymbol{Z}^{n_3}\times(\boldsymbol{Z}/m_1\boldsymbol{Z})\times\cdots\times(\boldsymbol{Z}/m_n\boldsymbol{Z})$ という構造を用いれば，$\boldsymbol{R}$ または $\boldsymbol{T}$ の場合に帰着できる．構造定理を使いたくないときは，$U+U\subset V$ となる 0 のコンパクト近傍 U をとり

$$j_V(x)=\frac{\chi_U*\chi_U(x)}{\|\chi_U*\chi_U\|_{L^1(X)}}$$

とすればよい．ここで χ_U は U の定義関数である．$\chi_U\in L^1(X)\cap L^\infty(X)$ ゆえ，定理 1.21 によって $j_V\in C_0(X)$．かつ $\operatorname{supp} j_V\subset\operatorname{supp}\chi_U+\operatorname{supp}\chi_U\subset U+U$ ゆえ，j_V は V の中のコンパクト集合 $U+U$ の中に台がある．$j_V(x)\geqq 0$ および $\int j_V(x)\,dx=1$ となることは明らかである．∎

定理の証明のつづき 定理 1.23 により，任意の $\varepsilon>0$ に対して $a\in V$ ならば $\|T_af-f\|_{L^1(X)}\leqq\varepsilon$ となる 0 の近傍 V が存在する．

この近傍 V に対し補題 1.1 の関数 j_V をとれば，Fubini の定理により

$$\|f*j_V-f\|_{L^1(X)} \leqq \int_X dx\int_X |f(x-y)-f(x)|j_V(y)dy$$
$$= \int_X j_V(y)\|T_y f-f\|_{L^1(X)}dy \leqq \varepsilon.$$

$\|j_V\|_{L^1(X)}=1$ ゆえ，$f*$ の $L^1(X)$ から $L^1(X)$ への有界線型作用素としてのノルムは少なくとも $\|f\|-\varepsilon$ ある．

$p=\infty$ の場合は $f*:L^\infty(X)\to L^\infty(X)$ が $\check{f}*:L^1(X)\to L^1(X)$ の双対作用素になっていることを用いればよい．ただし $\check{f}(x)=f(-x)$ とする．あるいは $L^\infty(X)$ の閉線型部分空間 $C_0(X)$ への制限のノルムからもわかる．∎

正の実数全体 $(0,\infty)$ は乗法に関して可換 Lie 群をなし，dx/x が一つの Haar 測度になる．ただし dx は Lebesgue 測度を表わす．これは変換 $y=\log x$ によって $(0,\infty)$ が加法群 $\boldsymbol{R}$ と同型になることから明らかである．dx/x に関する $(0,\infty)$ 上の Lebesgue 空間を $L_*{}^p$ と書くことにする．

$\mathrm{Re}\,\alpha>0$ のとき

(1.61)
$$K^\alpha(x)=\begin{cases} x^\alpha, & 0<x\leqq 1,\\ 0, & x>1,\end{cases}$$

$\mathrm{Re}\,\alpha<0$ のとき

(1.62)
$$L^\alpha(x)=\begin{cases} 0, & 0<x\leqq 1,\\ x^\alpha, & x>1,\end{cases}$$

で定義される関数 K^α, L^α は $L_*{}^1$ に属し，ノルム

(1.63)
$$\|K^\alpha\|_{L_*{}^1}=\frac{1}{\mathrm{Re}\,\alpha},$$

(1.64)
$$\|L^\alpha\|_{L_*{}^1}=\frac{-1}{\mathrm{Re}\,\alpha}$$

をもつ．$K\in L_*{}^1$ との畳み込みは核 $K(x/y)$ をもつ積分作用素になることに注意すれば，次の定理が得られる．

定理 1.25　$1\leqq p\leqq\infty$ または $p=\omega$ とする．$\mathrm{Re}\,\alpha>0$ のとき，$f\in L_*{}^p$ を

(1.65)
$$K^\alpha f(x)=x^\alpha\int_x^\infty y^{-\alpha}f(y)\frac{dy}{y}$$

にうつす作用素 K^α，および $f\in L_*{}^p$ を

(1.66) $$L^{-\alpha}f(x) = x^{-\alpha}\int_0^x y^{\alpha}f(y)\frac{dy}{y}$$

にうつす作用素 $L^{-\alpha}$ は L_*^p から L_*^p への有界線型作用素であり，

(1.67) $$\|K^{\alpha}f\|_{L_*^p} \leqq \frac{1}{\mathrm{Re}\,\alpha}\|f\|_{L_*^p},$$

(1.68) $$\|L^{-\alpha}f\|_{L_*^p} \leqq \frac{1}{\mathrm{Re}\,\alpha}\|f\|_{L_*^p}.$$ ——

$L^p(0,\infty)$ を Lebesgue 測度に関する $(0,\infty)$ 上の Lebesgue 空間とする．$f\in L^p(0,\infty)$ に対して

(1.69) $$\|f(x)\|_{L^p(0,\infty)} = \|x^{1/p}f(x)\|_{L_*^p}$$

がなりたつことに注意し，$\alpha=1-(1/p)$ と $g(x)=x^{1/p}f(x)$ に対して (1.68) を適用する．このとき，

$$\begin{aligned} L^{-\alpha}g(x) &= x^{-1+(1/p)}\int_0^x y^{1-(1/p)}y^{1/p}f(y)\frac{dy}{y} \\ &= x^{1/p}\frac{1}{x}\int_0^x f(y)\,dy \end{aligned}$$

であるから，これにも (1.69) を適用して次の定理を得る．

定理 1.26 (Hardy の不等式)　$1<p\leqq\infty$ または $p=\omega$ とする．$f\in L^p(0,\infty)$ に対して $\dfrac{1}{x}\displaystyle\int_0^x f(y)\,dy$ を対応させる写像は $L^p(0,\infty)$ を $L^p(0,\infty)$ にうつす有界線型作用素であって

(1.70) $$\left\|\frac{1}{x}\int_0^x f(y)\,dy\right\|_{L^p(0,\infty)} \leqq \frac{p}{p-1}\|f\|_{L^p(0,\infty)}.$$ ——

われわれは (1.67) および (1.68) も Hardy の不等式とよぶことにする．

§1.3　Riesz-Thorin の補間定理

解析学において基本となる不等式の多くはある種の作用素がある Lebesgue 空間を他の Lebesgue 空間にうつす有界作用素であることを示すものである．これらの不等式の多くは Lebesgue 空間の指数の逆数が適当な 1 次関係を保ちながら変化することを許す．そして許される変化の中で指数が両極端をとるときの証明は容易であるが，中間の場合はそうでないものがある．定理 1.6 の一般 Hölder 不等式，定理 1.20 の Young の不等式などはその例であるし，後に述べる Hausdorff-Young の不等式のように，両端の場合以外の直接証明は非常にむつかしいものがある．この節では線型作用素に対し，指数が両端の場合有界性がなりたてば，中間の指数に対しては自動的に有界性がなりたつことを示す表題の補間定理を証明する．

測度空間 $(X, \mathcal{M}, \mu)$ に対して，Simp (X) でもって有限測度をもつ可測集合の定義関数の1次結合として表わされる X 上の単関数全体のなす線型空間を，Meas (X) でもって X 上の可測関数全体のなす線型空間を表わす．ただし，ほとんどいたるところ等しい二つの関数は同一視して同一の元とみなす．

定理 1.27 (M. Riesz-Thorin)　$(X, \mathcal{M}, \mu)$, $(Y, \mathcal{N}, \nu)$ を測度空間,

$$T\colon \text{Simp}(X) \longrightarrow \text{Meas}(Y) \tag{1.71}$$

を線型作用素とする．指数 $p_0, p_1, q_0, q_1 \in [1, \infty]$ および有限の定数 M_0, M_1 が存在して，任意の $f \in \text{Simp}(X)$ に対して次の二つの評価がなりたつとする：

$$\|Tf\|_{L^{q_0}(Y)} \leqq M_0\|f\|_{L^{p_0}(X)}, \tag{1.72}$$

$$\|Tf\|_{L^{q_1}(Y)} \leqq M_1\|f\|_{L^{p_1}(X)}. \tag{1.73}$$

このとき，任意の $0 \leqq \theta \leqq 1$ に対して，p, q を

$$\frac{1}{p} = \frac{1-\theta}{p_0} + \frac{\theta}{p_1}, \tag{1.74}$$

$$\frac{1}{q} = \frac{1-\theta}{q_0} + \frac{\theta}{q_1} \tag{1.75}$$

によって定められる指数の組とするならば，$f \in \text{Simp}(X)$ に対し次の不等式が成立する：

$$\|Tf\|_{L^{q}(Y)} \leqq M_0^{1-\theta}M_1^{\theta}\|f\|_{L^{p}(X)}. \tag{1.76}$$

——

これを G. O. Thorin の方法で証明するため，次の補題を準備する．

補題 1.2 (Doetsch の三線定理)　$F(s+it)$ を帯状領域 $0<s<1$ で整型，$0 \leqq s \leqq 1$ で連続かつ有界な関数とする．このとき

$$\sup_t |F(0+it)| \leqq M_0, \tag{1.77}$$

$$\sup_t |F(1+it)| \leqq M_1 \tag{1.78}$$

がなりたつならば，任意の $0<\theta<1$ に対し

$$\sup_t |F(\theta+it)| \leqq M_0^{1-\theta}M_1^{\theta}. \tag{1.79}$$

証明
$$G(u)=\frac{F(u)}{M_0{}^{1-u}M_1{}^{u}},\qquad u=s+it,$$
とおくと，これは $M_0=M_1=1$ として補題の仮定をみたす．これに対して $|G(u)|\leqq 1$ を証明すれば，
$$|F(s+it)|\leqq |M_0{}^{1-(s+it)}M_1{}^{(s+it)}|=M_0{}^{1-s}M_1{}^{s}$$
より (1.79) を得る．

もし $|t|\to\infty$ のとき s に関して一様に $|G(s+it)|\to 0$ となるならば，通常の最大値の原理で $|G(u)|\leqq 1$ が示される．そうならない場合は，$n=1,2,\cdots$ として
$$G_n(u)=G(u)e^{u^2/n}$$
を考える．$|e^{u^2/n}|=e^{(s^2-t^2)/n}\leqq e^{1/n}$ ゆえ，$G_n(u)$ も一様有界である．$|t|\to\infty$ のとき，明らかに $|G_n(u)|\to 0$. したがって，
$$|G_n(u)|\leqq e^{1/n}.$$
$n\to\infty$ のとき，$G_n(u)\to G(u)$ かつ $e^{1/n}\to 1$ ゆえ，いたるところ $|G(u)|\leqq 1$ となることがわかる．∎

定理の証明　$f\in \mathrm{Simp}(X)$ に対して

(1.80)
$$\|Tf\|_{L^q(Y)}=\sup\left\{\left|\int_Y Tf(y)\cdot g(y)\,\nu(dy)\right|\,\middle|\,g\in\mathrm{Simp}(Y),\ \|g\|_{L^{q'}(Y)}\leqq 1\right\}$$
となることに注意する．ここで q' は q と共役な指数である．実際，$1<q\leqq\infty$ の場合は $\mathrm{Simp}(Y)$ が $L^{q'}(Y)$ で稠密なことと (1.40) より従う．$q=1$ のときの証明もむつかしくはない．

互いに交わらない有限測度の可測集合 $E_i\subset X$ $(F_j\subset Y)$ の定義関数 χ_{E_i} (χ_{F_j}) と複素数 ξ_i (η_j) を用いて
$$f(x)=\sum_{i=1}^{m}\xi_i\chi_{E_i}(x),$$
$$g(y)=\sum_{j=1}^{n}\eta_j\chi_{F_j}(y)$$
と書く．
$$a_{ij}=\int T\chi_{E_i}(y)\cdot\chi_{F_j}(y)\,\nu(dy)$$
とすれば，

$$\int Tf(y)\cdot g(y)\,\nu(dy) = \sum_{i,j} a_{ij}\xi_i\eta_j$$

と表わされる．p, q' が有限のとき，

$$\|f\|_{L^p(X)}{}^p = \sum_{i=1}^{m} |\xi_i|^p \mu(E_i),$$

$$\|g\|_{L^{q'}(Y)}{}^{q'} = \sum_{j=1}^{n} |\eta_j|^{q'} \nu(F_j)$$

となることおよび定理 1.7 に注意し，一般に $\mu_i>0$，$\nu_j>0$ および a_{ij}，$i=1, \cdots, m$，$j=1, \cdots, n$，を与えられた数として，$\xi=(\xi_1, \cdots, \xi_m) \in \boldsymbol{C}^m$，$\eta=(\eta_1, \cdots, \eta_n) \in \boldsymbol{C}^n$ に関する双1次形式

(1.81) $$T(\xi, \eta) = \sum_{i=1}^{m}\sum_{j=1}^{n} a_{ij}\xi_i\eta_j$$

の絶対値の上限

(1.82) $$M_{\alpha,\beta} = \sup\left\{|T(\xi, \eta)| \;\middle|\; \sum_{i=1}^{m} |\xi_i|^{1/\alpha}\mu_i \leqq 1,\ \sum_{j=1}^{n} |\eta_j|^{1/\beta}\nu_j \leqq 1\right\}$$

を考える．ここで，$\alpha \geqq 0$，$\beta \geqq 0$ とし，$\alpha=0$ $(\beta=0)$ のときは条件を $\sup|\xi_i| \leqq 1$ $(\sup|\eta_j| \leqq 1)$ におきかえる．

$M_{\alpha,\beta}$ が α, β に関して乗法的に凸であること，すなわち，$0 \leqq \theta \leqq 1$ を用いて

(1.83) $$\alpha = (1-\theta)\alpha_0+\theta\alpha_1, \qquad \beta = (1-\theta)\beta_0+\theta\beta_1$$

と表わせるとき

(1.84) $$M_{\alpha,\beta} \leqq M_{\alpha_0,\beta_0}{}^{1-\theta} M_{\alpha_1,\beta_1}{}^{\theta}$$

となることを証明すれば，(1.80) により定理が得られる．定理 1.7 により $M_{\alpha,\beta}$ は α, β に関して連続であるから，$\alpha>0$，$\beta>0$ のときに証明すれば十分である．

$\xi=(\xi_1, \cdots, \xi_m)$，$\eta=(\eta_1, \cdots, \eta_n)$ を

(1.85) $$\sum |\xi_i|^{1/\alpha}\mu_i \leqq 1, \qquad \sum |\eta_j|^{1/\beta}\nu_j \leqq 1$$

をみたすベクトルとする．このとき

$$\xi_i(u) = e^{i\arg\xi_i}|\xi_i|^{((1-u)\alpha_0+u\alpha_1)/\alpha},$$

$$\eta_j(u) = e^{i\arg\eta_j}|\eta_j|^{((1-u)\beta_0+u\beta_1)/\beta}$$

とおけば，これらは $u=s+it$ の整関数であって，帯状領域 $0 \leqq s \leqq 1$ で有界，かつ $u=\theta$ のとき ξ_i, η_j に等しい．したがって，$T(\xi(u), \eta(u))$，$\xi(u)=(\xi_i(u))$，$\eta(u)=(\eta_j(u))$，も u の整関数であって，帯状領域 $0 \leqq s \leqq 1$ で有界，かつ $u=\theta$

のとき $T(\xi,\eta)$ に等しい.

$s=\mathrm{Re}\,u=0$ のとき, $|\xi_i(u)|=|\xi_i|^{\alpha_0/\alpha}$, $|\eta_j(u)|=|\eta_j|^{\beta_0/\beta}$ ゆえ,

$$\sum|\xi_i(u)|^{1/\alpha_0}\mu_i=\sum|\xi_i|^{1/\alpha}\mu_i\leqq 1,$$
$$\sum|\eta_j(u)|^{1/\beta_0}\nu_j=\sum|\eta_j|^{1/\beta}\nu_j\leqq 1$$

が成立する. したがって,

$$|T(\xi(u),\eta(u))|\leqq M_{\alpha_0,\beta_0}.$$

同様に, $s=\mathrm{Re}\,u=1$ のとき

$$|T(\xi(u),\eta(u))|\leqq M_{\alpha_1,\beta_1}$$

を得る. それゆえ, 補題1.2により

$$|T(\xi,\eta)|=|T(\xi(\theta),\eta(\theta))|\leqq M_{\alpha_0,\beta_0}{}^{1-\theta}M_{\alpha_1,\beta_1}{}^{\theta}.$$

ξ,η は(1.85)をみたす任意のベクトルであるから, これで(1.84)が証明できた. ▮

次に, T が $L^{p_0}(X)+L^{p_1}(X)$ を定義域とする場合を扱うため補題を準備する.

補題 1.3 $p_0,p_1\in[1,\infty]$, $0<\theta<1$ とし, p を(1.74)で定まる指数とする. このとき, 測度空間 $(X,\mathcal{M},\mu)$ 上の Lebesgue 空間 $L^{p_0}(X)$, $L^{p_1}(X)$ および $L^p(X)$ の間に次の関係が成立する.

(i) $L^{p_0}(X)\cap L^{p_1}(X)$ は $L^p(X)$ に含まれ, 任意の $f\in L^{p_0}(X)\cap L^{p_1}(X)$ に対して

$$\|f\|_{L^p(X)}\leqq\|f\|_{L^{p_0}(X)}{}^{1-\theta}\|f\|_{L^{p_1}(X)}{}^{\theta} \tag{1.86}$$

が成立する.

(ii) $L^p(X)$ は $L^{p_0}(X)+L^{p_1}(X)$ に含まれ, 任意の $f\in L^p(X)$ および $0<t<\infty$ に対して

$$\|f_0\|_{L^{p_0}(X)}\leqq t^{-\theta}\|f\|_{L^p(X)}, \tag{1.87}$$
$$\|f_1\|_{L^{p_1}(X)}\leqq t^{1-\theta}\|f\|_{L^p(X)}, \tag{1.88}$$

かつ $f=f_0+f_1$ をみたす $f_0\in L^{p_0}(X)$, $f_1\in L^{p_1}(X)$ を見つけることができる.

証明 (i) $|f|=|f|^{1-\theta}|f|^{\theta}$ に対して定理1.6を適用すれば,

$$\begin{aligned}\|f\|_{L^p(X)}&\leqq\||f|^{1-\theta}\|_{L^{p_0/(1-\theta)}(X)}\||f|^{\theta}\|_{L^{p_1/\theta}(X)}\\&=\|f\|_{L^{p_0}(X)}{}^{1-\theta}\|f\|_{L^{p_1}(X)}{}^{\theta}.\end{aligned}$$

(ii) $p_0=p_1$ のときは自明であるから, 一般性を失うことなく $p_0>p_1$ としてよい. $0<s<\infty$ に対して

$$f(x)=f_0(x)+f_1(x)$$

を

$$f_0(x)=\begin{cases} f(x), & |f(x)|\leqq s, \\ 0, & |f(x)|>s, \end{cases}$$

$$f_1(x)=\begin{cases} 0, & |f(x)|\leqq s, \\ f(x), & |f(x)|>s, \end{cases}$$

で定義される分解であるとする．明らかに

$$\|f_0\|_{L^{p_0}(X)}{}^{p_0}\leqq s^{p_0-p}\|f\|_{L^p(X)}{}^p,$$
$$\|f_1\|_{L^{p_1}(X)}{}^{p_1}\leqq s^{p_1-p}\|f\|_{L^p(X)}{}^p$$

が成立する．ここで，

$$s=t^{(1/p)((1/p_0)-(1/p_1))^{-1}}\|f\|_{L^p(X)}$$

とすれば，(1.87) および (1.88) が得られる．▮

定理 1.28 (**M. Riesz-Thorin**)　$(X,\mathcal{M},\mu)$, $(Y,\mathcal{N},\nu)$ を測度空間とし，p_0, p_1, q_0, q_1 は $[1,\infty]$ に属する指数とする．線型作用素

(1.89)　$$T\colon\ L^{p_0}(X)+L^{p_1}(X)\longrightarrow \mathrm{Meas}\,(Y)$$

はこれを $L^{p_0}(X)$, $L^{p_1}(X)$ に制限したものがそれぞれ $L^{q_0}(Y)$, $L^{q_1}(Y)$ の中への線型作用素として有界であって

(1.90)　$$\|Tf\|_{L^{q_0}(Y)}\leqq M_0\|f\|_{L^{p_0}(X)},\qquad f\in L^{p_0}(X),$$

(1.91)　$$\|Tf\|_{L^{q_1}(Y)}\leqq M_1\|f\|_{L^{p_1}(X)},\qquad f\in L^{p_1}(X),$$

をみたすならば，任意の $0\leqq\theta\leqq1$ に対して p, q を (1.74), (1.75) で定義される指数の組として

(1.92)　$$\|Tf\|_{L^q(Y)}\leqq M_0{}^{1-\theta}M_1{}^{\theta}\|f\|_{L^p(X)},\qquad f\in L^p(X),$$

をみたす．

証明　補題 1.3 (ii) により，$L^p(X)\subset L^{p_0}(X)+L^{p_1}(X)$ であるから，T は $L^p(X)$ 上で定義されている．$p=\infty$ のときは，$p_0=p_1=\infty$ となるから，補題 1.3 (i) により (1.92) が成立する．

$p<\infty$ ならば，$\mathrm{Simp}\,(X)$ が $L^p(X)$ の稠密線型部分空間をなすから，任意の $f\in L^p(X)$ を $f_n\in\mathrm{Simp}\,(X)$ の絶対収束和

(1.93)　$$f=\sum_{n=1}^{\infty}f_n$$

と表わすことができる．定理 1.27 により $\sum Tf_n$ は $L^q(Y)$ において絶対収束す

る．特に，級数 $\sum Tf_n(x)$ は総和 $\sum Tf_n(x) \in L^q(Y)$ にほとんどいたるところ絶対収束する．

一方，補題 1.3 (ii) において $t=1$ とし，各 f_n を

$$\|g_n\|_{L^{p_0}(X)} \leqq \|f_n\|_{L^p(X)}, \qquad \|h_n\|_{L^{p_1}(X)} \leqq \|f_n\|_{L^p(X)}$$

をみたす g_n, h_n の和 g_n+h_n と表わせば，$\sum Tg_n$, $\sum Th_n$ はそれぞれ $L^{q_0}(Y)$, $L^{q_1}(Y)$ で絶対収束し，

$$Tf = \sum Tg_n + \sum Th_n$$

が成立する．この右辺はほとんどいたるところ絶対収束し，$Tg_n+Th_n = Tf_n$ ゆえ，Tf は $L^q(Y)$ における和 $\sum Tf_n$ と一致する．それゆえ，(1.93) の有限部分和に対する不等式 (1.76) の極限として (1.92) を得る．∎

§1.4 Lorentz 空間

Lebesgue 空間の指数が変わり得る不等式のうちで，指数が両極端のときは成立しないものがある．Hardy-Littlewood-Sobolev の不等式 (§1.6 定理 1.53), Hilbert 変換の有界性を示す M. Riesz の不等式 (§2.4 定理 2.29) など解析的に深い結果の多くがこのタイプの不等式で表現される．この場合に適用できる補間定理は最初 Marcinkiewicz によって得られ，その後さまざまな形に拡張された．この型の補間定理では，指数が両端の場合，Lebesgue 空間の間の作用素としての有界性より弱い条件を課す．それらの条件は，普通，不等式の形に表現されるのであるが，これらは，また，Lorentz 空間と呼ばれる Lebesgue 空間を拡張した系列の空間の間の写像としての有界性と理解することもできる．この空間は本来 G. G. Lorentz が上とは異なる目的のため導入したものであり，補間定理のみでなく，いろいろな分野で有用である．

定義 1.4 完備な測度空間 $(X, \mathcal{M}, \mu)$ 上の可測関数 $f(x)$ に対して，その**分布関数** (distribution function) $\mu(f, s)$，**再配列** (rearrangement) $f^*(t)$ および**平均関数** (average function) $f^{**}(t)$ を次のように定義する：

(1.94) $$\mu(f,s) = \mu(\{x \in X \mid |f(x)|>s\}), \qquad s>0,$$

(1.95) $$f^*(t) = \inf\{s>0 \mid \mu(f,s) \leqq t\}, \qquad t>0,$$

(1.96) $$f^{**}(t) = \frac{1}{t}\int_0^t f^*(s)\,ds, \qquad t>0.$$

以上すべてにおいて関数は $+\infty$ の値をとることを許すものとする．

定理 1.29　(i)　$\mu(f,s)$ は $(0,\infty)$ 上の右連続な単調減少関数である．

(ii)　$f^*(t)$ も $(0,\infty)$ 上の右連続な単調減少関数であり，

$$\mu(f,s)=m(f^*,s),\qquad s>0, \tag{1.97}$$

をみたす．ただし，m は Lebesgue 測度を表わす．

$f^*(t)$ は上二つの性質をもつただ一つの正値関数である．

(iii)　$f,g\in \mathrm{Meas}\,(X)$ に対して

$$(f+g)^*(t_1+t_2)\leqq f^*(t_1)+g^*(t_2),\qquad t_1,t_2>0. \tag{1.98}$$

(iv)　$f^{**}(t)$ は f が $L^\infty(X)+L^1(X)$ に属するとき，そのときのみ有限の値をとる $(0,\infty)$ 上の連続単調減少関数であり，

$$f^{**}(t)=\inf\{\|f_0\|_{L^\infty(X)}+t^{-1}\|f_1\|_{L^1(X)}\,|\,f=f_0+f_1\}. \tag{1.99}$$

(v)　$f,g\in L^\infty(X)+L^1(X)$ に対して

$$(f+g)^{**}(t)\leqq f^{**}(t)+g^{**}(t),\qquad t>0. \tag{1.100}$$

証明　(i)　$\mu(f,s)$ が単調減少であることは明らかである．s_j を s に収束する単調減少数列とすれば

$$\begin{aligned}\mu(f,s)&=\mu\Big(\bigcup_{j=1}^{\infty}\{x\in X\,|\,|f(x)|>s_j\}\Big)\\&=\lim_{j\to\infty}\mu(\{x\in X\,|\,|f(x)|>s_j\})\\&=\lim_{j\to\infty}\mu(f,s_j).\end{aligned}$$

(ii)　$f^*(t)$ が単調減少であることも定義より明らかである．t_j を t に収束する単調減少数列とすれば，

$$\{s>0\,|\,\mu(f,s)\leqq t\}=\bigcap_{j=1}^{\infty}\{s>0\,|\,\mu(f,s)\leqq t_j\}.$$

また，(i) によって $\{s>0\,|\,\mu(f,s)\leqq t\}$ は閉区間 $[s_0,\infty)$ または空集合である．したがって

$$f^*(t)=\sup_j f^*(t_j)=\lim_{j\to\infty}f^*(t_j)$$

がなりたつ．

次に，(1.95) の右辺が ∞ または右辺の集合の最小であることに注意すれば，

$$\{t>0\,|\,f^*(t)>s\}=\{t>0\,|\,\mu(f,s)>t\}$$

となることがわかる．これより (1.97) を得る．

(1.97) をみたす右連続単調減少正値関数が他にないことは明らかである．

(iii) 任意の $t_1, t_2>0$ に対して

$$\{x\in X \mid |f(x)+g(x)|>f^*(t_1)+g^*(t_2)\}$$
$$\subset \{x\in X \mid |f(x)|>f^*(t_1)\}\cup\{x\in X \mid |g(x)|>g^*(t_2)\}$$

となるから，

$$\mu(f+g, f^*(t_1)+g^*(t_2)) \leqq \mu(f, f^*(t_1))+\mu(g, g^*(t_2))$$
$$\leqq t_1+t_2.$$

ゆえに，$(f+g)^*(t_1+t_2)$ の定義により (1.98) が得られる．

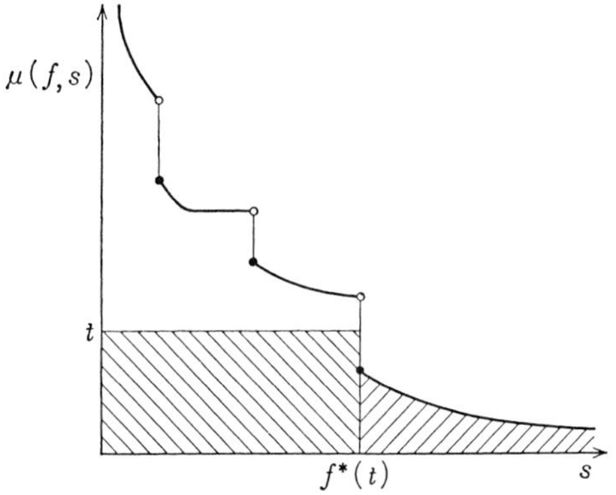

図 1.2

(iv) はじめに $f\in L^\infty(X)+L^1(X)$ と仮定する．$0<s<\infty$ に対して

$$f_0^s(x)=\begin{cases} f(x), & |f(x)|\leqq s, \\ \dfrac{f(x)}{|f(x)|}s, & |f(x)|>s, \end{cases} \tag{1.101}$$

$$f_1^s(x)=\begin{cases} 0, & |f(x)|\leqq s, \\ f(x)-\dfrac{f(x)}{|f(x)|}s, & |f(x)|>s, \end{cases} \tag{1.102}$$

とおくと，

$$f=f_0^s+f_1^s. \tag{1.103}$$

この分解は $\|f_0^s\|_{L^\infty(X)}\leqq s$ の条件の下で $\|f_1^s\|_{L^1(X)}$ を最小にする分解である．

$|f_1^s(x)|=\max\{|f(x)|-s, 0\}$ であるから，Lebesgue 積分の定義により

$$\|f_1{}^s\|_{L^1(X)} = \int_s^\infty \mu(f,r)\,dr \tag{1.104}$$

と表わされる．したがって

$$\begin{aligned}&\inf\{\|f_0\|_{L^\infty(X)}+t^{-1}\|f_1\|_{L^1(X)}\,|\,f=f_0+f_1\}\\&=\inf\{\|f_0{}^s\|_{L^\infty(X)}+t^{-1}\|f_1{}^s\|_{L^1(X)}\,|\,0<s<\infty\}\\&=\inf\left\{s+t^{-1}\int_s^\infty \mu(f,r)\,dr\,\middle|\,0<s<\infty\right\}.\end{aligned}$$

$s+t^{-1}\int_s^\infty \mu(f,r)\,dr$ は s について連続かつほとんどすべての s に対して微分可能で，その導関数は $1-t^{-1}\mu(f,s)$ に等しい．これは s の単調増加関数であり，

$$\inf\{s>0\,|\,1-t^{-1}\mu(f,s)\geqq 0\} = f^*(t)$$

であるから

$$\begin{aligned}&\inf\{\|f_0\|_{L^\infty(X)}+t^{-1}\|f_1\|_{L^1(X)}\,|\,f=f_0+f_1\}\\&=f^*(t)+\frac{1}{t}\int_{f^*(t)}^\infty \mu(f,r)\,dr\\&=\frac{1}{t}\int_0^t f^*(s)\,ds = f^{**}(t).\end{aligned} \tag{1.105}$$

一般に，$f\in \mathrm{Meas}(X)$ がある t に対し有限の $f^{**}(t)$ をもてば，(1.104)，(1.105) により $s=f^*(t)$ に対し

$$\|f_0{}^s\|_{L^\infty(X)}+t^{-1}\|f_1{}^s\|_{L^1(X)} \leqq f^{**}(t) < \infty.$$

ゆえに，f は $L^\infty(X)+L^1(X)$ に属する．

（v）$f,g\in L^\infty(X)+L^1(X)$ に対して

$$\begin{aligned}(f+g)^{**}(t) &= \inf\{\|h_0\|_{L^\infty(X)}+t^{-1}\|h_1\|_{L^1(X)}\,|\,f+g=h_0+h_1\}\\&=\inf\{\|f_0+g_0\|_{L^\infty(X)}+t^{-1}\|f_1+g_1\|_{L^1(X)}\,|\,f=f_0+f_1,\ g=g_0+g_1\}\\&\leqq \inf\{\|f_0\|_{L^\infty(X)}+t^{-1}\|f_1\|_{L^1(X)}\,|\,f=f_0+f_1\}\\&\quad+\inf\{\|g_0\|_{L^\infty(X)}+t^{-1}\|g_1\|_{L^1(X)}\,|\,g=g_0+g_1\}\\&=f^{**}(t)+g^{**}(t).\end{aligned}$$

∎

次の補題は関数列 $f_n(x)$ の極限とその再配列 $f_n{}^*(t)$ の極限を関係づけるのに用いられる．

補題 1.4　(i)　$f,g\in \mathrm{Meas}(X)$ がほとんどすべての x に対し $|f(x)|\leqq|g(x)|$ をみたせば，

(1.106) $$\mu(f, s) \leqq \mu(g, s), \qquad s > 0;$$

(1.107) $$f^*(t) \leqq g^*(t), \qquad t > 0;$$

(1.108) $$f^{**}(t) \leqq g^{**}(t), \qquad t > 0.$$

(ii) 関数列 $f_n \in \mathrm{Meas}(X)$ について $|f_n(x)|$ が単調増大であり，ほとんどすべての x において $|g(x)|$ に収束するならば，

(1.109) $$\lim_{n\to\infty} \mu(f_n, s) = \mu(g, s), \qquad s > 0;$$

(1.110) $$\lim_{n\to\infty} f_n{}^*(t) = g^*(t), \qquad t > 0;$$

(1.111) $$\lim_{n\to\infty} f_n{}^{**}(t) = g^{**}(t), \qquad t > 0.$$

(iii) $f_n(x) \in \mathrm{Meas}(X)$ がほとんどいたるところ 0 に収束する関数列であり，かつ n によらない $g(x) \in \mathrm{Meas}(X)$ が存在して $|f_n(x)| \leqq g(x)$ となるならば，

(1.112) $$\mu(g, s) < \infty \text{ となる } s \text{ に対して } \lim_{n\to\infty} \mu(f_n, s) = 0;$$

(1.113) $$g^*(\infty) = 0 \text{ のとき，} \quad \lim_{n\to\infty} f_n{}^*(t) = 0, \quad t > 0;$$

(1.114) $$g^{**}(\infty) = 0 \text{ のとき，} \quad \lim_{n\to\infty} f_n{}^{**}(t) = 0, \quad t > 0.$$

ただし，$g^*(\infty)$ 等は $\lim_{t\to\infty} g^*(t)$ 等を意味する．

証明 (i) 明らかに任意の $s>0$ に対して

$$\{x \in X \mid |f(x)| > s\} \subset \{x \in X \mid |g(x)| > s\}.$$

両辺の測度をとって (1.106) を得る．(1.107) は再配列の定義により (1.106) から導かれる．この積分として (1.108) を得る．

(ii) 各 $x \in X$ において $|f_n(x)| \to |g(x)|$ としてよい．任意の $s>0$ に対して

$$\bigcup_{n=1}^{\infty} \{x \in X \mid |f_n(x)| > s\} = \{x \in X \mid |g(x)| > s\}$$

がなりたつ．左辺は増大列であるから，両辺の測度をとって (1.109) を得る．

(1.110) を証明するため $\lim f_n{}^*(t) = l$ とおく．$f_n{}^*(t) \leqq l$ より

$$\mu(f_n, l) \leqq \mu(f_n, f_n{}^*(t)) \leqq t.$$

ここで $n \to \infty$ とすれば，(1.109) により $\mu(g, l) \leqq t$．これは $g^*(t) \leqq l$ を意味する．一方，(1.107) により $l \leqq g^*(t)$ がなりたつから，(1.110) が証明された．

(1.111) は Beppo Levi の定理により (1.110) から導かれる．

(iii) $\mu(g, s) < \infty$ ならば

$$\{x \mid |f_n(x)|>s\} \subset \{x \mid g(x)>s\}$$

の右辺は有限測度の可測集合であり，左辺は $n\to\infty$ のとき上極限が零集合となる．したがって

$$0 \leqq \limsup_{n\to\infty} \mu(f_n, s) \leqq \mu(\limsup_{n\to\infty} \{x \mid |f_n(x)|>s\}) = 0.$$

$g^*(\infty)=0$ ならば，任意の $s>0$ に対して $\mu(g, s)<\infty$ ゆえ，すべての $s>0$ に対して $\lim_{n\to\infty} \mu(f_n, s)=0$ となる．これより (1.113) を得る．

$g^{**}(\infty)=0$ ならば，$g^*(t)$ は任意の有限区間上可積分であり $g^*(\infty)=0$ がなりたつ．それゆえ

$$f_n^{**}(t) = \frac{1}{t}\int_0^t f_n^*(s)\,ds \leqq \frac{1}{t}\int_0^t g^*(s)\,ds$$

に対して Lebesgue の収束定理を適用することができ，(1.114) を得る．∎

再配列を応用するとき基本となるのは次の不等式である．

定理 1.30　可測関数 f, g に対して

(1.115)

$$\left|\int_X f(x)g(x)\mu(dx)\right| \leqq \int_X |f(x)g(x)|\mu(dx) \leqq \int_0^\infty f^*(t)g^*(t)\,dt.$$

特に g を可測集合 E の定義関数 χ_E として

(1.116)
$$\left|\int_X f(x)\chi_E(x)\mu(dx)\right| \leqq \int_E |f(x)|\mu(dx)$$
$$\leqq \int_0^{\mu(E)} f^*(t)\,dt = \mu(E)f^{**}(\mu(E)).$$

X が非アトム的測度空間ならば，逆に任意の $0<t<\infty$ に対して

(1.117)
$$f^{**}(t) = \frac{1}{t}\sup_{\mu(E)\leqq t}\int_E |f(x)|\mu(dx)$$
$$\leqq \frac{\pi}{t}\sup_{\mu(E)\leqq t}\left|\int f(x)\chi_E(x)\mu(dx)\right|.$$

f が実数値関数のときは定数 π を 2 におきかえてこの不等式が成立する．

証明　(1.115), (1.116) 共最初の不等式は明らかであるから，一般性を失うことなく $f(x)\geqq 0$, $g(x)\geqq 0$ としてよい．(1.116) の中央の不等式から証明しよう．$E=X$ のときは定理 1.29 (ii) と Lebesgue 積分の定義により等号でもってなりたつ．ゆえに補題 1.4 (i) により

$$\int_E |f(x)|\mu(dx) = \int_0^{\mu(E)} (f\chi_E)^*(t)\,dt \leqq \int_0^{\mu(E)} f^*(t)\,dt.$$

(1.115) の後の不等式を証明するため，はじめ $g(x)\geqq 0$ は Simp (X) に属するとする．このとき，g は可測集合 $E_1\subset E_2\subset\cdots\subset E_n$ と $c_k>0$ を用いて

(1.118) $$g(x) = \sum_{k=1}^{n} c_k \chi_{E_k}(x)$$

と表わされ，図より明らかなように

(1.119) $$g^*(t) = \sum_{k=1}^{n} c_k \chi_{E_k}{}^*(t)$$

となる．(1.116) は $g=\chi_E$ に対して (1.115) がなりたつことであるから，$E=E_k$ に対する不等式を c_k 倍して加え合せれば，(1.115) になる．

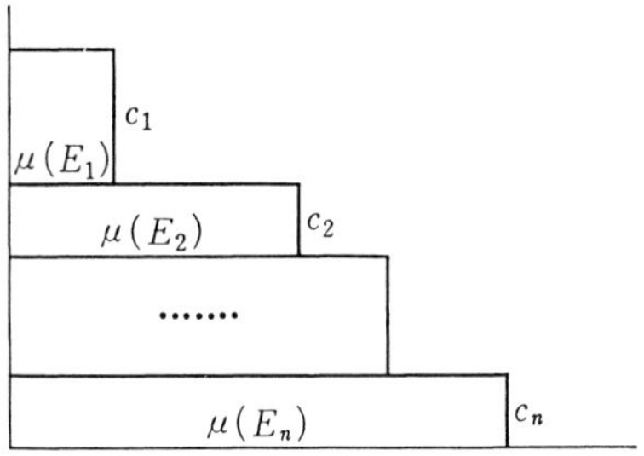

図 1.3

一般の g に対しては，ほとんどすべての点で $g_n(x)\nearrow g(x)$ となる正値関数列 $g_n\in$ Simp (X) をとる．補題 1.4 (ii) と Beppo Levi の定理を用いれば，g_n に対する不等式の両辺の極限がそれぞれ (1.115) の両辺になる．

(1.116) の最後の等式は定義そのものである．

$\mu(E)\leqq t$ ならば，$\mu(E)f^{**}(\mu(E))\leqq tf^{**}(t)$ ゆえ (1.116) より

$$f^{**}(t) \geqq \frac{1}{t}\sup_{\mu(E)\leqq t}\int_E |f(x)|\mu(dx)$$

を得る．逆の不等式を証明するため，はじめ $f(x)\in$ Simp (X) とする．$f(x)$ および $f^*(t)$ を (1.118), (1.119) の右辺のように表わしておく．$t\geqq\mu(E_n)$ ならば明らかに $E=E_n$ として

$$f^{**}(t) = \frac{1}{t}\int_E |f(x)|\mu(dx)$$

がなりたつ．$\mu(E_{m-1})\leqq t<\mu(E_m)$ のとき ($E_0=\phi$ とする) は，X が非アトム的と

いう仮定から $E_{m-1}\subset E\subset E_m$ かつ $\mu(E)=t$ をみたす可測集合 E が存在することがわかる．このとき，$0<s<t$ に対して

$$f^*(s)=(f\chi_E)^*(s)$$

がなりたち，これを $(0,t)$ 上積分して

$$tf^{**}(t)=\int_0^{\mu(E)}(f\chi_E)^*(s)\,ds=\int_E|f(x)|\mu(dx)$$

を得る．

$f(x)$ が一般の場合は，$|f_n(x)|\nearrow|f(x)|$ となる $f_n(x)\in\mathrm{Simp}\,(X)$ をとり，補題 1.4 (ii) を用いて

$$f_n^{**}(t)\leqq\frac{1}{t}\sup_{\mu(E)\leqq t}\int_E|f_n(x)|\mu(dx)$$

の両辺の上限をとればよい．

(1.117) のあとの不等式を証明するには一般に X 上の可測関数 f に対して

$$\int_X|f(x)|\mu(dx)\leqq\pi\sup_{-\pi<\theta\leqq\pi}\sup_{E\subset X}\int_E\mathrm{Re}\,(e^{-i\theta}f(x))\mu(dx)\tag{1.120}$$

となることを示せばよい．一般の f のときはほとんどすべての x において $\overline{f_n(x)}f(x)\geqq 0$ かつ $|f_n(x)|\nearrow|f(x)|$ となる $f_n\in L^1(X)$ で近似して証明すればよいから，一般性を失うことなく $f\in L^1(X)$ としてよい．

θ を決めたとき，(1.120) の右辺の積分は E として

$$E_\theta=\left\{x\in X\,\middle|\,-\frac{\pi}{2}\leqq\arg\,(e^{-i\theta}f(x))\leqq\frac{\pi}{2}\right\}$$

をとるとき最大になる．E_θ 上の積分を $m(\theta)$ とおく．単調増加関数

$$\int_{\{x\in X\,|\,-\pi<\arg f(x)\leqq\varphi\}}|f(x)|\mu(dx)$$

の定める単位円周 $\boldsymbol{T}$ 上の Stieltjes 測度を ν とすれば

$$\begin{aligned}m(\theta)&=\int_{E_\theta}\mathrm{Re}\,(e^{-i\theta}f(x))\,\mu(dx)\\&=\int_{\boldsymbol{T}}\cos^+(\varphi-\theta)\,\nu(d\varphi)\end{aligned}$$

となる．ここで $\cos^+(\varphi-\theta)=\max\,\{\cos\,(\varphi-\theta),0\}$ である．$\theta\to\theta_0$ ならば $\cos^+(\varphi-\theta)$ は一様に $\cos^+(\varphi-\theta_0)$ に収束するから $m(\theta)$ は θ の連続関数であり，最大値

$\max m(\theta)$ が存在する．Fubini の定理によれば

$$\int_T m(\theta)\,d\theta = \int_T \nu(d\varphi)\int_T \cos^+(\varphi-\theta)\,d\theta$$
$$= 2\int_T \nu(d\varphi) = 2\int_X |f(x)|\mu(dx).$$

一方，左辺は $2\pi \max m(\theta)$ をこえないから，(1.120) がなりたつ．

ν が一様分布の場合はこの不等式は等号をもってなりたつ．したがって (1.120) の定数 π は最良である．しかし，f が実数値関数の場合は，$\theta=0$ および π の場合のみ考えればよいので，(1.120) および (1.117) は定数 π を 2 におきかえて成立する．この場合も 2 をそれより小さい数でおきかえることはできない．▌

§1.2 と同じく，Haar 測度 dt/t をもつ $(0,\infty)$ 上の L^q 空間を $L_*{}^q$ と書く．

定義 1.5 $0<p\leqq\infty$，$0<q\leqq\infty$ または $q=\omega$ とする．$f\in \mathrm{Meas}\,(X)$ が **Lorentz 空間** $L^{(p,q)}(X)$ に属するとは $t^{1/p}f^*(t)$ が $L_*{}^q$ に属することであると定義し，

(1.121) $$\|f\|_{L^{(p,q)}(X)} = \|t^{1/p}f^*(t)\|_{L_*{}^q}$$

を f の**ノルム**という．——

$0<q<\infty$ のときは

(1.122) $$\|f\|_{L^{(p,q)}(X)} = \left(\int_0^\infty t^{(q/p)-1}|f^*(t)|^q dt\right)^{1/q}$$

である．

f が $L^{(p,q)}(X)$ に属するかどうかは f の再配列 f^* のみによって定まる．$a\in \boldsymbol{C}$ ならば，明らかに

(1.123) $$(af)^*(t) = |a|f^*(t), \qquad t>0,$$

がなりたつから，$f\in L^{(p,q)}(X)$ ならば，定数倍 af も $L^{(p,q)}(X)$ に属する．さらに，補題 1.4 により，$f\in L^{(p,q)}(X)$ かつ可測関数 g がほとんどすべての x に対し $|g(x)|\leqq|f(x)|$ をみたすならば，

(1.124) $$\|g\|_{L^{(p,q)}(X)} \leqq \|f\|_{L^{(p,q)}(X)}.$$

したがって g は $L^{(p,q)}(X)$ に属する．

定理 1.31 $0<p\leqq\infty$ に対して

(1.125) $$L^{(p,p)}(X) = L^p(X),$$

かつ

(1.126) $$\|f\|_{L^{(p,p)}(X)} = \|f\|_{L^p(X)}.$$

証明 $0<p<\infty$ の場合 (1.97) と Lebesgue 積分の定義により

$$\int_X |f(x)|^p \mu(dx) = \int_0^\infty |f^*(t)|^p dt = \int_0^\infty (t^{1/p}f^*(t))^p \frac{dt}{t}.$$

両辺の p 乗根をとって (1.126) を得る．$p=\infty$ の場合も (1.97) より明らかである．▮

$f(x)$ が正の測度の集合上 0 と異なれば $f^*(t)$ は $t=0$ の近くである定数 $c>0$ より大きい．したがって，$f^*(t)$ はいかなる $0<q<\infty$ または $q=\omega$ に対しても L_*^q に属することはない．すなわち $L^{(\infty,q)}(X)$ は 0 以外の元を持たない．

しかし，$p<\infty$ ならば，すべての $f\in \mathrm{Simp}\,(X)$ は任意の $0<q\leqq\infty$ および $q=\omega$ に対し $L^{(p,q)}(X)$ に属する．

Lorentz 空間のノルムは明らかに三角不等式を除くノルムの公理：

(i) $$\|f\| \geqq 0;$$

(iii) $$\|af\| = |a|\|f\|, \qquad a\in \boldsymbol{C};$$

(iv) $$\|f\|=0 \quad \Longrightarrow \quad f=0$$

をみたす．$p=q\geqq 1$ の場合を除けば，一般に三角不等式はみたさないけれども，次の定理が示すように擬ノルムの公理はみたしている．

定理 1.32 $f, g\in L^{(p,q)}(X)$ ならば，$f+g\in L^{(p,q)}(X)$ かつ

(1.127) $$\|f+g\|_{L^{(p,q)}(X)} \leqq 2^{(1/p)+\max\{0,(1/q)-1\}}(\|f\|_{L^{(p,q)}(X)}+\|g\|_{L^{(p,q)}(X)}).$$

証明 (1.98) により

(1.128) $$(f+g)^*(t) \leqq f^*\left(\frac{t}{2}\right)+g^*\left(\frac{t}{2}\right).$$

ゆえに，

$$t^{1/p}(f+g)^*(t) \leqq 2^{1/p}\left\{\left(\frac{t}{2}\right)^{1/p} f^*\left(\frac{t}{2}\right)+\left(\frac{t}{2}\right)^{1/p} g^*\left(\frac{t}{2}\right)\right\}.$$

$1\leqq q\leqq\infty$ または $q=\omega$ のときは，これに Minkowski の不等式を適用して (1.127) を得る．$0<q<1$ のときは定理 1.11 を用いればよい．▮

定理 1.33 $0<\rho\leqq 1$ を

(1.129) $$2^{(1/p)+\max\{0,(1/q)-1\}} = 2^{(1/\rho)-1}$$

の根とする．関数列 $f_n\in L^{(p,q)}(X)$ が

(1.130) $$\sum_{n=1}^{\infty}\|f_n\|_{L^{(p,q)}(X)}{}^{\rho}<\infty$$

をみたすならば,

(1.131) $$f(x)=\sum_{n=1}^{\infty}f_n(x)$$

はほとんどすべての $x\in X$ に対して絶対収束し, $L^{(p,q)}(X)$ に属する関数となり, かつ $n\to\infty$ のとき

(1.132) $$\|f_1+\cdots+f_n-f\|_{L^{(p,q)}(X)}\longrightarrow 0.$$

特に擬ノルム空間 $L^{(p,q)}(X)$ は完備である.

証明 定理 1.4 と同様

$$g_n(x)=|f_1(x)|+\cdots+|f_n(x)|$$

$$g(x)=\lim_{n\to\infty}g_n(x)=\sum_{n=1}^{\infty}|f_n(x)|$$

を考える. 定理 1.12 で構成した距離 $d(f-g)$ を用いれば,

$$\|t^{1/p}g_n{}^*(t)\|_{L_*^q}{}^{\rho}=\|g_n\|_{L^{(p,q)}(X)}{}^{\rho}\leqq 2d(g_n)\leqq 2\sum_{k=1}^{n}d(f_k)\leqq 2\sum_{k=1}^{n}\|f_k\|_{L^{(p,q)}(X)}{}^{\rho}.$$

一方, 補題 1.4 により $g_n{}^*(t)\nearrow g^*(t)$ であるから, $q\neq\omega$ ならば Beppo Levi の定理により

$$\|t^{1/p}g^*(t)\|_{L_*^q}{}^{\rho}=\|g\|_{L^{(p,q)}(X)}{}^{\rho}\leqq 2\sum_{n=1}^{\infty}\|f_n\|_{L^{(p,q)}(X)}{}^{\rho}<\infty.$$

ゆえに $g\in L^{(p,q)}(X)$. $q=\omega$ の場合も $g\in L^{(p,\infty)}(X)$ はわかる.

特に $g(x)$ はほとんどすべての $x\in X$ に対して有限の値をとり, このような x に対して (1.131) は絶対収束する. $|f(x)|\leqq g(x)$ ゆえ, $q\neq\omega$ ならば補題 1.4 により $f\in L^{(p,q)}(X)$ かつ

$$\|f\|_{L^{(p,q)}(X)}{}^{\rho}\leqq\|g\|_{L^{(p,q)}(X)}{}^{\rho}\leqq 2\sum_{n=1}^{\infty}\|f_n\|_{L^{(p,q)}(X)}{}^{\rho}$$

がなりたつ.

ほとんどすべての x に対して

$$f(x)-(f_1(x)+\cdots+f_m(x))=\sum_{n=m+1}^{\infty}f_n(x)$$

となることから同様に

$$\|f-(f_1+\cdots+f_m)\|_{L^{(p,q)}(X)}{}^{\rho}\leqq 2\sum_{n=m+1}^{\infty}\|f_n\|_{L^{(p,q)}(X)}{}^{\rho}.$$

こうして $q\neq\omega$ の場合の (1.132) の証明ができた.

$q=\omega$ の場合も q を ∞ にかえれば上の証明は正しい．したがって

$$\|t^{1/p}(f-(f_1+\cdots+f_n))^*(t)\|_{L_*^\infty}\longrightarrow 0.$$

$t^{1/p}(f_1+\cdots+f_n)^*(t)\in L_*{}^{\omega}$ ゆえ,

$$t^{1/p}f^*(t)\leqq t^{1/p}(f-(f_1+\cdots+f_n))^*\left(\frac{t}{2}\right)+t^{1/p}(f_1+\cdots+f_n)^*\left(\frac{t}{2}\right)$$

も $L_*{}^{\omega}$ に属し，$L^{(p,\omega)}(X)$ において (1.132) が成立する.

これから $L^{(p,q)}(X)$ の完備性を導くのは Lebesgue 空間 $L^p(X)$ の場合と同様である. ▮

定理 1.34　$0<q\leqq\omega$ ならば，Simp(X) は $L^{(p,q)}(X)$ において稠密である.

証明　$f\in L^{(p,q)}(X)$ とする．Lebesgue 積分の定義のときのように f の実部および虚部の正負の部分を下から近似することにより，$|f_n(x)|\leqq|f(x)|$ かつほとんどすべての点で $f_n(x)\to f(x)$ となる列 $f_n\in$ Simp(X) がとれる．$g(x)=2|f(x)|$ とすれば，$|f_n(x)-f(x)|\leqq g(x)$ かつ左辺はほとんどいたるところ 0 に収束する．仮定の下で $g^*(\infty)=0$ が成立する ($q\neq\infty$ ゆえ $p<\infty$ でもある) から，補題 1.4 (iii) により $(f_n-f)^*(t)\to 0$, $t>0$, がなりたつ．$(f_n-f)^*(t)$ は t の単調減少関数であるから，この収束は任意の $\delta>0$ に対し $t\geqq\delta$ において一様である.

$$t^{1/p}(f_n-f)^*(t)\leqq t^{1/p}g^*(t)\in L_*{}^q \tag{1.133}$$

ゆえ，$0<q<\infty$ ならば，Lebesgue の収束定理により $\|f_n-f\|_{L^{(p,q)}(X)}\to 0$ がわかる．$q=\omega$ のときも (1.133) の右辺が $L_*{}^{\omega}$ に属することから，任意の $\varepsilon>0$ に対し $0<\delta<\eta<\infty$ が存在し，区間 $[\delta,\eta]$ の外では $t^{1/p}(f_n-f)^*(t)<\varepsilon$. 一方，上で注意したように，この区間 $[\delta,\eta]$ 上一様に $t^{1/p}(f_n-f)^*(t)\to 0$. ゆえに n が十分大ならば，$\|f_n-f\|_{L^{(p,\omega)}(X)}\leqq\varepsilon$ となる. ▮

次に Lorentz 空間のノルムをとりかえて Banach 空間にすることができる場合を調べる.

定理 1.35　$1<p<\infty$, $1\leqq q\leqq\infty$ または $q=\omega$ の場合．$f\in L^{(p,q)}(X)$ に対して

$$|||f|||_{L^{(p,q)}(X)}=\|t^{1/p}f^{**}(t)\|_{L_*{}^q} \tag{1.134}$$

によって新たにノルムを定義すれば，

$$\|f\|_{L^{(p,q)}(X)} \leqq \|\!|f|\!\|_{L^{(p,q)}(X)} \leqq \frac{p}{p-1}\|f\|_{L^{(p,q)}(X)}. \tag{1.135}$$

かつ $L^{(p,q)}(X)$ はこのノルムの下で Banach 空間をなす．

証明 f^* は単調減少であるから

$$f^*(t) \leqq \frac{1}{t}\int_0^t f^*(s)\,ds = f^{**}(t). \tag{1.136}$$

これより

$$\|f\|_{L^{(p,q)}(X)} = \|t^{1/p}f^*\|_{L_*^q} \leqq \|t^{1/p}f^{**}\|_{L_*^q} = \|\!|f|\!\|_{L^{(p,q)}(X)}$$

を得る．一方，定理 1.25 により

$$t^{1/p}f^{**}(t) = \int_0^t \left(\frac{t}{s}\right)^{(1/p)-1} s^{1/p}f^*(s)\frac{ds}{s}$$

のノルムは

$$\|t^{1/p}f^{**}(t)\|_{L_*^q} \leqq \frac{p}{p-1}\|t^{1/p}f^*(t)\|_{L_*^q}$$

と評価される．

(1.100) により $f^{**}(t)$ は各 t において三角不等式をみたす．したがって，それらの平均である新しいノルム $\|\!|f|\!\|_{L^{(p,q)}(X)}$ も三角不等式をみたす．実際,

$$\begin{aligned}\|t^{1/p}(f+g)^{**}(t)\|_{L_*^q} &\leqq \|t^{1/p}(f^{**}(t)+g^{**}(t))\|_{L_*^q}\\ &\leqq \|t^{1/p}f^{**}(t)\|_{L_*^q}+\|t^{1/p}g^{**}(t)\|_{L_*^q}.\end{aligned}$$

$\|\!|f|\!\|_{L^{(p,q)}(X)}$ に対し他のノルムの公理 (i), (iii), (iv) をたしかめるのは容易である．

$L^{(p,q)}(X)$ は定理 1.33 により完備であり，上のノルムの下で Banach 空間をなす．∎

この他 $L^{(1,1)}(X)=L^1(X)$ および $L^{(\infty,\infty)}(X)=L^\infty(X)$ はもとのままのノルムに関して Banach 空間をなす．R. A. Hunt はこれ以外の場合，すなわち $0<p<1$ であるか，$0<q<1$ であるか，あるいは $p=1$ かつ $q>1$ の場合は，$L^{(p,q)}(X)$ は一般にノルムづけ不可能であることを証明した．特に X が非アトム的であって，$0<p<1$ かつ $0<q<\infty$ であるかあるいは $p=1$ かつ $1<q<\infty$ である場合は定理 1.17 と同様 $L^{(p,q)}(X)$ 上の連続線型汎関数は 0 以外存在しないことも証明している [22].

$f^{**}(t)$ は各 t に対しノルムの条件をみたすから $f^{**}(t)$ の種々の平均はまたノルムになる．しかし $f(x)=0$, a.e. x, でないかぎりある $c>0$ と十分大きい t に対し $f^{**}(t)\geqq ct^{-1}$ がなりたつことに注意する．したがって，$0<p<1$ ならば $t^{1/p}f^{**}(t)$ はいかなる $L_*{}^q$ にも属さない．$p=1$ の場合も $q\leqq\omega$ ならば $t^{1/p}f^{**}(t)$ は $L_*{}^q$ に属さない．$q=\infty$ のときは

$$\|tf^{**}(t)\|_{L_*^\infty}=\sup tf^{**}(t)=\int_0^\infty f^*(t)\,dt=\|f\|_{L^1(X)}$$

であり，一般にこれは $L^{(1,\infty)}(X)$ の擬ノルムと同値でないノルムである．

ところで，全空間の測度が有限：

(1.137) $$l=\mu(X)<\infty$$

である場合は $f^*(t)$ は $t>l$ において 0 となる．したがって $L^{(p,q)}(X)$ のノルム $\|f\|_{L^{(p,q)}(X)}$ の定義式 (1.122) の積分は $(0,l)$ の上に限ってよい．また，定理 1.35 の条件の下でノルム $|||f|||_{L^{(p,q)}(X)}$ の定義を

(1.138) $$|||f|||_{L^{(p,q)}(X)}=\left(\int_0^l (t^{1/p}f^{**}(t))^q\frac{dt}{t}\right)^{1/q}$$

に代えても定理の結論は変わらない．このようにすれば上の発散の困難はさけられ，$|||f|||_{L^{(p,q)}(X)}$ は多くの関数に対して有限になる．しかし，これが有限になる f 全体は一般に $L^{(p,q)}(X)$ とは異なる空間になる．ここでは $p=q=1$ の場合の特徴づけだけを与えておく．

定理 1.36　(1.137) の下で，$f\in\mathrm{Meas}\,(X)$ に対する次の三つの条件は互いに同値である：

(1.139) $$\int_0^l f^{**}(t)\,dt<\infty;$$

(1.140) $$\int_0^l f^*(t)\log^+\frac{1}{t}\,dt<\infty;$$

(1.141) $$\int_X |f(x)|\log^+|f(x)|\,\mu(dx)<\infty.$$

ただし，$\log^+ a=\max\{0,\log a\}$．さらに，任意の $k>1$ および $f\in\mathrm{Meas}\,(X)$ に対して

(1.142) $$\int_0^l f^{**}(t)\,dt\leqq k\int_X |f(x)|\log^+|f(x)|\,\mu(dx)+\frac{k^2 l}{(k-1)e}.$$ ――

はじめにもう一つの **Young の不等式**を用意する.

補題 1.5 $a>0$, $-\infty<b<\infty$, かつ $\varepsilon>0$ ならば,

$$ab \leqq \varepsilon a \log a + \varepsilon \exp\left(\frac{b}{\varepsilon}-1\right). \tag{1.143}$$

証明 はじめ $\varepsilon=1$ の場合を考える. b を固定し

$$\phi(a) = ab - a\log a$$

を $a>0$ の関数として微分をとれば

$$\phi'(a) = b-1-\log a.$$

ゆえに, ϕ は $a=\exp(b-1)$ のとき最大値 $\exp(b-1)$ をとる. b に b/ε を代入すれば, (1.143) が得られる. ∎

定理の証明 $f^*(t)$ および $1/t$ は $(0, l)$ 上の正値可測関数であるから, Fubini の定理により

$$\int_0^l f^{**}(t)\,dt = \int_0^l \frac{dt}{t}\int_0^t f^*(s)\,ds = \int_0^l f^*(s)\log\frac{l}{s}\,ds. \tag{1.144}$$

$f^*(t)$ は減少関数であるから, $f^*(t)\log(l/t)$ と $f^*(t)\log^+(1/t)$ は一方が可積分ならば他方も可積分である. これで (1.139) と (1.140) の同等が証明された.

次に, (1.97) を用いれば

$$\int_X |f(x)|\log^+|f(x)|\,\mu(dx) = \int_0^l f^*(t)\log^+ f^*(t)\,dt \tag{1.145}$$

がわかる. (1.139) がなりたつとき, この積分を K とすれば, $f^*(t) \leqq f^{**}(t)$ より

$$\int_0^l f^*(t)\,dt \leqq \int_0^l f^{**}(t)\,dt = K,$$

$$f^*(t) \leqq \frac{1}{t}\int_0^t f^*(s)\,ds \leqq \frac{K}{t}$$

を得る. これより

$$\log^+ f^*(t) \leqq \log\frac{l}{t} + \log^+\frac{K}{l}.$$

したがって, (1.144) を用いて

$$\int_0^l f^*(t)\log^+ f^*(t)\,dt \leqq \int_0^l f^*(t)\log\frac{l}{t}\,dt + \int_0^l f^*(t)\,dt\,\log^+\frac{K}{l}$$

$$\leqq K+K\log^+\frac{K}{l}<\infty.$$

逆に (1.145) が有限のとき，$a=f^*(t)$，$b=\log(l/t)$，$\varepsilon=k$ として補題 1.5 を適用すれば

$$f^*(t)\log\frac{l}{t}\leqq kf^*(t)\log f^*(t)+\frac{k}{e}\left(\frac{l}{t}\right)^{1/k}$$

を得る．これを積分して

$$\int_0^l f^*(t)\log\frac{l}{t}dt\leqq k\int_0^l f^*(t)\log^+ f^*(t)\,dt+\frac{k^2 l}{(k-1)e}.$$

(1.144) および (1.145) によれば，これは (1.142) と同じである．したがって (1.139) がなりたつ．∎

定理 1.36 の同値な条件をみたす可測関数 $f(x)$ 全体の集合を $L\log^+L(X)$ と書き，**Zygmund 空間**という．定理 1.34, 1.35 と同様に次の定理がなりたつ．

定理 1.37　(1.137) の下で Zygmund 空間 $L\log^+L(X)$ は

(1.146)　$$\|f\|_{L\log^+L(X)}=\int_0^l f^{**}(t)\,dt=\int_0^l f^*(t)\log\frac{l}{t}dt$$

をノルムとする Banach 空間であり，Simp(X) は稠密部分集合をなす．——

ここで Lorentz 空間相互の関係を調べておこう．

定理 1.38　$0<p<\infty$，$0<q_1\leqq q_2$ または $q_1=\omega$，$q_2=\infty$ ならば，

(1.147)　$$L^{(p,q_1)}(X)\subset L^{(p,q_2)}(X),$$

かつ $f\in L^{(p,q_1)}(X)$ に対して

(1.148)　$$\left(\frac{q_2}{p}\right)^{1/q_2}\|f\|_{L^{(p,q_2)}(X)}\leqq\left(\frac{q_1}{p}\right)^{1/q_1}\|f\|_{L^{(p,q_1)}(X)}.$$

ただし q_1 または q_2 が ω または ∞ のときは係数を 1 におきかえる．

特に $0<q<\infty$ に対して

(1.149)　$$L^{(p,q)}(X)\subset L^{(p,\omega)}(X)\subset L^{(p,\infty)}(X).$$

証明　$q_1=\omega$，$q_2=\infty$ のときは明らかである．

$0<q_1<\infty$ かつ $q_2=\infty$ または ω とする．$f^*(t)$ は減少関数であるから

$$t^{1/p}f^*(t)=\left(\frac{q_1}{p}\int_0^t s^{q_1/p}\frac{ds}{s}\right)^{1/q_1}f^*(t)$$

$$\leqq \left(\frac{q_1}{p}\int_0^t (s^{1/p}f^*(s))^{q_1}\frac{ds}{s}\right)^{1/q_1}$$

$$\leqq \left(\frac{q_1}{p}\right)^{1/q_1}\|f\|_{L^{(p,q_1)}(X)}.$$

これは $q_2=\infty$ に対する不等式 (1.148) である．これから $t\to 0$ のとき $t^{1/p}f^*(t)\to 0$ となることもわかる．

同様に $0\leqq t_0<t$ に対して

$$(t^{q_1/p}-t_0^{q_1/p})^{1/q_1}f^*(t)\leqq \left(\frac{q_1}{p}\int_{t_0}^t (s^{1/p}f^*(s))^{q_1}\frac{ds}{s}\right)^{1/q_1}$$

がなりたつ．任意の $\varepsilon>0$ に対して t_0 を十分大きくすれば，$t\geqq t_0$ に関係なく右辺は ε 以下となる．他方，$t\to\infty$ のとき $t^{1/p}$ と $(t^{q_1/p}-t_0^{q_1/p})^{1/q_1}$ の比は 1 に近づくから，結局 $t^{1/p}f^*(t)\to 0$ となることがわかる．

最後に $0<q_1<q_2<\infty$ の場合は定理 1.34 により Simp (X) が $L^{(p,q_1)}(X)$ において稠密であるから，$f\in$ Simp (X) に対して (1.148) が証明できれば十分である．

$f\in$ Simp (X) の再配列は $c_1>c_2>\cdots>c_N>0$ および $0=l_0<l_1<\cdots<l_N$ が存在して

$$f^*(t)=c_k,\quad l_{k-1}\leqq t<l_k, \tag{1.150}$$

となる．このとき

$$\left(\frac{q}{p}\right)^{1/q}\|f\|_{L^{(p,q)}(X)}=\left(\sum_{k=1}^N c_k{}^q(l_k{}^{q/p}-l_{k-1}{}^{q/p})\right)^{1/q} \tag{1.151}$$

であるから，$a_k=c_k{}^{q_2}$，$b_k=l_k{}^{q_2/p}$，$\theta=q_1/q_2$ とおくことにより，一般に $a_1>a_2>\cdots>a_N>0$，$0=b_0<b_1<\cdots<b_N$ および $0<\theta<1$ に対して

$$\sum_{k=1}^N a_k(b_k-b_{k-1})\leqq\left(\sum_{k=1}^N a_k{}^\theta(b_k{}^\theta-b_{k-1}{}^\theta)\right)^{1/\theta} \tag{1.152}$$

が証明できればよい．

これを N に関する帰納法によって証明する．$N=1$ のときは明らかに等号でもって成立する．N のときも成立すると仮定する．このとき

$$\varphi(s)=\left(\sum_{k=1}^N a_k{}^\theta(b_k{}^\theta-b_{k-1}{}^\theta)+s^\theta(b_{N+1}{}^\theta-b_N{}^\theta)\right)^{1/\theta}$$
$$-\left(\sum_{k=1}^N a_k(b_k-b_{k-1})+s(b_{N+1}-b_N)\right)$$

が $0\leqq s\leqq a_N$ において負にならないことを証明すればよい．帰納法の仮定により $\varphi(0)\geqq 0$, $\varphi(a_N)\geqq 0$ がわかる．はじめは (1.152) そのものであり，次は b_N を b_{N+1} におきかえたものになっているだけである．一方

$$\varphi'(s) = (b_{N+1}{}^{\theta}-b_N{}^{\theta})\left(\sum_{k=1}^{N} a_k{}^{\theta}(b_k{}^{\theta}-b_{k-1}{}^{\theta})+s^{\theta}(b_{N+1}{}^{\theta}-b_N{}^{\theta})\right)^{(1/\theta)-1} s^{\theta-1}$$
$$-(b_{N+1}-b_N)$$

は $s>0$ での減少関数であり，$\varphi''(s)<0$. すなわち $\varphi(s)$ は $s>0$ で凹関数であり，$\varphi(0)\geqq 0$, $\varphi(a_N)\geqq 0$ より $0<s<a_N$ で $\varphi(s)\geqq 0$ となることがわかる．▌

この他，$p_1<p_2$ に対して $L^{p_1}(X)\supset L^{p_2}(X)$ となる場合，すなわち $\mu(X)<\infty$ の場合は q_1, q_2 にかかわらず $L^{(p_1,q_1)}(X)\supset L^{(p_2,q_2)}(X)$ となり，反対に $p_1<p_2$ に対して $L^{p_1}(X)\subset L^{p_2}(X)$ となる場合，すなわち X の可測集合の測度が 0 でないかぎり一定の正の数より大きくなる場合には q_1, q_2 にかかわらず $L^{(p_1,q_1)}(X)\subset L^{(p_2,q_2)}(X)$ となるのであるが，これは次節の補間定理によって簡単に証明できるので，証明は省略しよう．

最後に§1.3 補題 1.3 を Lorentz 空間の場合に拡張しておく．

定理 1.39　$0<p_1<p_0\leqq\infty$, $0<\theta<1$ とし p を

$$\frac{1}{p} = \frac{1-\theta}{p_0}+\frac{\theta}{p_1} \tag{1.153}$$

で定まる指数とする．このとき，任意の $0<q\leqq\infty$ または $q=\omega$ に対して

$$L^{(p_0,\infty)}(X)\cap L^{(p_1,\infty)}(X)\subset L^{(p,q)}(X), \tag{1.154}$$

かつ p_0, p_1, θ および q のみによって定まる定数 K が存在し

$$\|f\|_{L^{(p,q)}(X)} \leqq K\|f\|_{L^{(p_0,\infty)}(X)}{}^{1-\theta}\|f\|_{L^{(p_1,\infty)}(X)}{}^{\theta}. \tag{1.155}$$

また，任意の $q_0, q_1\in(0,\infty]\cup\{\omega\}$ に対して

$$L^{(p,\infty)}(X)\subset L^{(p_0,q_0)}(X)+L^{(p_1,q_1)}(X), \tag{1.156}$$

かつ p_0, p_1, θ, q_0 および q_1 のみによって定まる定数 K が存在し，任意の $f\in L^{(p,\infty)}(X)$ および $0<t<\infty$ に対して

$$\|f_0\|_{L^{(p_0,q_0)}(X)} \leqq Kt^{-\theta}\|f\|_{L^{(p,\infty)}(X)}, \tag{1.157}$$

$$\|f_1\|_{L^{(p_1,q_1)}(X)} \leqq Kt^{1-\theta}\|f\|_{L^{(p,\infty)}(X)}, \tag{1.158}$$

かつ $f=f_0+f_1$ をみたす f_0, f_1 をみつけることができる．

証明　$f\in L^{(p_0,\infty)}(X)\cap L^{(p_1,\infty)}(X)$ とすれば，任意の $0<\varepsilon<\infty$ に対し

$$
\begin{aligned}
\|f\|_{L^{(p,q)}(X)} &= \|t^{1/p}f^*(t)\|_{L_*^q} \\
&\leqq \kappa\{\|t^{(1/p)-(1/p_0)}\|_{L_*^q(0,\varepsilon)}\|t^{1/p_0}f^*(t)\|_{L_*^\infty(0,\varepsilon)} \\
&\quad +\|t^{(1/p)-(1/p_1)}\|_{L_*^q(\varepsilon,\infty)}\|t^{1/p_1}f^*(t)\|_{L_*^\infty(\varepsilon,\infty)}\} \\
&\leqq \kappa\left\{\frac{\varepsilon^{(1/p)-(1/p_0)}}{\left(\frac{q}{p}-\frac{q}{p_0}\right)^{1/q}}\|f\|_{L^{(p_0,\infty)}(X)}+\frac{\varepsilon^{(1/p)-(1/p_1)}}{\left(\frac{q}{p_1}-\frac{q}{p}\right)^{1/q}}\|f\|_{L^{(p_1,\infty)}(X)}\right\}.
\end{aligned}
$$

ただし，$\kappa=2^{\max\{0,(1/q)-1\}}$ である．

$$
\varepsilon^{(1/p)-(1/p_0)}=\varepsilon^{((1/p_1)-(1/p_0))\theta},\qquad \varepsilon^{(1/p)-(1/p_1)}=\varepsilon^{((1/p_1)-(1/p_0))(\theta-1)}
$$

ゆえ，Young の不等式の逆 (定理 1.1) により $0<\varepsilon<\infty$ を動かしたときの右辺の下限として (1.155) を得る．

次に $f\in L^{(p,\infty)}(X)$ とする．

$$
\gamma=\left(\frac{1}{p_1}-\frac{1}{p_0}\right)^{-1},\qquad s=f^*(t^\gamma)
$$

とおき，(1.101), (1.102) によって定義される f の分解 (1.103) を考える．

$$
(f_0^s)^*(u)=\begin{cases} f^*(t^\gamma), & 0<u<t^\gamma, \\ f^*(u), & u\geqq t^\gamma, \end{cases} \tag{1.159}
$$

$$
(f_1^s)^*(u)=\begin{cases} f^*(u)-f^*(t^\gamma), & 0<u<t^\gamma, \\ 0, & u\geqq t^\gamma, \end{cases} \tag{1.160}
$$

であるから，

$$
\begin{aligned}
\|f_0^s\|_{L^{(p_0,q_0)}(X)} &\leqq \kappa\{\|u^{1/p_0}f^*(t^\gamma)\|_{L_*^{q_0}(0,t^\gamma)}+\|u^{1/p_0}f^*(u)\|_{L_*^{q_0}(t^\gamma,\infty)}\} \\
&\leqq \kappa\|f\|_{L^{(p,\infty)}(X)}\{\|u^{1/p_0}t^{-\gamma/p}\|_{L_*^{q_0}(0,t^\gamma)}+\|u^{(1/p_0)-(1/p)}\|_{L_*^{q_0}(t^\gamma,\infty)}\} \\
&= \kappa\left\{\left(\frac{p_0}{q_0}\right)^{1/q_0}+\frac{1}{\left(\frac{q_0}{p}-\frac{q_0}{p_0}\right)^{1/q_0}}\right\}t^{-\theta}\|f\|_{L^{(p,\infty)}(X)}.
\end{aligned}
$$

$\|f_1^s\|_{L^{(p_1,q_1)}(X)}$ の評価も同様である．▌

§1.5 Marcinkiewicz 型の補間定理

Riesz-Thorin の補間定理では T が線型であることおよび Lebesgue 空間の指数が動きうる両端にあるとき T が有界であることの二つが本質的であった．この節ではこれらの条件を二つともゆるめてなりたつ補間定理を与える．

定義 1.6 線型空間 F の線型部分空間 $D(T)$ を定義域とし $f\in D(T)$ を Y 上

の関数 $Tf(y)$ にうつす作用素 T は，定数 K が存在して，任意の $a\in \boldsymbol{C}$, $f,g\in D(T)$ に対し

$$|T(af)(y)|=|a||Tf(y)|, \tag{1.161}$$

$$|T(f+g)(y)|\leqq K(|Tf(y)|+|Tg(y)|) \tag{1.162}$$

が成立するとき，**擬線型**(quasi-linear) という．$K=1$ にとれるときは**劣線型**(sublinear) という．——

以下，$(X,\mathcal{M},\mu)$, $(Y,\mathcal{N},\nu)$ を σ 有限な測度空間とし，$\mathrm{Simp}(X)\subset D(T)\subset \mathrm{Meas}(X)$ となる擬線型作用素 $T:D(T)\to \mathrm{Meas}(Y)$ を考える．

T が劣線型ならば，

$$||Tf(y)|-|Tg(y)||\leqq |T(f-g)(y)|$$

がなりたつことに注意する．したがって，もし G が $\mathrm{Meas}(Y)$ に含まれる擬ノルム空間であって，$|f(y)|\leqq|g(y)|$ ならば $\|f\|_G\leqq\|g\|_G$ という性質をもち，かつ任意の $f\in D(T)$ に対して $Tf(y)=|Tf(y)|$ がなりたつ (または $f,g\in D(T)$ に対して $|Tf(y)-Tg(y)|\leqq|T(f-g)(y)|$ がなりたつ) ならば，$f,g\in D(T)$ に対して

$$\|Tf-Tg\|_G\leqq\|T(f-g)\|_G.$$

すなわち T は§1.2 定義 1.3 でいうところの擬加法的作用素になる．

定義 1.7　$p,q\in(0,\infty]$ とする．T が**強 (p,q) 型**(strong type (p,q)) または単に **(p,q) 型**(type (p,q)) とは有限の定数 M が存在して $f\in D(T)$ に対して

$$\|Tf\|_{L^q(Y)}\leqq M\|f\|_{L^p(X)} \tag{1.163}$$

がなりたつことであると定義する．

T が擬加法的であるときは，定理 1.15 により，これは $D(T)$ 上 T が $L^p(X)$ から $L^q(Y)$ への作用素として連続であることを意味する．

T が**弱 (p,q) 型**(weak type (p,q)) とは $0<q<\infty$ のときは有限の定数 M が存在して $f\in D(T)$ に対し

$$s(\nu(Tf,s))^{1/q}\leqq M\|f\|_{L^p(X)},\qquad 0<s<\infty, \tag{1.164}$$

がなりたつことであると定義する．$q=\infty$ のときは (p,q) 型と同じとする．ただし $\nu(Tf,s)$ は Tf の分布関数である．

T が**制限 (p,q) 型**(restricted type (p,q)) (**制限弱 (p,q) 型**(restricted weak type (p,q))) とは，f が有限測度をもつ可測集合 E の定義関数 χ_E であるとき (1.163) ((1.164)) がなりたつことであると定義する．——

定理 1.40 (1.164) がなりたつことと

(1.165) $$\|Tf\|_{L^{(q,\infty)}(Y)} \leqq M\|f\|_{L^p(X)}$$

がなりたつことは同等である.

$1\leqq q\leqq\infty$, かつ q' を q と共役な指数とするとき, 定数 M' が存在し, 任意の有限測度の部分集合 $E\subset Y$ の定義関数 χ_E に対して

(1.166) $$\left|\int Tf(y)\cdot\chi_E(y)\nu(dy)\right| \leqq M'\|f\|_{L^p(X)}\|\chi_E\|_{L^{q'}(Y)}$$

が成立するならば, (1.164) がなりたつ.

$1<q\leqq\infty$ のときは, 逆に (1.164) がなりたつならば任意の有限測度の部分集合 $E\subset Y$ に対して (1.166) がなりたつ.

証明 分布関数 $\nu(Tf, s)$ と再配列 $(Tf)^*(t)$ は本質的に互いの逆関数である. 特に, これらの関数のグラフの閉包は互いに対称の位置にある. これから (1.164) と

(1.167) $$t^{1/q}(Tf)^*(t) \leqq M\|f\|_{L^p(X)}, \qquad 0<t<\infty,$$

が同等であることがわかる. この左辺の上限が $\|Tf\|_{L^{(q,\infty)}(Y)}$ なのであるから, (1.164) と (1.165) は同等である.

(1.167) から (1.166) を導くため, $1<q\leqq\infty$ とする. Tf が (1.167) をみたすならば, §1.4 定理 1.30 により, 任意の $E\subset Y$ に対して

$$\left|\int Tf(y)\cdot\chi_E(y)\nu(dy)\right| \leqq \int_0^{\nu(E)}(Tf)^*(t)\,dt \leqq M\|f\|_{L^p(X)}\int_0^{\nu(E)}t^{-1/q}dt$$
$$= q'M\|f\|_{L^p(X)}\|\chi_E\|_{L^{q'}(Y)}.$$

逆に任意の $E\subset Y$ に対し (1.166) がなりたつとする. 任意の $s>0$ に対して

(1.168) $$\{y\in Y \mid |Tf(y)|>s\}$$
$$\subset\left\{y\in Y \,\middle|\, \operatorname{Re} Tf(y)>\frac{s}{\sqrt{2}}\right\}\cup\left\{y\in Y \,\middle|\, \operatorname{Re} Tf(y)<\frac{-s}{\sqrt{2}}\right\}$$
$$\cup\left\{y\in Y \,\middle|\, \operatorname{Im} Tf(y)>\frac{s}{\sqrt{2}}\right\}\cup\left\{y\in Y \,\middle|\, \operatorname{Im} Tf(y)<\frac{-s}{\sqrt{2}}\right\}.$$

$E\subset\{y\in Y \mid \operatorname{Re} Tf(y)>s/\sqrt{2}\}$ とすれば,

(1.169) $$\left|\int Tf(y)\cdot\chi_E(y)\nu(dy)\right| \geqq \frac{s}{\sqrt{2}}\nu(E).$$

これが

$$M'\|f\|_{L^p(X)}\|\chi_E\|_{L^{q'}(Y)} = M'\|f\|_{L^p(X)}\nu(E)^{1-(1/q)} \tag{1.170}$$

でおさえられるのであるから，$1\leqq q<\infty$ の場合，

$$s\nu(E)^{1/q} \leqq \sqrt{2}\, M'\|f\|_{L^p(X)}.$$

他の三つの集合についても同じ計算をすれば，結局

$$s\,(\nu(Tf, s))^{1/q} \leqq \sqrt{2}\, 4^{1/q}M'\|f\|_{L^p(X)}$$

が得られる．

$q=\infty$ の場合は，(1.168) の右辺の集合のどれかの測度が正である限り，その中に有限でかつ正の測度をもつ部分集合 E が存在する．したがって (1.169) と (1.170) を比較して

$$\|Tf\|_{L^\infty(Y)} \leqq \sqrt{2}\, M'\|f\|_{L^p(X)}$$

を得る．∎

制限型も Lorentz 空間の言葉で表わすことができる．

定理 1.41　G は Meas(Y) の元からなるノルム空間であり，$|f(y)|\leqq|g(y)|$ a.e. y ならば $\|f\|_G\leqq\|g\|_G$ がなりたつとする．T: Simp$(X)\to G$ が劣線型作用素かつ $0<p<\infty$ ならば，定数 M が存在し任意の有限測度をもつ可測集合 $E\subset X$ の定義関数 χ_E に対して

$$\|T\chi_E\|_G \leqq M\|\chi_E\|_{L^p(X)} \tag{1.171}$$

がなりたつことと，定数 M' が存在し $f\in$ Simp(X) に対して

$$\|Tf\|_G \leqq M'\|f\|_{L^{(p,1)}(X)} \tag{1.172}$$

がなりたつことは同等である．

証明　$f=\chi_E$ に対しては

$$\|f\|_{L^{(p,1)}(X)} = \int_0^\infty t^{1/p}f^*(t)\frac{dt}{t} = \int_0^{\mu(E)} t^{(1/p)-1}dt = p\|f\|_{L^p(X)} \tag{1.173}$$

であるから，後の条件がなりたてば前の条件がなりたつ．

前の条件がなりたつとしよう．まず，$f\in$ Simp(X) が正値である場合を考える．$c_k\geqq 0$ および可測集合 $E_1\subset E_2\subset\cdots\subset E_n$ を用いて

$$f(x) = \sum_{k=1}^{n} c_k\chi_{E_k}(x) \tag{1.174}$$

と表わせば，定理 1.30 の証明と同様

$$f^*(t) = \sum_{k=1}^{n} c_k \chi_{E_k}{}^*(t) \tag{1.175}$$

となる．ここで T の劣線型性と (1.173) を用いれば，

$$\begin{aligned}\|Tf\|_G &\leqq \sum \|T(c_k\chi_{E_k})\|_G \leqq M\sum \|c_k\chi_{E_k}\|_{L^p(X)} \\ &= Mp^{-1}\int_0^\infty t^{1/p} f^*(t)\frac{dt}{t} = Mp^{-1}\|f\|_{L^{(p,1)}(X)}\end{aligned}$$

を得る．

$f \in \mathrm{Simp}(X)$ が一般の場合は $|f_i(x)| \leqq |f(x)|$ となる正値の $f_i \in \mathrm{Simp}(X)$ を用いて

$$f(x) = f_1(x) - f_2(x) + if_3(x) - if_4(x)$$

と表わす．T の劣線型性により

$$\|Tf\|_G \leqq \sum_{i=1}^{4} \|Tf_i\|_G \leqq Mp^{-1}\sum \|f_i\|_{L^{(p,1)}(X)} \leqq 4Mp^{-1}\|f\|_{L^{(p,1)}(X)}. \quad \blacksquare$$

以上により，劣線型作用素

$$T\colon \mathrm{Simp}(X) \longrightarrow \mathrm{Meas}(Y)$$

は，定数 M が存在し

$$\|Tf\|_{L^{(q,\infty)}(Y)} \leqq M\|f\|_{L^p(X)}$$

がなりたつときそのときに限り弱 (p,q) 型であり，$0<p<\infty$，$1\leqq q\leqq\infty$ のときは，

$$\|Tf\|_{L^q(Y)} \leqq M\|f\|_{L^{(p,1)}(X)}$$

がなりたつときそのときに限り制限 (p,q) 型，さらに $1<q<\infty$ のときは，

$$\|Tf\|_{L^{(q,\infty)}(Y)} \leqq M\|f\|_{L^{(p,1)}(X)}$$

がなりたつときそのときに限り制限弱 (p,q) 型であることがわかる．

また，$1\leqq p\leqq\infty$，$1\leqq q\leqq\infty$ のときは，定数 M が存在し任意の可測集合 $E\subset X$ および $F\subset Y$ に対して

$$\left|\int T\chi_E(y)\cdot\chi_F(y)\,\nu(dy)\right| \leqq M\|\chi_E\|_{L^p(X)}\|\chi_F\|_{L^{q'}(Y)} \tag{1.176}$$

がなりたてば，T は制限弱 (p,q) 型であり，$q>1$ ならば逆も正しい．(1.176) は比較的たしかめやすい条件であり，これがなりたつとき，T は**双制限 (p,q) 型**であるという．

本来の Marcinkiewicz の補間定理は $p_i\leqq q_i$，$i=0,1$，の条件の下で弱 (p_0,q_0)

型かつ弱 (p_1, q_1) 型である擬線型作用素は中間の指数で (p, q) 型になることを主張するものであるが，Lorentz 空間の言葉で定式化すればこの制限を除くことができる．

定理 1.42 (**Calderón-Hunt**)　T は $D(T)\subset \mathrm{Meas}\,(X)$ を $\mathrm{Meas}\,(Y)$ にうつす擬線型作用素であるとし，$f\in D(T)$ ならば任意の $s>0$ に対し (1.101), (1.102) で定義される f_0^s, f_1^s も $D(T)$ に属すると仮定する．また，$p_0, p_1, q_0, q_1\in(0,\infty]$ は $p_0>p_1$ と $q_0\neq q_1$ をみたす指数であるとする．

このとき，$M_0, M_1, r_0, r_1>0$ を定数とし，すべての $f\in D(T)$ に対して

(1.177) $$\|Tf\|_{L^{(q_0,\infty)}(Y)}\leqq M_0\|f\|_{L^{(p_0,r_0)}(X)},$$

(1.178) $$\|Tf\|_{L^{(q_1,\infty)}(Y)}\leqq M_1\|f\|_{L^{(p_1,r_1)}(X)}$$

がなりたつならば，任意の $0<\theta<1$ に対して，p, q を (1.74), (1.75) で定められる指数，r を $(0,\infty]\cup\{\omega\}$ に属する任意の指数としてすべての $f\in D(T)$ に対し

(1.179) $$\|Tf\|_{L^{(q,r)}(Y)}\leqq KLM_0^{1-\theta}M_1^{\theta}\|f\|_{L^{(p,r)}(X)}$$

がなりたつ．ただし，K は (1.162) における定数，L は $p_0, p_1, q_0, q_1, \theta$ および $r_m=\min\{r_0, r_1, r\}$ にのみ依存する定数であり，$\theta\to 0$ または1のとき $(\theta^{-1}+(1-\theta)^{-1})^{1/r_m}$ の大きさをもつ．

証明　はじめ $p_0<\infty$ と仮定する．

(1.180) $$\gamma=\frac{(1/q_1)-(1/q_0)}{(1/p_1)-(1/p_0)}=\frac{(1/q)-(1/q_0)}{(1/p)-(1/p_0)}=\frac{(1/q_1)-(1/q)}{(1/p_1)-(1/p)},$$

$0<\varepsilon<\infty$ とし，

(1.181) $$s=f^*(\varepsilon t^{\gamma})$$

に対する $f\in D(T)$ の分割

$$f(x)=f_0^s(x)+f_1^s(x)$$

を考える．(1.98) と T の擬線型性を用いれば

(1.182) $$(Tf)^*(2t)\leqq K((Tf_0^s)^*(t)+(Tf_1^s)^*(t))$$

と評価される．(1.101), (1.102) により

(1.183) $$(f_0^s)^*(u)=\begin{cases} f^*(\varepsilon t^{\gamma}), & 0<u<\varepsilon t^{\gamma},\\ f^*(u), & u\geqq\varepsilon t^{\gamma},\end{cases}$$

(1.184) $$(f_1^s)^*(u)=\begin{cases} f^*(u)-f^*(\varepsilon t^{\gamma}), & 0<u<\varepsilon t^{\gamma},\\ 0, & u\geqq\varepsilon t^{\gamma}.\end{cases}$$

また，仮定により

$$(1.185)\qquad t^{1/q_0}(Tf_0^s)^*(t) \leqq M_0\|u^{1/p_0}(f_0^s)^*(u)\|_{L_*^{r_0}},$$

$$(1.186)\qquad t^{1/q_1}(Tf_1^s)^*(t) \leqq M_1\|u^{1/p_1}(f_1^s)^*(u)\|_{L_*^{r_1}}$$

と評価される．さらに，(1.177), (1.178) がなりたてば，定理 1.38 により r_0, r_1 をより小さい数におきかえても同種の不等式がなりたつことに注意する．したがって一般性を失うことなく $r \geqq r_0, r_1$ としてよい．このとき変数変換, Minkowski の不等式(または§1.1 定理 1.11)，そして最後に $v=\varepsilon t^\gamma$ を独立変数にとり Hardy の不等式(定理 1.25)を適用すれば，

(1.187)

$$\begin{aligned}
&\|Tf\|_{L^{(q,r)}(Y)}\\
&\leqq 2^aK\{\|t^{1/q}(Tf_0^s)^*(t)\|_{L_*^r}+\|t^{1/q}(Tf_1^s)^*(t)\|_{L_*^r}\}\\
&\leqq 2^bK\left\{M_0\left\|t^{(1/q)-(1/q_0)}f^*(\varepsilon t^\gamma)\left(\int_0^{\varepsilon t^\gamma}u^{r_0/p_0}\frac{du}{u}\right)^{1/r_0}\right\|_{L_*^r}\right.\\
&\qquad+M_0\left\|t^{(1/q)-(1/q_0)}\left(\int_{\varepsilon t^\gamma}^\infty|u^{1/p_0}f^*(u)|^{r_0}\frac{du}{u}\right)^{1/r_0}\right\|_{L_*^r}\\
&\qquad\left.+M_1\left\|t^{(1/q)-(1/q_1)}\left(\int_0^{\varepsilon t^\gamma}|u^{1/p_1}f^*(u)|^{r_1}\frac{du}{u}\right)^{1/r_1}\right\|_{L_*^r}\right\}\\
&=2^bK|\gamma|^{-1/r}\left\{M_0\left(\frac{p_0}{r_0}\right)^{1/r_0}\varepsilon^{(1/p_0)-(1/p)}\|v^{1/p}f^*(v)\|_{L_*^r}\right.\\
&\qquad+M_0\varepsilon^{(1/p_0)-(1/p)}\left\|v^{-(r_0/p_0)+(r_0/p)}\int_v^\infty u^{(r_0/p_0)-(r_0/p)}|u^{1/p}f^*(u)|^{r_0}\frac{du}{u}\right\|_{L_*^{r/r_0}}^{1/r_0}\\
&\qquad\left.+M_1\varepsilon^{(1/p_1)-(1/p)}\left\|v^{-(r_1/p_1)+(r_1/p)}\int_0^v u^{(r_1/p_1)-(r_1/p)}|u^{1/p}f^*(u)|^{r_1}\frac{du}{u}\right\|_{L_*^{r/r_1}}^{1/r_1}\right\}\\
&\leqq 2^bK|\gamma|^{-1/r}\left\{M_0\left(\frac{p_0}{r_0}\right)^{1/r_0}\varepsilon^{(1/p_0)-(1/p)}\right.\\
&\qquad\qquad\left.+M_0\frac{\varepsilon^{(1/p_0)-(1/p)}}{\left(\dfrac{r_0}{p}-\dfrac{r_0}{p_0}\right)^{1/r_0}}+M_1\frac{\varepsilon^{(1/p_1)-(1/p)}}{\left(\dfrac{r_1}{p_1}-\dfrac{r_1}{p}\right)^{1/r_1}}\right\}\|f\|_{L^{(p,r)}(X)}.
\end{aligned}$$

ただし

$$a=\frac{1}{q}+\max\left\{0,\frac{1}{r}-1\right\},\qquad b=a+\max\left\{0,\frac{1}{r}-1\right\}+\max\left\{0,\frac{1}{r_0}-1\right\}$$

である．

$$\varepsilon^{(1/p_0)-(1/p)} = \varepsilon^{-((1/p_1)-(1/p_0))\theta}, \qquad \varepsilon^{(1/p_1)-(1/p)} = \varepsilon^{((1/p_1)-(1/p_0))(1-\theta)}$$

に注意すれば，Young の不等式の逆 (定理 1.1) により結局

$$(1.188)\quad L = 2^{(1/q)+2\max\{0,(1/r)-1\}+\max\{0,(1/r_0)-1\}}|\gamma|^{-1/r} \cdot\left(\frac{1}{1-\theta}\left(\left(\frac{p_0}{r_0}\right)^{1/r_0}+\frac{1}{\left(\frac{r_0}{p}-\frac{r_0}{p_0}\right)^{1/r_0}}\right)\right)^{1-\theta}\left(\frac{1}{\theta}\,\frac{1}{\left(\frac{r_1}{p_1}-\frac{r_1}{p}\right)^{1/r_1}}\right)^{\theta}$$

として (1.179) がなりたつことがわかる．

$p_0=\infty$ の場合は

$$(Tf_0{}^s)^*(t) \leqq M_0 t^{-1/q_0}\|f_0{}^s\|_{L^\infty(X)} \leqq M_0 t^{-1/q_0} f^*(\varepsilon t^r)$$

ゆえ，(1.187) の第3式の第1項の積分の因子がなく，第2項を 0 とした形の不等式が成立する．したがって

$$(1.189)\quad L = 2^{(1/q)+\max\{0,(1/r)-1\}}|\gamma|^{-1/r}\left(\frac{1}{1-\theta}\right)^{1-\theta}\left(\frac{1}{\theta}\,\frac{1}{\left(\frac{r_1}{p_1}-\frac{r_1}{p}\right)^{1/r_1}}\right)^{\theta}$$

として (1.179) がなりたつ．∎

注意　上の証明では T が擬線型作用素であるという仮定のうち (1.162) しか使っていない．それゆえ (1.162) のみをみたす作用素に対しても上の定理は成立する．この後にも同様のことがおこるがいちいち注意しない．

定理 1.38 により $r\leqq s$ ならば $L^{(p,r)}(X)$ は $L^{(p,s)}(X)$ に含まれ，この埋込み作用素は有界である．したがってある $r, s\in(0,\infty]\cup\{\omega\}$ に対して

$$(1.190)\qquad \|Tf\|_{L^{(q_0,s)}(Y)} \leqq M_0\|f\|_{L^{(p_0,r)}(X)}, \qquad f\in D(T),$$

という評価がなりたてば，(1.177) がなりたつ．同様に定理の結論も，任意の $0<r\leqq s\leqq\omega$ または ∞ に対して定数 M が存在し，任意の $f\in D(T)$ に対し

$$(1.191)\qquad \|Tf\|_{L^{(q,s)}(Y)} \leqq M\|f\|_{L^{(p,r)}(X)}$$

がなりたつとすることができる．ここで $r=p$, $q=s$ にとれるときは (1.191) は Lebesgue 空間 $L^p(X)$ および $L^q(Y)$ のノルムの関係になる．こうして次の本来の形の **Marcinkiewicz の補間定理**が導かれる．

定理 1.43　$p_0, p_1, q_0, q_1\in(0,\infty]$ は $q_0\neq q_1$, $p_0\leqq q_0$ および $p_1\leqq q_1$ をみたす指数であるとする．このとき，擬線型作用素 $T: L^{p_0}(X)+L^{p_1}(X)\to\mathrm{Meas}\,(Y)$ が弱 (p_0, q_0) 型かつ弱 (p_1, q_1) 型ならば，任意の $0<\theta<1$ に対して p, q を (1.74), (1.75) で定められる指数として，T は $L^p(X)$ を $L^q(Y)$ の中にうつす有界作用素で

ある．

証明 $p_0=p_1$ のときは定理 1.40 と §1.4 定理 1.39 より従う．このときは $p_i\leqq q_i$ の仮定は不要である．

$p_0\neq p_1$ のときは，定理 1.40 により T は定理 1.42 の仮定をみたす．定理 1.39 により $L^p(X)=L^{(p,p)}(X)\subset L^{(p,\infty)}(X)$ は $L^{p_0}(X)+L^{p_1}(X)$ に含まれるから，T は $L^p(X)$ を $L^{(q,p)}(Y)$ にうつす有界作用素である．一方，$p_i\leqq q_i$ より $p\leqq q$ が従い，$L^{(q,p)}(Y)$ は $L^{(q,q)}(Y)=L^q(Y)$ に連続に含まれる．∎

T が Simp(X) を定義域とする劣線型作用素であるとき，もし $q_0,q_1>1$ ならば $L^{(q_0,\infty)}(Y)$，$L^{(q_1,\infty)}(Y)$ は Banach 空間となり定理 1.41 を適用することができる．したがって定理 1.43 の仮定を制限弱 (p_0,q_0) 型かつ制限弱 (p_1,q_1) 型にゆるめて，強 (p,q) 型という同じ結論が出せる．E. M. Stein と G. Weiss は $q_0,q_1\geqq 1$ でも同じことがいえることを証明したが，定理 1.42 はこの結果を導くには不十分である．

また，(1.189) の定数 L は $\theta\to 0$ のとき有界にとどまることに注意する．この意味で $p_0=\infty$ のとき $T:L^{p_0}(X)\to L^{(q_0,\infty)}(Y)$ の有界性を仮定するのは定理 1.42 の結論を導くためには強すぎる仮定といえる．

上の証明をふりかえってみると，$(Tf)^*(2t)$ が $f^*(t)$ の積分で評価できることが本質的であった．そこで次の定義をし，より弱い仮定の下でも補間定理がなりたつことを示そう．

定義 1.8 p_0,p_1,q_0,q_1,r_0,r_1 を $0<p_1<p_0\leqq\infty$，$q_0,q_1,r_0,r_1\in(0,\infty]$ かつ $q_0\neq q_1$ をみたす指数，γ を (1.180) で定義される数とする．$D(T)\subset$ Meas(X) を Meas(Y) にうつす擬線型作用素 T は，定数 M が存在して，すべての $f\in D(T)$ に対して

$$(1.192)\quad (Tf)^*(t)\leqq M\left\{t^{-1/q_0}\left(\int_{t^\gamma}^{\infty}|u^{1/p_0}f^*(u)|^{r_0}\frac{du}{u}\right)^{1/r_0}\right.$$
$$\left.+t^{-1/q_1}\left(\int_0^{t^\gamma}|u^{1/p_1}f^*(u)|^{r_1}\frac{du}{u}\right)^{1/r_1}\right\},\qquad 0<t<\infty,$$

がなりたつとき，**弱 $((p_0,r_0),q_0;(p_1,r_1),q_1)$ 型**という．$r_0=r_1=1$ のとき，すなわち

$$(1.193)\quad (Tf)^*(t) \leqq M\left(t^{-1/q_0}\int_{t^\gamma}^{\infty} u^{1/p_0} f^*(u)\frac{du}{u} + t^{-1/q_1}\int_0^{t^\gamma} u^{1/p_1} f^*(u)\frac{du}{u}\right), \quad 0<t<\infty,$$

がなりたつとき，**弱 $(\boldsymbol{p}_0, \boldsymbol{q}_0 ; \boldsymbol{p}_1, \boldsymbol{q}_1)$ 型**という．これより弱く，任意の有限測度の可測集合の定義関数 $f=\chi_E$ に対して (1.192) あるいは (1.193) がなりたつとき，T は**制限弱 $((\boldsymbol{p}_0, \boldsymbol{r}_0), \boldsymbol{q}_0 ; (\boldsymbol{p}_1, \boldsymbol{r}_1), \boldsymbol{q}_1)$ 型**あるいは**制限弱 $(\boldsymbol{p}_0, \boldsymbol{q}_0 ; \boldsymbol{p}_1, \boldsymbol{q}_1)$ 型**という．

また，すべての $f \in D(T)$ に対して

$$(1.194)\quad (Tf)^{**}(t) \leqq M\left(t^{-1/q_0}\int_{t^\gamma}^{\infty} u^{1/p_0} f^{**}(u)\frac{du}{u} + t^{-1/q_1}\int_0^{t^\gamma} u^{1/p_1} f^{**}(u)\frac{du}{u}\right), \quad 0<t<\infty,$$

がなりたつとき，T は**平均弱 $(\boldsymbol{p}_0, \boldsymbol{q}_0 ; \boldsymbol{p}_1, \boldsymbol{q}_1)$ 型**，すべての $f=\chi_E$ に対して (1.194) がなりたつとき，**制限平均弱 $(\boldsymbol{p}_0, \boldsymbol{q}_0 ; \boldsymbol{p}_1, \boldsymbol{q}_1)$ 型**という．——

この言葉を用いるならば，Calderón-Hunt の定理は次の二つの定理に分解することができる．

定理 1.44　T は $D(T) \subset \mathrm{Meas}\,(X)$ を $\mathrm{Meas}\,(Y)$ にうつす擬線型作用素，$p_0, p_1, q_0, q_1 \in (0, \infty]$ は $p_0 > p_1$ と $q_0 \neq q_1$ をみたす指数であるとする．さらに $0<\theta<1$ とし p, q を (1.74), (1.75) で定められる指数，r_0, r_1, r を $(0, \infty] \cup \{\omega\}$ に属し，$r \geqq r_i$ をみたす任意の指数とする．

このとき，T が弱 $((p_0, r_0), q_0 ; (p_1, r_1), q_1)$ 型 (制限弱 $((p_0, r_0), q_0 ; (p_1, r_1), q_1)$ 型) ならば，任意の $f \in D(T)$ $(f=\chi_E \in D(T))$ に対して

$$(1.195)\quad \|Tf\|_{L^{(q,r)}(Y)} \leqq 2^{\max\{0,(1/r)-1\}} M|\gamma|^{-1/r} \cdot\left(\frac{1}{\left(\dfrac{r_0}{p}-\dfrac{r_0}{p_0}\right)^{1/r_0}} + \frac{1}{\left(\dfrac{r_1}{p_1}-\dfrac{r_1}{p}\right)^{1/r_1}}\right)\|f\|_{L^{(p,r)}(X)}$$

がなりたつ．

T が平均弱 $(p_0, q_0 ; p_1, q_1)$ 型 (制限平均弱 $(p_0, q_0 ; p_1, q_1)$ 型) ならば，

$$(1.196)\quad \|\!|Tf|\!\|_{L^{(q,r)}(Y)} \leqq M|\gamma|^{-1/r}\left(\left(\frac{1}{p}-\frac{1}{p_0}\right)^{-1} + \left(\frac{1}{p_1}-\frac{1}{p}\right)^{-1}\right)\|\!|f|\!\|_{L^{(p,r)}(X)}, \qquad r \geqq 1,$$

が成立する．ただし，M は (1.192) ((1.194)) の定数，γ は (1.180) によって定められる定数である．

証明 (1.187) を簡略化すればよい．∎

定理 1.45 T および p_0, p_1, q_0, q_1 は定理 1.42 の前提をみたす擬線型作用素および指数であるとする．もし定数 $M_0, M_1, r_0, r_1>0$ が存在してすべての $f\in D(T)$ ($f=\chi_E\in D(T)$) に対して (1.177), (1.178) がなりたつならば，T は弱 $((p_0, r_0), q_0\,;(p_1, r_1), q_1)$ 型 (制限弱 $((p_0, r_0), q_0\,;(p_1, r_1), q_1)$ 型) である．

証明 はじめ $p_0<\infty$ の場合を考える．

(1.182), (1.185), (1.186) において $\varepsilon=2^\gamma$ とし，$2t$ をあらためて t と書けば，

$$(Tf)^*(t)\leqq 2^{\max\{0,(1/r_0)-1\}}K\left\{2^{1/q_0}M_0t^{-1/q_0}\left(\int_{t^\gamma}^\infty|u^{1/p_0}f^*(u)|^{r_0}\frac{du}{u}\right)^{1/r_0}\right.$$
$$+2^{1/q_0}M_0t^{-1/q_0}\left(\int_0^{t^\gamma}|u^{1/p_0}f^*(t^\gamma)|^{r_0}\frac{du}{u}\right)^{1/r_0}$$
$$\left.+2^{1/q_1}M_1t^{-1/q_1}\left(\int_0^{t^\gamma}|u^{1/p_1}f^*(u)|^{r_1}\frac{du}{u}\right)^{1/r_1}\right\}.$$

$0<u<t^\gamma$ では $f^*(t^\gamma)\leqq f^*(u)$ ゆえ

$$t^{-1/q_0}\left(\int_0^{t^\gamma}|u^{1/p_0}f^*(t^\gamma)|^{r_0}\frac{du}{u}\right)^{1/r_0}$$
$$=\left(\frac{p_0}{r_0}\right)^{1/r_0}\left(\frac{r_1}{p_1}\right)^{1/r_1}t^{-1/q_1}\left(\int_0^{t^\gamma}|u^{1/p_1}f^*(t^\gamma)|^{r_1}\frac{du}{u}\right)^{1/r_1}$$
$$\leqq\left(\frac{p_0}{r_0}\right)^{1/r_0}\left(\frac{r_1}{p_1}\right)^{1/r_1}t^{-1/q_1}\left(\int_0^{t^\gamma}|u^{1/p_1}f^*(u)|^{r_1}\frac{du}{u}\right)^{1/r_1}.$$

したがって，T は弱 $((p_0, r_0), q_0\,;(p_1, r_1), q_1)$ 型である．

$p_0=\infty$ の場合は

$$(Tf_0^s)^*(t/2)\leqq 2^{1/q_0}M_0t^{-1/q_0}f^*(t^\gamma)$$
$$\leqq 2^{1/q_0}\left(\frac{r_1}{p_1}\right)^{1/r_1}M_0t^{-1/q_1}\left(\int_0^{t^\gamma}|u^{1/p_1}f^*(u)|^{r_1}\frac{du}{u}\right)^{1/r_1}$$

を用いればよい．∎

以下主として $p_0, p_1, q_0, q_1\in[1,\infty]$，$r_0=r_1=1$ の場合を考える．

弱 $(p_0, q_0\,;p_1, q_1)$ 型と平均弱 $(p_0, q_0\,;p_1, q_1)$ 型との比較は次の定理で与えられる．

定理 1.46　(i)　$q_0>1$, $q_1>1$ または $q_0>1$, $p_1=q_1=1$ である場合，擬線型作用素が弱 $(p_0, q_0\,;\,p_1, q_1)$ 型ならば平均弱 $(p_0, q_0\,;\,p_1, q_1)$ 型であり，制限弱 $(p_0, q_0\,;\,p_1, q_1)$ 型ならば制限平均弱 $(p_0, q_0\,;\,p_1, q_1)$ 型である．

(ii)　$p_1>1$ である場合，擬線型作用素が平均弱 $(p_0, q_0\,;\,p_1, q_1)$ 型ならば弱 $(p_0, q_0\,;\,p_1, q_1)$ 型であり，制限平均弱 $(p_0, q_0\,;\,p_1, q_1)$ 型ならば制限弱 $(p_0, q_0\,;\,p_1, q_1)$ 型である．

証明　$(0, \infty)$ で定義された正値可測関数 $g(t)$ に対する次の三つの積分作用素を考える：

(1.197)
$$\boldsymbol{S}_0 g(t) = t^{-1/q_0}\int_{t^\gamma}^{\infty} u^{1/p_0} g(u)\frac{du}{u},$$

(1.198)
$$\boldsymbol{S}_1 g(t) = t^{-1/q_1}\int_{0}^{t^\gamma} u^{1/p_1} g(u)\frac{du}{u},$$

(1.199)
$$\boldsymbol{J} g(t) = \frac{1}{t}\int_0^t g(u)\,du.$$

ここで，p_0, p_1, q_0, q_1 および γ は定義 1.8 と同じ条件をみたす数である．実質的には $p_0, p_1, q_0, q_1 \geqq 1$ のときのみを考える．また

(1.200)
$$\boldsymbol{S} = \boldsymbol{S}_0 + \boldsymbol{S}_1$$

とおく．これらの積分作用素は正値核をもつから，順序を保つことに注意する．

擬線型作用素 T が (制限) 弱 $(p_0, q_0\,;\,p_1, q_1)$ 型とは定数 M が存在して任意の f $(=\chi_E) \in D(T)$ に対して

(1.201)
$$(Tf)^*(t) \leqq M\boldsymbol{S}f^*(t), \qquad 0<t<\infty,$$

がなりたつことであり，(制限) 平均弱 $(p_0, q_0\,;\,p_1, q_1)$ 型とは

(1.202)
$$\boldsymbol{J}(Tf)^*(t) \leqq M\boldsymbol{S}\boldsymbol{J}f^*(t), \qquad 0<t<\infty,$$

がなりたつことである．定理は $g(t)=f^*(t)$ に対して次の補題を適用することにより証明される．

補題 1.6　$(0, \infty)$ 上の任意の正値単調減少関数 $g(t)$ に対して次の不等式が成立する．

(i)　$q_0>1$, $q_1>1$ ならば

(1.203)
$$\boldsymbol{J}\boldsymbol{S}g(t) \leqq C\boldsymbol{S}g(t)\,;$$

(ii)　$q_0>1$, $q_1>1$ または $q_0>1$, $p_1=q_1=1$ ならば

(1.204) $$\boldsymbol{JS}g(t) \leqq C\boldsymbol{SJ}g(t)\;;$$

(iii) $p_1>1$ ならば

(1.205) $$\boldsymbol{SJ}g(t) \leqq C\boldsymbol{S}g(t)\;;$$

(iv) $p_1>1$, $q_0, q_1 \geqq 1$, または $p_1=q_1=1$, $q_0>1$ ならば

(1.206) $$\boldsymbol{SJ}g(t) \leqq C\boldsymbol{JS}g(t).$$

ここで C は g および $0<t<\infty$ によらない定数である. ——

実際, (i) の場合, (1.201) に $\boldsymbol{J}$ を施して

$$\boldsymbol{J}(Tf)^* \leqq \boldsymbol{J}(M\boldsymbol{S}f^*).$$

補題の (ii) によれば, 右辺は $CM\boldsymbol{SJ}f^*$ でおさえられ, (1.202) が成立する.

(ii) の場合は, 正値単調減少関数 $(Tf)^*$ に対して

$$(Tf)^*(t) \leqq \boldsymbol{J}(Tf)^*(t)$$

となること, (1.202) および補題の (iii) を用いれば (1.201) が得られる. ∎

補題の証明 (i) $q_0>q_1$, したがって $\gamma>0$ の場合を考える. Fubini の定理により

$$\begin{aligned}\boldsymbol{JS}_0g(t) &= \frac{1}{t}\int_0^t s^{-1/q_0}ds\int_{s^\gamma}^\infty u^{1/p_0}g(u)\frac{du}{u}\\ &= \frac{1}{t}\int_{t^\gamma}^\infty u^{1/p_0}g(u)\frac{du}{u}\int_0^t s^{-1/q_0}ds\\ &\quad+\frac{1}{t}\int_0^{t^\gamma} u^{1/p_0}g(u)\frac{du}{u}\int_0^{u^{1/\gamma}} s^{-1/q_0}ds\\ &= \frac{1}{1-q_0^{-1}}\boldsymbol{S}_0g(t)+\frac{1}{1-q_0^{-1}}\frac{1}{t}\int_0^{t^\gamma} u^{(1/p_0)+(1/\gamma q_0')}g(u)\frac{du}{u}.\end{aligned}$$

$$\frac{1}{p_0}+\frac{1}{\gamma q_0'}=\frac{1}{p_1}+\frac{1}{\gamma q_1'}$$

であるから, 第2項は

$$\frac{1}{1-q_0^{-1}}t^{-1/q_1}\int_0^{t^\gamma}\left(\frac{u}{t^\gamma}\right)^{1/\gamma q_1'}u^{1/p_1}g(u)\frac{du}{u} \leqq \frac{1}{1-q_0^{-1}}\boldsymbol{S}_1g(t)$$

でおさえられる.

一方,

$$\boldsymbol{JS}_1g(t) = \frac{1}{t}\int_0^{t^\gamma}u^{1/p_1}g(u)\frac{du}{u}\int_{u^{1/\gamma}}^t s^{-1/q_1}ds \leqq \frac{1}{1-q_1^{-1}}\boldsymbol{S}_1g(t).$$

$\gamma<0$ の場合も同様に証明される.

(ii) $\boldsymbol{S}$ は正値関数の大小の順序を保つ線型作用素であるから, $\boldsymbol{S}g(t) \leqq \boldsymbol{SJ}g(t)$. したがって (1.203) がなりたつならば, (1.204) もなりたつ.

$p_1=q_1=1$ の場合は, まず $\boldsymbol{JS}_0 g(t)$ についての上の評価から

$$\boldsymbol{JS}_0 g(t) \leqq \frac{1}{1-q_0{}^{-1}} \boldsymbol{S}_0 g(t) + \frac{1}{1-q_0{}^{-1}} t^{\gamma-1} \boldsymbol{J}g(t^\gamma).$$

$g(t) \leqq \boldsymbol{J}g(t)$ より $\boldsymbol{S}_0 g(t) \leqq \boldsymbol{S}_0 \boldsymbol{J}g(t)$. 第2項も上と同じ計算で $(1-q_0{}^{-1})^{-1} \boldsymbol{S}_1 g(t) \leqq (1-q_0{}^{-1})^{-1} \boldsymbol{S}_1 \boldsymbol{J}g(t)$ でおさえられる.

一方, 簡単な計算により

$$\boldsymbol{JS}_1 g(t) = \frac{1}{\gamma} \boldsymbol{S}_1 \boldsymbol{J}g(t) \tag{1.207}$$

となることがわかる.

定理 1.46 のうち将来使うのは (i) の部分だけであるから, 補題の (iii), (iv) の証明は省略する. ∎

定理 1.47 制限平均弱 $(p_0, q_0 ; p_1, q_1)$ 型劣線型作用素 $T: \mathrm{Simp}\,(X) \to \mathrm{Meas}\,(Y)$ は平均弱 $(p_0, q_0 ; p_1, q_1)$ 型である.

証明 定理 1.41 と同様はじめ $f(x) \geqq 0$ の場合を考える. $c_k>0$, $E_1 \subset E_2 \subset \cdots \subset E_n$ を用いて

$$f(x) = \sum_{k=1}^{n} c_k \chi_{E_k}(x)$$

と表わす. 劣線型性により

$$|Tf(y)| \leqq \sum c_k |T\chi_{E_k}(y)|.$$

したがって, (1.100) と T の仮定により

$$\begin{aligned}(Tf)^{**}(t) &\leqq \sum c_k (T\chi_{E_k})^{**}(t) \leqq \sum c_k M\boldsymbol{S}\chi_{E_k}{}^{**}(t) \\ &= M\boldsymbol{S}(\sum c_k \chi_{E_k})^{**}(t) = M\boldsymbol{S}f^{**}(t).\end{aligned}$$

$f \in \mathrm{Simp}\,(X)$ が一般の場合は $|f_i(x)| \leqq |f(x)|$ となる正値の $f_i \in \mathrm{Simp}\,(X)$ を用いて

$$f(x) = f_1(x) - f_2(x) + if_3(x) - if_4(x)$$

と表わし, T の劣線型性を用いて

$$(Tf)^{**}(t) \leqq \sum (Tf_i)^{**}(t) \leqq \sum M\boldsymbol{S}f_i{}^{**}(t) \leqq 4M\boldsymbol{S}f^{**}(t)$$

を得る. ▌

以上の結果から導かれる利用しやすい形の補間定理を二, 三述べておこう.

定理 1.48 (Stein-Weiss) $p_0, p_1, q_0, q_1 \in [1, \infty]$ は $p_0 \neq p_1$, $q_0 \neq q_1$, $p_0 \leqq q_0$, $p_1 \leqq q_1$ をみたす指数であるとし, p, q を $0<\theta<1$ を用いて (1.74), (1.75) で定義される指数とする. このとき劣線型作用素 $T: \mathrm{Simp}(X) \to \mathrm{Meas}(Y)$ が制限弱 (p_0, q_0) 型かつ制限弱 (p_1, q_1) 型ならば, T は (p, q) 型である.

証明 定理 1.40, (1.173) および定理 1.45 により T は制限弱 $(p_0, q_0; p_1, q_1)$ 型である. 定理の仮定の下では p_0, p_1, q_0, q_1 は定理 1.46 (i) の仮定をみたすとしてよい. したがって, T は制限平均弱 $(p_0, q_0; p_1, q_1)$ 型である. さらに定理 1.47 を用いれば平均弱 $(p_0, q_0; p_1, q_1)$ 型であることが示され, 定理 1.44 を適用することができる. 後は定理 1.43 と同様である.

あるいは制限弱 $(p_0, q_0; p_1, q_1)$ 型であることから直ちに定理 1.44 を適用し, $0<\theta_1<\theta<\theta_2<1$ となる θ_1, θ_2 に対して制限強型であることを得, 定理 1.41 を用いて Calderón-Hunt の定理の仮定を導くことによっても証明できる. ▌

擬線型作用素 T が弱 $(\infty, \infty; 1, 1)$ 型であるのは, $f \in D(T)$ に対し

$$(Tf)^*(t) \leqq M\left(\int_t^\infty f^*(u)\frac{du}{u}+\frac{1}{t}\int_0^t f^*(u)\,du\right) \tag{1.208}$$

がなりたつことであり, 平均弱 $(\infty, \infty; 1, 1)$ 型であるのは $f \in D(T)$ に対し

$$(Tf)^{**}(t) \leqq M\left(\int_t^\infty f^{**}(u)\frac{du}{u}+\frac{1}{t}\int_0^t f^{**}(u)\,du\right) \tag{1.209}$$

がなりたつことである. いずれの場合にも, 任意の $1<p<\infty$ に対し T は強 (p, p) 型となる.

T が制限平均弱 $(\infty, \infty; 1, 1)$ 型であるのは任意の $f=\chi_E$ に対し (1.209) がなりたつことであるが, T が $\mathrm{Simp}(X)$ を定義域とする劣線型作用素のときは, 定理 1.47 により T は平均弱 $(\infty, \infty; 1, 1)$ 型, したがって任意の $1<p<\infty$ に対し強 (p, p) 型になる. さらに定理 1.46 (i) を用いれば, T が制限弱 $(\infty, \infty; 1, 1)$ 型, すなわち任意の $f=\chi_E$ に対し (1.208) がなりたつと仮定することによっても同じ結論を得ることができる. $\mu(E)=m$ としたとき

$$(\chi_E)^*(t) = \begin{cases} 1, & 0<t<m, \\ 0, & t \geqq m, \end{cases}$$

であるから，$f=\chi_E$ に対する (1.208) および (1.209) はそれぞれ

$$(1.210)\qquad (T\chi_E)^*(t) \leqq \begin{cases} M\log\dfrac{em}{t}, & 0<t<m, \\ M\dfrac{m}{t}, & t\geqq m, \end{cases}$$

$$(1.211)\qquad (T\chi_E)^{**}(t) \leqq \begin{cases} M\log\dfrac{e^2m}{t}, & 0<t<m, \\ M\dfrac{m}{t}\log\dfrac{e^2t}{m}, & t\geqq m, \end{cases}$$

となる．(1.210) の右辺が $M\sinh^{-1}(m/t)$ と同じ大きさをもつ関数であることに注意すれば，(1.210) は分布関数を用いて

$$(1.212)\qquad \nu(T\chi_E, s) \leqq \frac{m}{\sinh(s/M)}, \quad 0<s<\infty,$$

と表わすこともできる．

一般に T が (1.209) をみたす平均弱 $(\infty,\infty;1,1)$ 型の擬線型作用素ならば，定理 1.44 および 1.35 によりすべての $1<p<\infty$ および $f\in D(T)$ に対して

$$(1.213)\qquad \begin{aligned} \|Tf\|_{L^p(Y)} &\leqq \|Tf\|_{L^{(p,p)}(Y)} \leqq M(p+p')\|f\|_{L^{(p,p)}(X)} \\ &\leqq M(p+p')p'\|f\|_{L^p(X)} \end{aligned}$$

がなりたつ．以上をまとめて次の定理を得る．

定理 1.49　$T:\mathrm{Simp}(X)\to\mathrm{Meas}(Y)$ を劣線型作用素とする．有限の定数 M が存在して，有限測度の任意の可測集合 E に対して (1.210) (または (1.211) または (1.212)) がなりたつならば，T は平均弱 $(\infty,\infty;1,1)$ 型であり，任意の $1<p<\infty$ および $f\in\mathrm{Simp}(X)$ に対して

$$(1.214)\qquad \|Tf\|_{L^p(Y)} \leqq C(p+p')p'M\|f\|_{L^p(X)}$$

が成立する．ここで C は仮定する不等式の種類のみによって定まる定数である．——

さらに T が擬加法的ならば定理 1.15 により T は $L^p(X)$ および $L^p(Y)$ の位相に関して連続である．したがって連続性により $L^p(X)$ 全体の上で定義された有界作用素 $\tilde{T}:L^p(X)\to L^p(Y)$ に拡張することができる．

平均弱 $(\infty,\infty;1,1)$ 型の条件式 (1.209) は定数のとりかえを除き

(1.215) $$(Tf)^{**}(t) \leqq M\int_0^\infty \frac{f^{**}(u)}{\sqrt{t^2+u^2}}du$$

と同等である．この方が便利なときもある．

定理 1.50 (O'Neil-Weiss) T は $D(T)\subset \mathrm{Meas}\,(X)$ を $\mathrm{Meas}\,(Y)$ にうつす擬線型作用素であり，任意の $f\in D(T)$ に対し (1.215) がなりたつとする．もし $\mu(X), \nu(Y)$ が共に有限ならば，これらの測度にのみ依存する定数 A が存在して，$f\in D(T)$ に対して

(1.216) $$\|Tf\|_{L^1(Y)} \leqq AM|\!|\!|f|\!|\!|_{L\log^+L(X)}$$

がなりたつ．ただし，右辺のノルムは (1.146) で定義された Zygmund 空間 $L\log^+L(X)$ のノルムを表わす．

証明 $l=\mu(X)$, $m=\nu(Y)$ とおく．仮定により

$$\|Tf\|_{L^1(Y)} = \int_0^m (Tf)^*(t)\,dt = m(Tf)^{**}(m) \leqq mM\int_0^\infty \frac{f^{**}(u)}{\sqrt{m^2+u^2}}du.$$

右辺を 0 から l までの積分と l から ∞ までのものに分ける．まず，

$$mM\int_0^l \frac{f^{**}(u)}{\sqrt{m^2+u^2}}du \leqq M\int_0^l f^{**}(u)\,du = M|\!|\!|f|\!|\!|_{L\log^+L(X)}.$$

他方，$u\geqq l$ では $f^{**}(u)=\|f\|_{L^1(X)}u^{-1}$ となるから

$$mM\int_l^\infty \frac{f^{**}(u)}{\sqrt{m^2+u^2}}du = M\int_l^\infty \frac{m\,du}{u\sqrt{m^2+u^2}}\|f\|_{L^1(X)}.$$

右辺の積分は l と m のみによって定まる有限の数であり，

$$\|f\|_{L^1(X)} = lf^{**}(l) \leqq \int_0^l f^{**}(u)\,du = |\!|\!|f|\!|\!|_{L\log^+L(X)}$$

ゆえ，(1.216) が得られた．∎

$1\leqq p, q\leqq\infty$ とする．T が $L^p(X)$ の稠密線型部分空間を定義域とし，これを $\mathrm{Meas}\,(Y)$ にうつす線型作用素であり，(p, q) 型であるならば，

(1.217) $$\langle Tf, g\rangle = \langle f, T'g\rangle, \quad f\in D(T), \quad g\in L^{q'}(Y),$$

によって線型作用素 T' が定まり，T' は (q', p') 型となる（ただし $p<\infty$ とする）．逆に，(1.217) をみたす線型作用素 T' が (q', p') 型であるならば，もとの T は (p, q) 型でなければならないことが証明される．これも T が (p, q) 型であることをたしかめるのに有用な判定条件である．T' は T の**双対作用素**または**共役作用素**とよばれる．

線型でない作用素に対しては双対作用素を定義することができないが，Bを定数とし，有限測度の任意の可測集合 $E\subset X$, $E'\subset Y$ に対して

$$\left|\int (T\chi_E)(y)\cdot\chi_{E'}(y)\nu(dy)\right| \leqq B\left|\int \chi_E(x)\cdot(T'\chi_{E'})(x)\mu(dx)\right| \tag{1.218}$$

をみたす作用素の対 T, T' を考えよう．

定理 1.51 (i) $1\leqq p<\infty$, $1\leqq q\leqq\infty$ の場合，T' が制限弱 (q', p') 型ならば，T は制限弱 (p, q) 型である．

(ii) T' が制限平均弱 $(\infty, \infty\,; 1, 1)$ 型ならば，T も制限平均弱 $(\infty, \infty\,; 1, 1)$ 型である．

(iii) ある $p>1$ に対して，T, T' が共に制限平均弱 $(p, p\,; 1, 1)$ 型ならば，T は制限平均弱 $(\infty, \infty\,; 1, 1)$ 型である．——

この定理は将来必須のものではないので証明を省略する．

§1.6 Hardy-Littlewood-Sobolev の不等式

畳み込みに関する Young の不等式(定理 1.20)を Marcinkiewicz 型の補間定理を用いて Lorentz 空間の場合に拡張しよう．

X を有限生成の可換 Lie 群，$L^p(X)$ をその上の Haar 測度に関する Lebesgue 空間とする．畳み込み

$$T(f, g) = f*g \tag{1.219}$$

を f, g に関する双線型作用素とみなす．Young の不等式により，任意の $q\in(1, \infty)$ に対して

$$T:\ L^1(X)\times L^q(X) \longrightarrow L^q(X), \tag{1.220}$$

$$T:\ L^{q'}(X)\times L^q(X) \longrightarrow L^\infty(X) \tag{1.221}$$

は連続である．したがって，$g\in L^q(X)$ を固定して Calderón-Hunt の定理を適用することにより

$$\frac{1}{r} = \frac{1}{p}+\frac{1}{q}-1 \tag{1.222}$$

をみたす任意の指数 $p, q, r\in(1, \infty)$ および任意の $s\in(0, \infty]\cup\{\omega\}$ に対して

$$T:\ L^{(p,s)}(X)\times L^q(X) \longrightarrow L^{(r,s)}(X) \tag{1.223}$$

が連続双線型作用素になることがわかる．

次に $f\in L^{(p,s)}(X)$ を固定し，線型作用素 $g\mapsto f*g$ が二つの q に対し (1.223) の連続性をもつことを用いれば，同様に (1.222) をみたす $p, q, r\in(1,\infty)$ および任意の $s, t\in(0,\infty]\cup\{\omega\}$ に対して

$$T:\ L^{(p,s)}(X)\times L^{(q,t)}(X)\longrightarrow L^{(r,t)}(X) \tag{1.224}$$

が連続であることがわかる．

最初に f を固定し，次に g を固定してもよいから，結局次の定理が得られる．

定理 1.52 (**O'Neil**) X を有限生成の可換 Lie 群，p, q, r を $(1,\infty)$ に属し (1.222) をみたす指数，$s, t\in(0,\infty]\cup\{\omega\}$ とするとき，$f\in L^{(p,s)}(X)$ と $g\in L^{(q,t)}(X)$ の畳み込み $f*g$ は $L^{(r,\min\{s,t\})}(X)$ に属し，指数 p, q, r, s, t にのみ依存する定数 C が存在して

$$\|f*g\|_{L^{(r,\min\{s,t\})}(X)}\leqq C\|f\|_{L^{(p,s)}(X)}\|g\|_{L^{(q,t)}(X)}. \tag{1.225}$$ ——

R. O'Neil [26] はもっと一般に T が

$$\|T(f,g)\|_{L^1(Z)}\leqq\|f\|_{L^1(X)}\|g\|_{L^1(Y)}, \tag{1.226}$$

$$\|T(f,g)\|_{L^\infty(Z)}\leqq\|f\|_{L^1(X)}\|g\|_{L^\infty(Y)}, \tag{1.227}$$

$$\|T(f,g)\|_{L^\infty(Z)}\leqq\|f\|_{L^\infty(X)}\|g\|_{L^1(Y)} \tag{1.228}$$

をみたす双線型作用素であるとき，$p, q, r\in(1,\infty)$ が (1.222) をみたし，かつ $s, t, u\in[1,\infty]$ が

$$\frac{1}{s}+\frac{1}{t}\geqq\frac{1}{u} \tag{1.229}$$

をみたすならば，

$$T:\ L^{(p,s)}(X)\times L^{(q,t)}(Y)\longrightarrow L^{(r,u)}(Z) \tag{1.230}$$

が連続，かつ

$$\|T(f,g)\|_{L^{(r,u)}(Z)}\leqq 3r\|f\|_{L^{(p,s)}(X)}\|g\|_{L^{(q,t)}(Y)} \tag{1.231}$$

となることを証明している．しかしその証明は簡単でない．

O'Neil の定理の応用として表題の不等式を証明する．これは $n=1$ のとき G. H. Hardy と J. E. Littlewood によって証明され，S. L. Sobolev によって $n>1$ の場合に拡張されたものである．

定理 1.53 (**Hardy-Littlewood-Sobolev の不等式**) $0<\alpha<1$ とするとき

$$Tf(x)=\int_{R^n}\frac{f(y)}{|x-y|^{(1-\alpha)n}}dy \tag{1.232}$$

は

$$1 < p < \frac{1}{\alpha} \tag{1.233}$$

をみたす $L^p(\boldsymbol{R}^n)$ を

$$\frac{1}{q} = \frac{1}{p} - \alpha \tag{1.234}$$

によって定まる $L^{(q,p)}(\boldsymbol{R}^n) \subset L^q(\boldsymbol{R}^n)$ にうつす有界線型作用素である.

証明 $L^p(\boldsymbol{R}^n) = L^{(p,p)}(\boldsymbol{R}^n)$ ゆえ,

$$g(x) = \frac{1}{|x|^{(1-\alpha)n}} \in L^{(1/(1-\alpha),\infty)}(\boldsymbol{R}^n) \tag{1.235}$$

を証明すればよい. m を $\boldsymbol{R}^n$ の Lebesgue 測度, ω_n を $\boldsymbol{R}^n$ の単位球の体積とすれば, $s>0$ に対して

$$m(g, s) = \omega_n (s^{-1/(1-\alpha)n})^n = \omega_n s^{-1/(1-\alpha)}.$$

ゆえに

$$g^*(t) = \omega_n{}^{1-\alpha} t^{\alpha-1}.$$

これは $g \in L^{(1/(1-\alpha),\infty)}(\boldsymbol{R}^n)$ を示している. ▮

第2章　Fourier 級数

§2.1　Fourier 級数

定義 2.1　周期 2π をもつ $\boldsymbol{R}$ 上の関数 $f(x)$ に対してその **Fourier 係数** $\hat{f}_n$, $n \in \boldsymbol{Z}$, を

$$\hat{f}_n = \frac{1}{2\pi}\int_{-\pi}^{\pi} f(x) e^{-inx} dx \tag{2.1}$$

によって定義する．f は単位円周 $\boldsymbol{T}$ 上の関数と考えることもできる．$\boldsymbol{T}$ は，$\boldsymbol{R}$ において座標の差 $x-y$ が 2π の整数倍であるような点をすべて同一視して得られる集合とみなす：

$$\boldsymbol{T} = \boldsymbol{R}/2\pi\boldsymbol{Z}. \tag{2.2}$$

——

(2.1) の積分が Lebesgue 積分として意味があるのは

$$|f(x)e^{-inx}| = |f(x)|$$

が積分可能，すなわち $f(x)$ が $\boldsymbol{T}$ 上可積分のとき，そのときに限る．$\boldsymbol{T}$ の全測度は有限であるから，§1.1 定理 1.7 により，任意の $p \geqq 1$ に対し $L^p(\boldsymbol{T}) \subset L^1(\boldsymbol{T})$. それゆえ，$f \in L^p(\boldsymbol{T})$ に対しても (2.1) は積分として意味をもつ．

Fourier 係数の定義式 (2.1) が $(2\pi)^{-1}$ の係数を含むことを考慮して，

$$đx = \frac{dx}{2\pi} \tag{2.3}$$

とし，$L^p(\boldsymbol{T})$ のノルムはこの測度に関するものとする：

$$\|f\|_{L^p(\boldsymbol{T})} = \left(\int_{\boldsymbol{T}} |f(x)|^p đx\right)^{1/p}. \tag{2.4}$$

ただし，Lebesgue 測度 dx に関する $L^p(\boldsymbol{T})$ と混乱のおそれがあるときは $Ł^p(\boldsymbol{T})$ と書くことにする．

$f \in L^p(\boldsymbol{T})$ の Fourier 係数に対する主要結果は次の三つの定理で与えられる．

定理 2.1 (Riemann-Lebesgue)　$f \in L^1(\boldsymbol{T})$ のとき，その Fourier 係数

$$\hat{f}_n = \int_{\boldsymbol{T}} f(x) e^{-inx} đx, \qquad n \in \boldsymbol{Z}, \tag{2.5}$$

は

$$|\hat{f}_n| \leqq \|f\|_{L^1(\boldsymbol{T})}$$

をみたし，かつ $n \to \pm\infty$ のとき0に収束する数列である．すなわち，$(\hat{f}_n) \in c_0(\boldsymbol{Z}) = l^\infty(\boldsymbol{Z})$，かつ

$$\|(\hat{f}_n)\|_{c_0(\boldsymbol{Z})} \leqq \|f\|_{L^1(\boldsymbol{T})}. \tag{2.6}$$

証明 不等式が成立することは明らかである．

$$\begin{aligned}\hat{f}_n &= \int_{\boldsymbol{T}} f(x) e^{-inx} đx = -\int_{\boldsymbol{T}} f\left(x + \frac{\pi}{n}\right) e^{-inx} đx \\ &= \frac{1}{2}\int_{\boldsymbol{T}} \left(f(x) - f\left(x + \frac{\pi}{n}\right)\right) e^{-inx} đx.\end{aligned}$$

ゆえに

$$|\hat{f}_n| \leqq \frac{1}{2}\int_{\boldsymbol{T}} \left| f(x) - f\left(x + \frac{\pi}{n}\right)\right| đx.$$

§1.2定理1.23により，右辺は $n \to \pm\infty$ のとき0に収束する．▌

定理 2.2 (Bessel の不等式) $f \in L^2(\boldsymbol{T})$ のとき，Fourier 係数 $(\hat{f}_n)$ は $l^2(\boldsymbol{Z})$ に属し，かつ

$$\|(\hat{f}_n)\|_{l^2(\boldsymbol{Z})} \leqq \|f\|_{L^2(\boldsymbol{T})}. \tag{2.7}$$

証明 $(e^{inx})_{n \in \boldsymbol{Z}}$ が $L^2(\boldsymbol{T})$ における正規直交系であること，すなわち

$$(e^{inx}, e^{imx}) = \int_{\boldsymbol{T}} e^{inx}\overline{e^{imx}} đx = \delta_{nm} \tag{2.8}$$

を示せばよいが，これは明らかである．▌

定理 2.3 (Hausdorff-Young の不等式) $1 \leqq p \leqq 2$ かつ p' を共役な指数，すなわち $(1/p)+(1/p')=1$ をみたす数とする．このとき，$f \in L^p(\boldsymbol{T})$ の Fourier 係数 $(\hat{f}_n)$ は $l^{p'}(\boldsymbol{Z})$ に属し

$$\|(\hat{f}_n)\|_{l^{p'}(\boldsymbol{Z})} \leqq \|f\|_{L^p(\boldsymbol{T})}. \tag{2.9}$$

証明 $c_0(\boldsymbol{Z})$ は $l^\infty(\boldsymbol{Z})$ の閉線型部分空間であるから，Fourier 係数をとる作用素 $\mathcal{F}$ は定理2.1により強 $(1, \infty)$ 型，また定理2.2により強 $(2, 2)$ 型である．これに Riesz-Thorin の補間定理を適用すればよい．▌

定義 2.2 $f \in L^1(\boldsymbol{T})$ の Fourier 係数を $\hat{f}_n$ とするとき，形式的な和 $\sum \hat{f}_n e^{inx}$ を f の **Fourier 級数**といい，

$$f(x) \sim \sum_{n=-\infty}^{\infty} \hat{f}_n e^{inx} \tag{2.10}$$

と書き表わす. ——

Fourier 級数に関する最も基本的な問題は, Fourier 級数がもとの関数 $f(x)$ を再現するだけの情報を含んでいるか, またそうであるならいかなる意味で $f(x)$ を表わしているかということである. これに対して一応の答を与えるため, Fourier 級数の **Abel 和**

$$f(r, x) = \sum_{n=-\infty}^{\infty} \hat{f}_n r^{|n|} e^{inx} \tag{2.11}$$

を考える. ここで r は $0 \leqq r < 1$ をみたす定数である. $(\hat{f}_n) \in l^\infty$ ゆえ, この級数は $\boldsymbol{T}$ 上一様に絶対収束し, x の連続関数になる. $(r^{|n|}) \in l^1(\boldsymbol{Z})$ ゆえ, Fubini の定理により積分と和の順序を交換することができて

$$\begin{aligned} f(r, x) &= \sum_{n=-\infty}^{\infty} r^{|n|} e^{inx} \int_{\boldsymbol{T}} e^{-iny} f(y)\, đy \\ &= \int_{\boldsymbol{T}} P_r(x-y) f(y)\, đy = (P_r * f)(x) \end{aligned} \tag{2.12}$$

と表わされる. ここで

$$P_r(x) = \sum_{n=-\infty}^{\infty} r^{|n|} e^{inx} = \frac{1-r^2}{1-2r\cos x + r^2}. \tag{2.13}$$

これを **Poisson 核**といい, この核との畳み込みである Fourier 級数の Abel 和 $f(r, x)$ を $f(x)$ の **Poisson 積分**という. (ただし, Lebesgue 測度 dx に関する $L^p(\boldsymbol{T})$ を考えるときは, $P_r(x)$ を 2π で割ったものを Poisson 核という.) Poisson 核 $P_r(x)$ について次の性質を証明することは容易である.

補題 2.1 (i) $$P_r(x) \geqq 0;$$

(ii) $$\int_{\boldsymbol{T}} P_r(x)\, đx = 1;$$

(iii) $0 \in \boldsymbol{T}$ の任意の近傍を除いた集合上, すなわち任意の $\delta > 0$ に対し $\delta \leqq |x|$ $(\leqq \pi)$ をみたす x に関して, 一様に

$$\lim_{r \to 1} P_r(x) = 0;$$

(iv) $$P_r(-x) = P_r(x).$$ ——

これを用いて次の定理が証明される.

定理 2.4　(i)　$1 \leqq p < \infty$ ならば，任意の $f \in L^p(\boldsymbol{T})$ に対して $r \nearrow 1$ のとき

(2.14)
$$\left\| \sum_{n=-\infty}^{\infty} r^{|n|} \hat{f}_n e^{inx} - f(x) \right\|_{L^p(\boldsymbol{T})} \longrightarrow 0.$$

(ii)　$p=\infty$ の場合も，$f \in C(\boldsymbol{T})$ ならば，

(2.15)
$$\left\| \sum_{n=-\infty}^{\infty} r^{|n|} \hat{f}_n e^{inx} - f(x) \right\|_{C(\boldsymbol{T})} \longrightarrow 0.$$

(iii)　$f \in L^\infty(\boldsymbol{T})$ に対しても，$L^\infty(\boldsymbol{T}) = (L^1(\boldsymbol{T}))'$ とみなしたときの $L^\infty(\boldsymbol{T})$ の汎弱位相に関して収束する．すなわち，任意の $g(x) \in L^1(\boldsymbol{T})$ に対して

(2.16)
$$\int_{\boldsymbol{T}} g(x) \left(\sum_{n=-\infty}^{\infty} r^{|n|} \hat{f}_n e^{inx} \right) đx \longrightarrow \int_{\boldsymbol{T}} g(x) f(x) đx.$$

証明　補題 2.1(i) および (ii) により，$P_r \in L^1(\boldsymbol{T})$ かつ $\|P_r\|_{L^1(\boldsymbol{T})} = 1$ がわかる．したがって，畳み込みに関する Young の不等式により

(2.17)
$$\|P_r * f\|_{L^p(\boldsymbol{T})} \leqq \|P_r\|_{L^1(\boldsymbol{T})} \|f\|_{L^p(\boldsymbol{T})} = \|f\|_{L^p(\boldsymbol{T})}.$$

次に (2.15) を証明する．$f \in C(\boldsymbol{T})$ はコンパクト集合 $\boldsymbol{T}$ 上一様連続であるから，任意の $\varepsilon > 0$ に対し，$|x-y| < \delta$ ならば $|f(x) - f(y)| < \varepsilon$ となる $\delta > 0$ が存在する．

$$P_r * f(x) - f(x) = \int_{\boldsymbol{T}} P_r(x-y)(f(y) - f(x)) đy$$

ゆえ，

$$|P_r * f(x) - f(x)| \leqq \int_{|x-y| \geqq \delta} P_r(x-y) |f(y) - f(x)| đy + \int_{|x-y| < \delta} P_r(x-y) |f(y) - f(x)| đy.$$

補題 2.1 (iii) により第1項は $r \nearrow 1$ のとき一様に 0 に収束する．一方第2項は $\varepsilon \int P_r(x-y) đy = \varepsilon$ をこえない．こうして (2.15) が証明された．

$1 \leqq p < \infty$ のとき，$C(\boldsymbol{T})$ は $L^p(\boldsymbol{T})$ において稠密である．したがって，任意の $f \in L^p(\boldsymbol{T})$ および $\varepsilon > 0$ に対して，

(2.18)
$$\|f - g\|_{L^p(\boldsymbol{T})} \leqq \varepsilon$$

となる $g \in C(\boldsymbol{T})$ が存在する．

$$\|P_r * f - f\|_{L^p(\boldsymbol{T})} \leqq \|P_r * (f-g)\|_{L^p(\boldsymbol{T})} + \|P_r * g - g\|_{L^p(\boldsymbol{T})} + \|g - f\|_{L^p(\boldsymbol{T})}.$$

(2.18) と (2.17) により，第1項と第3項はそれぞれ ε をこえない．$C(\boldsymbol{T})$ のノルムは $L^p(\boldsymbol{T})$ のノルムより大きいから，$r \nearrow 1$ のとき第2項は 0 に収束する．それ

ゆえ，(2.14) がなりたつ．

最後に，(2.16) は，

$$\int_{T} g(x)\cdot P_r * f(x)\,d\!\!\!{}^-x = \int_{T} P_r * g(y)\cdot f(y)\,d\!\!\!{}^-y$$

となることに注意すれば，$L^1(\boldsymbol{T})$ に対する (2.14) から従う．▮

(2.14) を証明したのと同じ論法で，一般に，Banach 空間 F から G への有界線型作用素列 T_n が一様有界かつ F の稠密部分集合 D に属する f に対して T_nf が収束するならば，T_n は強収束することが示される．これを **Banach-Steinhaus の論法**ということにする．

単位円板 $\{z\in \boldsymbol{C} \mid |z|<1\}$ の点 z を極座標を用いて

$$z = re^{ix}$$

と書くならば，

$$r^n e^{inx} = z^n, \qquad r^{-n}e^{inx} = \bar{z}^{-n}$$

となる．したがって，Fourier 級数の Abel 和 (2.11) は

$$f(r, x) = \sum_{n=0}^{\infty} \hat{f}_n z^n + \sum_{n=1}^{\infty} \hat{f}_{-n}\bar{z}^n \tag{2.19}$$

と書くこともできる．$z^n, \bar{z}^n$ は単位円板上の調和関数であるから，広義一様収束極限 $f(r,x)$ も調和関数である．定理 2.4 は，任意の $f\in L^p(\boldsymbol{T})$，$1\leqq p<\infty$，または $C(\boldsymbol{T})$ に対して，Poisson 積分 $P_r * f$ が f を強収束の意味での境界値とする Dirichlet 問題の解であることを示している．後に，$P_r * f(x)$ は $f(x)$ に概収束することも証明する．

(2.19) の右辺の第1項は単位円板上の整型関数，第2項は反整型関数である．$1<p<\infty$ ならば，これらの項もおのおの強収束かつ概収束の意味で境界値をもつ．これについては §2.4 を見よ．

定理 2.4 から直ちに次の二つの定理が得られる．

定理 2.5 $f\in L^1(\boldsymbol{T})$ のすべての Fourier 係数が 0 となるならば，f はほとんどいたるところ 0 に等しい．

定理 2.6 $L^p(\boldsymbol{T})$，$1\leqq p<\infty$，および $C(\boldsymbol{T})$ において，三角多項式，すなわち，e^{inx}，$n\in \boldsymbol{Z}$，の有限1次結合全体は稠密である．——

特に，Hilbert 空間 $L^2(\boldsymbol{T})$ において e^{inx}，$n\in \boldsymbol{Z}$，は完全正規直交系をなす．

したがって，次の定理がなりたつ．

定理 2.7 (**Riesz-Fischer**)　$f\in L^2(\boldsymbol{T})$ に対して，Fourier 係数 $(\hat{f}_n)\in l^2(\boldsymbol{Z})$ を対応させる作用素 $\mathcal{F}$ は Hilbert 空間の同型である．特に，$f\in L^2(\boldsymbol{T})$ に対し

$$\|(\hat{f}_n)\|_{l^2(\boldsymbol{Z})}=\|f\|_{L^2(\boldsymbol{T})} \qquad \text{(Parseval の等式)}. \tag{2.20}$$

かつ Fourier 級数 $\sum \hat{f}_n e^{inx}$ は f にノルムの意味で無条件収束する．さらに，任意の $(c_n)\in l^2(\boldsymbol{Z})$ に対し，

$$f(x)=\sum_{n=-\infty}^{\infty} c_n e^{inx}$$

は $L^2(\boldsymbol{T})$ において無条件収束し，$c_n=\hat{f}_n$ となる．——

ここで，無限和 $\sum_{\sigma\in S} f_\sigma$ が f に**無条件収束**するとは，任意の $\varepsilon>0$ に対し S の有限部分集合 s_0 が存在し，s_0 を含む任意の S の有限部分集合 s に対し $\left\|\sum_{\sigma\in s} f_\sigma-f\right\|<\varepsilon$ となることである．

この定理により，$L^2(\boldsymbol{T})$ の Fourier 像 $\mathcal{F}L^2(\boldsymbol{T})=l^2(\boldsymbol{Z})$ は決定されたが，$p\neq 2$ の場合の Fourier 像 $\mathcal{F}L^p(\boldsymbol{T})$ については，Riemann-Lebesgue の定理および Hausdorff-Young の不等式以上にはほとんど何も知られていないといってよい．

$f\in L^1(\boldsymbol{T})$ に Fourier 係数 $(\hat{f}_n)\in c_0(\boldsymbol{Z})$ を対応させる写像 $\mathcal{F}$ は明らかに次の性質をもつ線型作用素である：

$$\mathcal{F}(f+g)=\mathcal{F}f+\mathcal{F}g, \qquad f,g\in L^1(\boldsymbol{T}), \tag{2.21}$$

$$\mathcal{F}(af)=a\mathcal{F}f, \qquad a\in \boldsymbol{C},\quad f\in L^1(\boldsymbol{T}). \tag{2.22}$$

この他に $\mathcal{F}$ は畳み込みを積に，積を畳み込みにうつす性質がある．

定理 2.8　(i)　任意の $f,g\in L^1(\boldsymbol{T})$ に対して

$$(f*g)\hat{}_n=\hat{f}_n\hat{g}_n; \tag{2.23}$$

(ii)　任意の $f,g\in L^2(\boldsymbol{T})$ に対して

$$(fg)\hat{}_n=\hat{f}_n*\hat{g}_n=\sum_{m=-\infty}^{\infty}\hat{f}_{n-m}\hat{g}_m. \tag{2.24}$$

証明　(i)　$f(x-y)g(y)e^{-inx}$ は $\boldsymbol{T}\times\boldsymbol{T}$ 上可積分であるから，Fubini の定理により

$$\begin{aligned}(f*g)\hat{}_n&=\int_{\boldsymbol{T}}e^{-inx}\,đx\int_{\boldsymbol{T}}f(x-y)g(y)\,đy\\&=\int_{\boldsymbol{T}}g(y)e^{-iny}\,đy\int_{\boldsymbol{T}}f(x-y)e^{-in(x-y)}\,đx\end{aligned}$$

$$= \hat{f}_n \hat{g}_n.$$

(ii) Riesz-Fischer の定理により任意の $\varphi, \psi \in L^2(\boldsymbol{T})$ に対し

$$\int_{\boldsymbol{T}} \varphi(x)\overline{\psi(x)}\,dx = \sum_{m=-\infty}^{\infty} \hat{\varphi}_m \overline{\hat{\psi}_m} \tag{2.25}$$

が成立する．ここで，$\varphi(x)=g(x)$，$\psi(x)=\overline{f(x)}e^{inx}$ とすれば (2.24) が得られる．∎

§2.2 Fourier 級数の収束

$f \in L^1(\boldsymbol{T})$ の Fourier 級数 $\sum \hat{f}_n e^{inx}$ の部分和

$$s_n(f, x) = \sum_{k=-n}^{n} \hat{f}_k e^{ikx} \tag{2.26}$$

が 1 点 $x \in \boldsymbol{T}$ において $f(x)$ に収束する条件を求めよう．

$$D_n(x) = \sum_{k=-n}^{n} e^{ikx} = \frac{\sin\left(n+\dfrac{1}{2}\right)x}{\sin\dfrac{1}{2}x} \tag{2.27}$$

とおけば，

$$s_n(f, x) = (D_n * f)(x) = \int_{\boldsymbol{T}} D_n(x-y) f(y)\,dy \tag{2.28}$$

と表わされる．関数 $D_n(x)$ を **Dirichlet 核**という．

不幸なことに，連続関数 $f(x)$ に対しても $s_n(f, x)$ は必ずしも $f(x)$ に収束するとは限らない．このような $f(x) \in C(\boldsymbol{T})$ が存在することを示すため，Dirichlet 核の L^1 ノルムを計算する．

まず，今後の計算の便宜上，**Landau の記号**を導入しておこう．

変数 x が a に近づくとき，

$$f(x) = O(g(x)) \tag{2.29}$$

とは，定数 C が存在して，x が十分 a に近いとき

$$|f(x)| \leqq C|g(x)|$$

がなりたつことである．

$$f(x) = o(g(x)) \tag{2.30}$$

とは，比 $f(x)/g(x)$ が 0 に収束することである．また，

(2.31) $$f(x) \sim g(x)$$

とは，$f(x)/g(x)$ が1に収束することである[1]．

補題 2.2 $n\to\infty$ のとき，

(2.32) $$\|D_n\|_{L^1(\boldsymbol{T})} = \int_{\boldsymbol{T}} |D_n(x)| dx \sim \frac{4}{\pi^2}\log n.$$

証明 $D_n(x) = \sin nx \cot(x/2) + \cos nx$ と $(2\sin nx)/x$ の差は n によらない定数でおさえられるから，

$$\begin{aligned}
\|D_n\|_{L^1(\boldsymbol{T})} &= \frac{2}{\pi}\int_0^\pi \frac{|\sin nx|}{x}dx + O(1) \\
&= \frac{2}{\pi}\int_0^{n\pi} \frac{|\sin x|}{x}dx + O(1) \\
&= \frac{2}{\pi^2}\left(1+\frac{1}{2}+\cdots+\frac{1}{n}\right)\int_0^\pi |\sin x| dx + O(1) \\
&= \frac{4}{\pi^2}\log n + O(1).
\end{aligned}$$

∎

定理 2.9 任意の正数列 $\lambda_n = o(\log n)$ に対して，無限の多くの n に対して $|s_n(f,0)| > \lambda_n$ となる $f\in C(\boldsymbol{T})$ が存在する．

証明 $$s_n(f,0) = \int_{\boldsymbol{T}} D_n(x) f(x) dx$$

は $C(\boldsymbol{T})$ 上の連続線型汎関数であり，$(C(\boldsymbol{T}))'$ におけるノルムは $\|D_n\|_{L^1(\boldsymbol{T})}$ に等しいことに注意する（付録定理 A.7）．

定理の結論を否定し，すべての $f\in C(\boldsymbol{T})$ に対して有限個の n を除いて $|s_n(f, 0)| \leqq \lambda_n$ がなりたつとすれば，

$$p(f) = \sup_n \frac{|s_n(f,0)|}{\lambda_n}$$

は各 $f\in C(\boldsymbol{T})$ に対して有限である．上で注意したように，右辺の各項は $C(\boldsymbol{T})$ 上の連続な半ノルムであるから，$p(f)$ は $C(\boldsymbol{T})$ 上の下半連続な半ノルムとなる．Banach 空間上の下半連続半ノルムは連続であるから（付録定理 A.5），定数 C が存在し

$$|s_n(f,0)| \leqq C\lambda_n \|f\|_{C(\boldsymbol{T})}$$

---

1) Fourier 級数を表わす記号 (2.10) とまぎらわしいが慣例に従う．

が成立する．すなわち，$\|D_n\|_{L^1(\boldsymbol{T})} \leqq C\lambda_n$．これは (2.32) に矛盾する．∎

$s_n(f,0)$ が収束するならば，特に $s_n(f,0)$ は一様有界でなければならない．したがって，この定理は $f \in C(\boldsymbol{T})$ に対して，$s_n(f,0)$ は必ずしも収束するとは限らないことを示している．

しかし，f がある程度の滑らかさをもてば，$s_n(f,x)$ はすべての $x \in \boldsymbol{T}$ において $f(x)$ に収束する．そのための十分条件を与えるため，まず

$$s_n(f,x) - f(x) = \int_{\boldsymbol{T}} D_n(x-y)(f(y)-f(x))\,đy = \frac{1}{2\pi}\int_0^{\pi} \varphi_x(y) D_n(y)\,dy \tag{2.33}$$

となることに注意する．ただし

$$\varphi_x(y) = f(x+y) + f(x-y) - 2f(x) \tag{2.34}$$

である．この積分が 0 に収束することが，$s_n(f,x)$ が $f(x)$ に収束するための必要十分条件である．これをもうすこしわかりやすい形になおすため，次のように Riemann-Lebesgue の定理を拡張しておく．

補題 2.3 $\varphi \in L^1(\boldsymbol{R})$，$\psi \in L^\infty(\boldsymbol{R}) \cap L^1(\boldsymbol{R})$ ならば，$\eta \in \boldsymbol{R}$ が $\pm\infty$ に近づくとき，$x \in \boldsymbol{R}$ および $-\infty \leqq a < b \leqq \infty$ に関し一様に

$$\int_a^b \varphi(x+y)\psi(y) e^{-iy\eta}\,dy \longrightarrow 0. \tag{2.35}$$

証明 $\chi(y) = \varphi(x+y)\psi(y)$ とおく．$t \in \boldsymbol{R}$ に対して

$$\int_{-\infty}^{\infty} |\chi(y+t) - \chi(y)|\,dy \leqq \int |\varphi(x+y+t) - \varphi(x+y)||\psi(y+t)|\,dy + \int |\varphi(x+y)||\psi(y+t) - \psi(y)|\,dy.$$

$\|\psi\|_{L^\infty} = M$ とおくならば，右辺の第 1 項は

$$M \int_{-\infty}^{\infty} |\varphi(y+t) - \varphi(y)|\,dy$$

でおさえられる．任意の $\varepsilon > 0$ に対し $\delta > 0$ を十分小さくとれば，$|t| < \delta$ に対しこれは $\varepsilon/4$ をこえない．

第 2 項を評価するために，φ を $\varphi_1 \in L^1(\boldsymbol{R}) \cap L^\infty(\boldsymbol{R})$ と $\|\varphi_2\|_{L^1} \leqq \varepsilon/(4M)$ をみたす φ_2 の和 $\varphi_1 + \varphi_2$ に分解しておく．このとき，

$$\int|\varphi(x+y)||\psi(y+t)-\psi(y)|dy$$
$$\leqq \|\varphi_1\|_{L^\infty}\int|\psi(y+t)-\psi(y)|dy+2M\|\varphi_2\|_{L^1}.$$

$\psi\in L^1$ ゆえ，$0<\delta_1\leqq\delta$ を十分小さくとれば，$|t|<\delta_1$ に対し右辺第1項は $\varepsilon/4$ をこえない．以上を合せて，$|t|<\delta_1$ ならば，x に関して一様に

$$\int_{-\infty}^{\infty}|\chi(y+t)-\chi(y)|dy\leqq\varepsilon$$

となることがわかる．

$$\int_a^b\chi(y)e^{-iy\eta}dy=-\int_{a-\pi/\eta}^{b-\pi/\eta}\chi\left(y+\frac{\pi}{\eta}\right)e^{-iy\eta}dy$$

ゆえ，$\eta>0$ のとき，

$$\begin{aligned}
2&\left|\int_a^b\chi(y)e^{-iy\eta}dy\right|\\
&\leqq\int_{a-\pi/\eta}^{a}\left|\chi\left(y+\frac{\pi}{\eta}\right)\right|dy+\int_a^{b-\pi/\eta}\left|\chi(y)-\chi\left(y+\frac{\pi}{\eta}\right)\right|dy\\
&\quad+\int_{b-\pi/\eta}^{b}|\chi(y)|dy\\
&\leqq M\left(\int_a^{a+\pi/\eta}|\varphi(x+y)|dy+\int_{b-\pi/\eta}^{b}|\varphi(x+y)|dy\right)\\
&\quad+\int_{-\infty}^{\infty}\left|\chi\left(y+\frac{\pi}{\eta}\right)-\chi(y)\right|dy.
\end{aligned}$$

Lebesgue 積分の絶対連続性により，$\eta\to\infty$ のとき，第1項の積分は x, a および b に関し一様に0に収束する．上で示したように最後の項は x に関して一様に0に収束するから，$\eta\to\infty$ のときの(2.35)が証明できた．$\eta\to-\infty$ の場合の証明も同じである．▮

定理 2.10 $f\in L^1(\boldsymbol{T})$ の Fourier 級数の部分和 $s_n(f,x)$ が，点 $x\in\boldsymbol{T}$ において $f(x)$ に収束するための必要十分条件は，ある $0<\delta\,(\leqq\pi)$ に対して

$$\int_0^\delta\varphi_x(y)\frac{\sin ny}{y}dy\longrightarrow0,\qquad n\to\infty, \tag{2.36}$$

がなりたつことである．

また，ある区間 $I=[a,b]$ の上で $s_n(f,x)$ が $f(x)$ に一様収束するための必要

十分条件は，f が I 上有界かつ $x \in I$ によらない $\delta>0$ が存在して，$x \in I$ に関して一様に上の収束がなりたつことである．

証明 (2.33) において

$$D_n(y) = \sin ny \cot \frac{1}{2}y + \cos ny \tag{2.37}$$

の第2項との積の積分は補題2.3により，x に関して一様に0に収束する．

$[0, \pi]$ 上 $\cot(y/2)-(2/y)$ は有界であるから，Riemann-Lebesgue の定理により

$$\int_0^\pi \varphi_x(y)\left(\cot \frac{y}{2} - \frac{2}{y}\right) \sin ny\, dy \longrightarrow 0. \tag{2.38}$$

また，$\delta>0$ ならば，$\varphi_x(y)/y$ は $[\delta, \pi]$ 上可積分ゆえ

$$\int_\delta^\pi \varphi_x(y) \frac{\sin ny}{y} dy \longrightarrow 0. \tag{2.39}$$

したがって，$s_n(f, x)-f(x)=\int_0^\pi \varphi_x(y) D_n(y)\, dy$ が0に収束するための必要十分条件は (2.36) がなりたつことである．

連続関数列 $s_n(f, x)$ が区間 I 上 $f(x)$ に一様収束するならば，$f(x)$ は I 上有界でなければならない．逆に $f(x)$ が I 上有界ならば，(2.38), (2.39) において $\varphi_x(y)$ を $-2f(x)$ におきかえたものは，$x \in I$ に関して一様に0に収束する．$\varphi_x(y)$ の他の成分である $f(x+y)$ または $f(x-y)$ におきかえたものも補題2.3により $x \in I$ に関して一様に0に収束する．

したがって，$s_n(f, x)$ が I 上一様に $f(x)$ に収束するための必要十分条件は I 上 f が有界かつ，(2.36) が $x \in I$ に関して一様になりたつことである．∎

$\delta>0$ は任意であるから，次の定理がなりたつ．

定理 2.11 (Riemann の局所性定理) $f \in L^1(\boldsymbol{T})$ の Fourier 級数の部分和 $s_n(f, x)$ が $x \in \boldsymbol{T}$ において $f(x)$ に収束するかどうかは $f(x)$ の x の近傍の状態のみによって定まる．また，$s_n(f, x)$ が $\boldsymbol{T}$ の区間 I 上一様に $f(x)$ に収束するかどうかは，$f(x)$ の I の近傍の状態のみによって定まる．——

$s_n(f, x)$ が $f(x)$ に収束するための十分条件は数多く知られているが，最も使いやすいのは次の二つである．

定理 2.12 (Dini の判定条件) $f \in L^1(\boldsymbol{T})$ かつ $\varphi_x(y)/y$ が y の関数として可積

分ならば，$s_n(f, x)$ は点 x において $f(x)$ に収束する．

$f \in L^1(\boldsymbol{T})$ が閉区間 I 上有界，かつ任意の $\varepsilon>0$ に対し $x \in I$ によらない $\delta>0$ が存在し

$$\int_0^\delta \frac{|\varphi_x(y)|}{y} dy < \varepsilon \tag{2.40}$$

となるならば，$s_n(f, x)$ は I 上一様に $f(x)$ に収束する．

証明 $\varphi_x(y)/y$ が可積分ならば，Riemann-Lebesgue の定理により (2.36) が成立する．これで前半がわかる．

f が I 上有界ならば，定理 2.10 の証明により任意の $\delta>0$ に対し

$$s_n(f, x) - f(x) - \frac{1}{\pi} \int_0^\delta \frac{\varphi_x(y)}{y} \sin ny\, dy$$

は I 上一様に 0 に収束する．定理の仮定のように δ をとっておけば，

$$\limsup_{n\to\infty} \sup_{x \in I} |s_n(f, x) - f(x)| \leqq \varepsilon$$

が得られる．$\varepsilon>0$ は任意であるから，$s_n(f, x) - f(x)$ は I 上一様に 0 に収束する．∎

定理の後半の仮定は，$x \in I$ によらない定数 $\delta>0$ と $(0, \delta)$ 上の可積分関数 $\psi(y)$ が存在し

$$\frac{|\varphi_x(y)|}{y} \leqq \psi(y), \qquad x \in I, \quad 0 < y < \delta, \tag{2.41}$$

となるならばみたされる．$\psi(y)$ の積分は絶対連続だからである．

例えば，定数 $\alpha>0$ と C が存在し

$$|f(x) - f(y)| \leqq C|x-y|^\alpha, \qquad x, y \in \boldsymbol{T}, \tag{2.42}$$

がなりたつならば，f の Fourier 級数は f に一様収束する．この条件をみたす f を **α 次の Hölder 連続関数**という．

定理 2.13 (Dirichlet-Jordan の判定条件) $f \in L^1(\boldsymbol{T})$ が，x を含むある区間で有界変動ならば，

$$s_n(f, x) \longrightarrow \frac{1}{2}(f(x+0) + f(x-0)). \tag{2.43}$$

$f \in L^1(\boldsymbol{T})$ が閉区間 I 上連続かつ I を含む開区間上有界変動ならば，$s_n(f, x)$ は I 上一様に $f(x)$ に収束する．

証明 有界変動関数 $f(x)$ に対しては，各 x に対して右，左からの極限値 $f(x\pm 0)$ が存在する．f の不連続点 x では $f(x)$ をこれらの極限値の平均値 $(f(x+0)+f(x-0))/2$ にかえることにより，各 x に対し $\varphi_x(+0)=0$ としてよい．

$f(x)$ が有界変動ならば，$\varphi_x(y)$ も有界変動であるから，各 $\varepsilon>0$ に対して $\delta>0$ が存在し $\varphi_x(y)$ の $(0,\delta]$ における全変動は ε をこえない．

$$\int_0^\pi \varphi_x(y)\frac{\sin ny}{y}dy=\int_0^\delta \varphi_x(y)\frac{\sin ny}{y}dy+\int_\delta^\pi \varphi_x(y)\frac{\sin ny}{y}dy \tag{2.44}$$

において，第2項は $n\to\infty$ のとき0に収束する．

有界変動関数 $\varphi_x(y)$ を二つの単調増加関数 $\varphi^\pm(y)$ の差に分解する：

$$\varphi_x(y)=\varphi^+(y)-\varphi^-(y),\qquad 0<y\leqq\delta.$$

$\varphi_x(+0)=0$ かつ $\varphi_x(y)$ の $(0,\delta]$ における全変動が ε をこえないから，$\varphi^\pm(+0)=0$ かつ $\varphi^\pm(\delta)\leqq\varepsilon$ にすることができる．

積分の第2平均値の定理を用いれば，$0\leqq\xi\leqq\delta$ が存在して

$$\int_0^\delta \varphi^+(y)\frac{\sin ny}{y}dy=\varphi^+(\delta)\int_\xi^\delta \frac{\sin ny}{y}dy=\varphi^+(\delta)\int_{n\xi}^{n\delta}\frac{\sin y}{y}dy$$

となる．広義の Riemann 積分 $\displaystyle\int_0^\infty \frac{\sin y}{y}dy$ は収束するから，定数 C が存在して

$$\left|\int_0^\delta \varphi^+(y)\frac{\sin ny}{y}dy\right|\leqq C\varepsilon.$$

$\varphi^-(y)$ についての積分も同様である．したがって，(2.44) の右辺の第1項の絶対値は $2C\varepsilon$ をこえない．$\varepsilon>0$ は任意であったから，(2.44) の左辺は $n\to\infty$ のとき0に収束する．それゆえ，定理2.10によって $s_n(f,x)$ は $f(x)$ に収束する．

$f\in L^1(\boldsymbol{T})$ が閉区間 I 上連続かつ I を含む開区間 J 上有界変動ならば，これを I 上連続かつ J 上単調増加の関数 $f^\pm\in L^1(\boldsymbol{T})$ の差として表わすことができる．$f^\pm(x)$ は I 上一様連続であるから，前半の証明における $\delta>0$ を $x\in I$ に依存しないようにとることができる．$f(x)$ は I 上有界であるから，(2.44) の右辺の第2項は $x\in I$ に関して一様に0に収束する．第1項も前半の証明により，絶対値が $2C\varepsilon$ でおさえられる．それゆえ，$\displaystyle\int_0^\pi \varphi_x(y)(\sin ny/y)dy$ は $x\in I$ に関して一様に0に収束する．したがって，定理2.10により $s_n(f,x)$ は I 上一様に $f(x)$ に収束する．∎

§2.3 Fourier 級数の総和法と最大関数

$f\in L^1(\boldsymbol{T})$ の Fourier 級数は f を再現するに十分な情報を含むけれども，定理2.9で示したように $f\in C(\boldsymbol{T})$ であっても部分和 $s_n(f,x)$ は必ずしも $f(x)$ に収束しない．この節では部分和に代る和として，種々の総和法をとることにより Fourier 級数が実際もとの関数を表わすことを示す．

定義 2.3　級数 $\sum_{n=0}^{\infty}a_n$ の部分和 $s_n=\sum_{k=0}^{n}a_k$ の平均

$$\sigma_n=\frac{1}{n+1}(s_0+s_1+\cdots+s_n)=\sum_{k=0}^{n}\frac{n+1-k}{n+1}a_k \tag{2.45}$$

が $n\to\infty$ のとき有限の数 σ に収束するとき，級数 $\sum_{n=0}^{\infty}a_n$ は **Cesàro の意味で総和可能**であるといい，σ を **Cesàro の総和**という．——

$\sum a_n$ が Cauchy の意味で総和可能であるとき，すなわち部分和 s_n が s に収束するとき，σ_n も明らかに s に収束する．しかし，σ_n が収束しても必ずしも s_n は収束しないことに注意する．

$f\in L^1(\boldsymbol{T})$ の Fourier 級数については

$$\sigma_n(f,x)=\frac{1}{n+1}\sum_{k=0}^{n}s_k(f,x) \tag{2.46}$$

とおく．$s_n(f,x)$ は Dirichlet 核 $D_n(x)$ との畳み込みに等しいから，$\sigma_n(f,x)$ は

$$\begin{aligned}K_n(x)&=\frac{1}{n+1}(D_0(x)+\cdots+D_n(x))\\&=\frac{1}{n+1}\frac{e^{i(n+1)x}-2+e^{-i(n+1)x}}{(e^{ix/2}-e^{-ix/2})^2}\\&=\frac{1}{n+1}\left(\frac{\sin\frac{n+1}{2}x}{\sin\frac{1}{2}x}\right)^2\end{aligned} \tag{2.47}$$

との畳み込みに等しい：

$$\sigma_n(f,x)=(K_n*f)(x)=\int_{\boldsymbol{T}}K_n(x-y)f(y)\,d\!\!\bar{}\,y. \tag{2.48}$$

$K_n(x)$ を **Fejér 核**という．この形から次の補題を示すのは容易である．

補題 2.4　(i)　　　　　$K_n(x)\geqq 0$;

(ii)
$$\int_{\boldsymbol{T}} K_n(x)\,dx = 1\,;$$

(iii)　任意の $0<\delta<\pi$ に対し，$\delta \leqq |x| \leqq \pi$ をみたす x に関して一様に
$$\lim_{n\to\infty} K_n(x) = 0\,;$$

(iv)
$$K_n(-x) = K_n(x).$$
——

これは Poisson 核 $P_r(x)$ に対する補題 2.1 の結論と同じであるから定理 2.4 と同様に次の定理がなりたつ．

定理 2.14　(i)　$1 \leqq p < \infty$ ならば，任意の $f \in L^p(\boldsymbol{T})$ に対して

(2.49)
$$\|\sigma_n(f, x) - f(x)\|_{L^p(\boldsymbol{T})} \longrightarrow 0.$$

(ii)　$f \in C(\boldsymbol{T})$ ならば

(2.50)
$$\|\sigma_n(f, x) - f(x)\|_{C(\boldsymbol{T})} \longrightarrow 0.$$

(iii)　$f \in L^\infty(\boldsymbol{T})$ ならば，$L^\infty(\boldsymbol{T}) = (L^1(\boldsymbol{T}))'$ の汎弱位相に関して $\sigma_n(f, x) \to f(x)$．——

次も補題 2.4 の結論のみを用いて証明できる定理である．

定理 2.15 (**Fejér**)　$f \in L^1(\boldsymbol{T})$ が $x \in \boldsymbol{T}$ において左右の極限 $f(x\pm 0)$ をもつならば，f の Fourier 級数は x において Cesàro 総和可能であり

(2.51)
$$\sigma_n(f, x) \longrightarrow \frac{1}{2}(f(x+0) + f(x-0)).$$

証明　一般性を失うことなく $f(x) = (f(x+0) + f(x-0))/2$ としてよい．補題 2.4 を用いれば，このとき

(2.52)
$$\sigma_n(f, x) - f(x) = \int_0^\pi \varphi_x(y) K_n(y)\,dy$$

となる．ε を任意の正の数としたとき，$\delta > 0$ が存在し，$0 < y < \delta$ に対し $|\varphi_x(y)| < \varepsilon$ となる．(2.52) の右辺の積分を $(0, \delta)$ 上の積分と $[\delta, \pi]$ 上の積分に分ければ，第 1 の積分の絶対値は $\varepsilon \int_0^\delta K_n(y)\,dy \leqq \varepsilon$ をこえず，第 2 の積分の絶対値は
$$\sup_{\delta \leqq y \leqq \pi} K_n(y) \int_\delta^\pi |\varphi_x(y)|\,dy \leqq \sup_{\delta \leqq y \leqq \pi} K_n(y)(\|f\|_{L^1(\boldsymbol{T})} + |f(x)|)$$
でおさえられる．補題 2.4 (iii) により，これは $n \to \infty$ のとき 0 に収束する．∎

$f \in L^1(\boldsymbol{T})$ に対し $f(x\pm 0)$ が存在する x 全体は零集合になることがある (例えば，有理数の 2π 倍の点で 1，他では 0 の値をとる関数を考えよ)．しかし，平均

の意味ではほとんどすべての x に対し，$y \to x$ のとき $f(y) \to f(x)$ となる．そしてこれから，$f \in L^1(\boldsymbol{T})$ の Fourier 級数はほとんどすべての x において $f(x)$ に等しい Cesàro 総和をもつことが導かれる．これを示すには可積分関数の不定積分の微分についての Lebesgue の定理が必要である．Fatou の定理の証明の準備をかねて次の定義からはじめる．

定義 2.4　$-\infty \leqq a < b \leqq \infty$ とし，(a, b) 上の局所可積分関数 f に対して，**右最大関数** $\Theta_r f$，**左最大関数** $\Theta_l f$ および(**対称**) **最大関数** (maximal function) Θf を次式によって定義する：

$$\Theta_r f(x) = \sup_{x < x+t \leqq b} \frac{1}{t} \int_0^t |f(x+y)| dy, \tag{2.53}$$

$$\Theta_l f(x) = \sup_{a \leqq x-t < x} \frac{1}{t} \int_0^t |f(x-y)| dy, \tag{2.54}$$

$$\Theta f(x) = \sup_{a \leqq x-t < x+t \leqq b} \frac{1}{2t} \int_{-t}^t |f(x+y)| dy. \tag{2.55}$$

定理 2.16 (**Hardy-Littlewood**)　Θ_r, Θ_l および Θ は次の評価をもつ劣線型作用素である：

$$(\Theta_r f)^*(t) \leqq f^{**}(t), \tag{2.56}$$

$$(\Theta_l f)^*(t) \leqq f^{**}(t), \tag{2.57}$$

$$(\Theta f)^*(t) \leqq f^{**}\left(\frac{t}{2}\right) \leqq 2f^{**}(t). \tag{2.58}$$

ただし，左辺は再配列，右辺は平均関数を表わす．特に，これらの作用素は (∞, ∞) 型かつ弱 $(1, 1)$ 型である．——

これを F. Riesz の方法で証明するため，次の補題を準備する．

補題 2.5 (**F. Riesz**)　$g(x)$ を $[a, b]$ 上の連続関数とする．E をある $y > x$ に対して $g(y) > g(x)$ となる $x \in (a, b)$ 全体の集合とすれば，E は開集合であり，それを互いに交わらない区間 (a_k, b_k) の合併集合と表わしたとき

$$g(a_k) \leqq g(b_k). \tag{2.59}$$

証明　g の連続性から E が開集合であることは明らかである．任意の $x \in (a_k, b_k)$ に対して $g(x) \leqq g(b_k)$ がなりたつことを示すため，x_1 を $g(x_1) \geqq g(x)$ をみたす $[x, b_k]$ の中の最大の数とする．$x_1 = b_k$ ならば，$g(x) \leqq g(b_k)$ がいえたことになるから，$x_1 < b_k$ と仮定する．$x_1 \in E$ ゆえ，$g(y_1) > g(x_1)$ となる $y_1 > x_1$ が存在

するが，x_1 が最大であることにより $y_1>b_k$ が従う．それゆえ，$b_k \notin E$ より，$g(x_1)<g(y_1)\leqq g(b_k)$．いずれにせよ $g(x)\leqq g(b_k)$ が成立する．$x\to a_k$ とすれば，(2.59) が得られる．∎

定理の証明 $\Theta_r, \Theta_l, \Theta$ が劣線型であることは明らかである．

(2.56) を証明するため，$s>0$ を任意の定数とし，$c\in(a,b)$ を適当に選んで

$$g(x)=\int_c^x |f(y)|dy-s(x-c)$$

に対して補題を適用する．このとき

$$E=\{x\in(a,b)\mid \Theta_r f(x)>s\}$$

が成立する．実際，$\Theta_r f(x)>s$ とは $x+t>x$ が存在して

$$\int_x^{x+t}|f(y)|dy>st$$

がなりたつことであるが，これは $g(x+t)>g(x)$ と同等である．

E を互いに交わらない開区間 (a_k, b_k) の合併として表わしておけば，(2.59) により

$$\int_{a_k}^{b_k}|f(y)|dy\geqq s(b_k-a_k).$$

これをすべての k についてたし合せて

$$\int_E |f(y)|dy\geqq sm(E) \tag{2.60}$$

を得る．ただし，m は Lebesgue 測度である．それゆえ

$$sm(\Theta_r f, s)\leqq\int_E|f(y)|dy\leqq m(\Theta_r f, s)f^{**}(m(\Theta_r f, s)).$$

$s>0$ は任意であったから，これより (2.56) が従う．

(2.57) の証明も同様である．(2.58) は

$$\Theta f(x)\leqq\frac{1}{2}(\Theta_r f(x)+\Theta_l f(x)) \tag{2.61}$$

と §1.4 定理 1.29 (iii) を用いれば，(2.56), (2.57) に帰着できる．

特に，

$$\|\Theta_r f\|_{L^\infty(a,b)}=\|(\Theta_r f)^*\|_{L_*^\infty}\leqq\|f^{**}\|_{L_*^\infty}=\|f\|_{L^\infty(a,b)}. \tag{2.62}$$

Θ_l, Θ に対しても同じ不等式が成立する．

また

$$\|\Theta_r f\|_{L^{(1,\infty)}(a,b)} = \|t(\Theta_r f)^*(t)\|_{L_*^\infty} \leqq \|tf^{**}(t)\|_{L_*^\infty} = \sup\int_0^t f^*(s)\,ds = \|f\|_{L^1(a,b)}. \tag{2.63}$$

Θ_l も同じ不等式をみたす．同様に

$$\|\Theta f\|_{L^{(1,\infty)}(a,b)} \leqq 2\|f\|_{L^1(a,b)}. \tag{2.64}$$

あるいは (2.60) から直ちに弱 (1, 1) 型の定義式

$$sm(\Theta_r f, s) \leqq \|f\|_{L^1(a,b)} \tag{2.65}$$

を得ることもできる．Θ_l についても同じであり，Θ は

$$sm(\Theta f, s) \leqq 2\|f\|_{L^1(a,b)} \tag{2.66}$$

をみたす．▌

定理 2.16 の不等式は，$\Theta_r, \Theta_l, \Theta$ が弱 $(\infty, \infty\,; 1, 1)$ 型であることを示す不等式 (1.193) の右辺の第 1 項がないものであることに注意する．(2.58) と §1.4, 1.5 の結果から次の定理が得られる．

定理 2.17 (i) $1<p<\infty$，$1\leqq q\leqq\infty$ または $q=\omega$ ならば，$f\in L^{(p,q)}(a,b)$ の最大関数 Θf も同じ Lorentz 空間 $L^{(p,q)}(a,b)$ に属する関数であって

$$\|\Theta f\|_{L^{(p,q)}(a,b)} \leqq 2^{1/p}\|\!|f|\!\|_{L^{(p,q)}(a,b)} \leqq \frac{2^{1/p}p}{p-1}\|f\|_{L^{(p,q)}(a,b)}. \tag{2.67}$$

特に，$1<p\leqq\infty$ のとき $f\in L^p(a,b)$ に対して

$$\|\Theta f\|_{L^p(a,b)} \leqq \frac{2^{1/p}p}{p-1}\|f\|_{L^p(a,b)}. \tag{2.68}$$

(ii) a, b が有限の場合，Zygmund 空間 $L\log^+L(a,b)$ に属する f の最大関数 Θf は $L^1(a,b)$ に属する．$k>1$ ならば，$b-a$ および k のみによる定数 A が存在し

$$\|\Theta f\|_{L^1(a,b)} \leqq 2\|\!|f|\!\|_{L\log^+L(a,b)} \leqq 2k\|f\log^+ f\|_{L^1(a,b)} + A. \tag{2.69}$$

——

右最大関数 $\Theta_r f$ および左最大関数 $\Theta_l f$ に対しても同様の定理が成立する．

定理 2.18 (Lebesgue) a, b を有限とする．このとき $f\in L^1(a,b)$ の不定積分

$$F(x) = \int_a^x f(y)\,dy \tag{2.70}$$

はほとんどすべての $x\in(a,b)$ において微分可能であって

$$\frac{dF(x)}{dx}=f(x), \quad \text{a. e. } x. \tag{2.71}$$

証明 一般性を失うことなく $f(x)$ は実数値関数であるとしてよい．はじめに，ほとんどすべての $x\in(a,b)$ に対して右微分

$$\frac{d^{+}F(x)}{dx}=\lim_{h\searrow 0}\frac{1}{h}(F(x+h)-F(x)) \tag{2.72}$$

が存在して $f(x)$ に等しいことを証明する．$h>0$ に対して

$$f_h(x)=\frac{1}{h}(F(x+h)-F(x))=\frac{1}{h}\int_x^{x+h}f(y)dy$$

とすれば，これは f と

$$g(x)=\begin{cases}\dfrac{1}{h}, & -h<x<0,\\ 0, & \text{その他},\end{cases}$$

で定義される関数 g との畳み込みに等しい．ただし，f は $[a,b]$ の外では0として拡張しておく．定理2.4または定理2.14と同様に，$h\searrow 0$ のとき

$$\|f_h-f\|_{L^1(a,b)}\longrightarrow 0$$

となることが示される．したがって，ある列 $h_n\searrow 0$ をとれば，ほとんどすべての $x\in(a,b)$ に対して $f_{h_n}(x)$ は $f(x)$ に収束する．

$f_h(x)$ 自身がほとんどすべての $x\in(a,b)$ に対して収束することを示すため

$$Vf(x)=\limsup_{h\searrow 0}f_h(x)-\liminf_{h\searrow 0}f_h(x)$$

を考える．明らかに V は $L^1(a,b)$ 上の劣線型作用素であって

$$Vf(x)\leqq 2\Theta_r f(x)$$

がなりたつ．もし f が $[a,b]$ 上の連続関数ならば，微積分の基本定理により $Vf(x)\equiv 0$ となる．任意の $\varepsilon>0$ に対して f は $f_0\in C([a,b])$ と $\|f_1\|_{L^1(a,b)}<\varepsilon$ をみたす $f_1\in L^1(a,b)$ の和 f_0+f_1 に分解できる．したがって，定理2.16により

$$Vf(x)\leqq Vf_0(x)+Vf_1(x)\leqq 2\Theta_r f_1(x)$$

の $L^{(1,\infty)}(a,b)$ ノルムは 2ε をこえない．ε は任意であるから，ほとんどすべての x に対し $Vf(x)=0$ でなければならない．これで，右微分(2.72)が存在して，ほとんどいたるところ $f(x)$ に等しいことが証明された．

左微分についても Θ_l を用いて同じ証明がなりたつ．右，左の微分がほとんどいたるところ存在して $f(x)$ に等しいのであるから，$F(x)$ はほとんどいたるところ微分可能であり，導関数は $f(x)$ に等しい．▮

定義 2.5　$f\in L^1(a,b)$ に対して，$h\searrow 0$ のとき

$$(2.73)\qquad \frac{1}{h}\int_0^h |\varphi_x(y)|dy=\frac{1}{h}\int_0^h |f(x+y)+f(x-y)-2f(x)|dy \longrightarrow 0$$

となる $x\in(a,b)$ 全体の集合および

$$(2.74)\qquad \frac{1}{2h}\int_{-h}^h |f(x+y)-f(x)|dy \longrightarrow 0$$

となる $x\in(a,b)$ 全体の集合をそれぞれ f の **Lebesgue 集合**および**狭義の Lebesgue 集合**という．——

(2.74) がなりたてば明らかに (2.73) が成立するから，狭義の Lebesgue 集合は Lebesgue 集合の部分集合である．

定理 2.19　$f\in L^1(\boldsymbol{T})$ のとき，$\boldsymbol{T}$ のほとんどすべての点は f の狭義の Lebesgue 集合に属する．

証明　定理の主張より強く，零集合 $E\subset\boldsymbol{T}$ が存在し，$x\notin E$ ならば，任意の $\alpha\in\boldsymbol{C}$ に対して $h\to 0$ のとき

$$(2.75)\qquad \frac{1}{h}\int_x^{x+h} |f(y)-\alpha|dy \longrightarrow |f(x)-\alpha|$$

となることを証明する．

まず，α の実部虚部とも有理数のとき (2.75) がなりたたない x の集合を E_α とし，このような E_α 全体の合併集合を E とする．個々の E_α は定理 2.18 により零集合であるから，それらの可算個の合併集合である E も零集合である．

$x\notin E$, $\alpha\in\boldsymbol{C}$ とする．任意の $\varepsilon>0$ に対し $|\alpha-r|<\varepsilon$ となる実部虚部とも有理数の r が存在する．このとき，$||f(y)-\alpha|-|f(y)-r||<\varepsilon$，したがって

$$\left|\frac{1}{h}\int_x^{x+h}|f(y)-\alpha|dy-\frac{1}{h}\int_x^{x+h}|f(y)-r|dy\right|\leqq\varepsilon.$$

これより，$|h|>0$ が十分小さいとき

$$\left|\frac{1}{h}\int_x^{x+h}|f(y)-\alpha|dy-|f(x)-\alpha|\right|$$

$$\leqq \left|\frac{1}{h}\int_x^{x+h}|f(y)-\alpha|dy-\frac{1}{h}\int_x^{x+h}|f(y)-r|dy\right|$$
$$+\left|\frac{1}{h}\int_x^{x+h}|f(y)-r|dy-|f(x)-r|\right|+||f(x)-r|-|f(x)-\alpha||$$
$$\leqq 3\varepsilon$$

となることがわかる. ▮

定理 2.20 (**Lebesgue**) $f\in L^1(\boldsymbol{T})$ の Lebesgue 集合に属する x に対して $n\to\infty$ のとき

(2.76) $$\sigma_n(f,x)\longrightarrow f(x).$$

特に, ほとんどすべての $x\in\boldsymbol{T}$ に対し (2.76) がなりたつ.

証明 Fejér 核 $K_n(x)$ の定義と (2.47) より

(2.77) $$K_n(x)\leqq C\min\left\{n,\frac{1}{nx^2}\right\}$$

となる定数 C が存在することがわかる. (2.52) より

$$2\pi|\sigma_n(f,x)-f(x)|\leqq\left(\int_0^{1/n}+\int_{1/n}^{\pi}\right)|\varphi_x(y)|K_n(y)dy.$$

x が Lebesgue 集合に属すれば, 第1の積分は

$$nC\int_0^{1/n}|\varphi_x(y)|dy=no(n^{-1})=o(1)$$

でおさえられる. 第2の積分は $\Phi(t)=\int_0^t|\varphi_x(y)|dy$ とし, 部分積分によって次のように評価する:

$$\frac{C}{n}\int_{1/n}^{\pi}|\varphi_x(y)|\frac{1}{y^2}dy$$
$$=\frac{C}{n}\left[\Phi(y)\frac{1}{y^2}\right]_{1/n}^{\pi}+\frac{2C}{n}\int_{1/n}^{\pi}\Phi(y)\frac{1}{y^3}dy$$
$$=o(1)+\frac{1}{n}\int_{1/n}^{\pi}o\left(\frac{1}{y^2}\right)dy=o(1).$$ ▮

定義 2.6 級数 $\sum_{n=0}^{\infty}a_n$ は, r のベキ級数

(2.78) $$\tau(r)=\sum_{n=0}^{\infty}a_nr^n$$

が $r<1$ で収束し, $r\to1$ のとき有限な数 τ に収束するとき, **Abel の意味で総和**

可能であるといい，τ を **Abel の総和**という．——

級数が Cauchy の意味で総和可能ならば，Abel の意味でも総和可能であり，両者の総和は一致するというのが有名な **Abel の定理**である．もっと詳しく次の定理がなりたつ．

定理 2.21 級数 $\sum_{n=0}^{\infty} a_n$ が Cesàro 総和可能ならば，Abel 総和可能であり，二つの総和は一致する．

証明 Cesàro 総和可能ならば，$a_n=O(n)$ であることはすぐにわかるから，$\sum_{n=0}^{\infty} a_n r^n$ は $|r|<1$ で収束する．ベキ級数の項別の積により

$$\frac{1}{1-r}\sum_{n=0}^{\infty} a_n r^n = \sum_{n=0}^{\infty} s_n r^n,$$

$$\frac{1}{(1-r)^2}\sum_{n=0}^{\infty} a_n r^n = \sum_{n=0}^{\infty} (n+1)\sigma_n r^n.$$

したがって，$0\leqq r<1$ において

$$\sum_{n=0}^{\infty} a_n r^n = \sum_{n=0}^{\infty} (n+1)(1-r)^2 r^n \sigma_n$$

がなりたつ．$(n+1)(1-r)^2 r^n>0$ かつ $\sum_{n=0}^{\infty}(n+1)(1-r)^2 r^n=1$ ゆえ，

$$\left|\sum_{n=0}^{\infty} a_n r^n-\sigma\right| \leqq \sum_{n=0}^{\infty}(n+1)(1-r)^2 r^n|\sigma_n-\sigma|.$$

任意の $\varepsilon>0$ に対し，n_ε が存在し $n\geqq n_\varepsilon$ ならば $|\sigma_n-\sigma|<\varepsilon$ となる．右辺の和を n が 0 から n_ε までと $n_\varepsilon+1$ から ∞ までの二つに分ければ，第2の和は ε をこえない．第1の和は $r\to 1$ のとき 0 に収束する．したがって，$r\to 1$ のとき左辺は 0 に収束する．∎

$f\in L^1(\boldsymbol{T})$ の Fourier 級数の場合には，すでに§2.1でも論じたように，$x\in \boldsymbol{T}$ において Abel 総和可能とは f の Poisson 積分

$$f(r,x) = \sum_{n=-\infty}^{\infty} \hat{f}_n r^{|n|} e^{inx} = (P_r * f)(x)$$

が x において $r\to 1$ のとき収束することである．

Poisson 核の性質である補題2.1の結論を用いて $f\in L^p(\boldsymbol{T})$，$1\leqq p<\infty$，の Fourier 級数の Abel 和はノルムの意味で収束することを示した(定理2.4)．同じ補題の結論から，Fejér の定理の類似である次の定理を導くことができる．

定理 2.22 $f\in L^1(\boldsymbol{T})$ が $x\in\boldsymbol{T}$ において左右の極限 $f(x\pm 0)$ をもつならば，f の Fourier 級数は x において Abel 総和可能であり，$(f(x+0)+f(x-0))/2$ を総和とする．——

定理 2.21 を用いれば，これはもちろん，Fejér の定理に帰着させることができる．同様に Lebesgue の定理の類似もなりたつわけであるが，$f\in L^1(\boldsymbol{T})$ の Poisson 積分 $f(r,x)$ を単位円板 $\{re^{ix}\mid 0\leqq r<1\}$ 上の調和関数とみなして次の形のより強力な収束定理がなりたつ．

定理 2.23 (Fatou) $f\in L^1(\boldsymbol{T})$ の Poisson 積分 $h(re^{ix})=f(r,x)$ は f の狭義の Lebesgue 集合に属する任意の点 x^0 において $f(x^0)$ に等しい**非接極限**をもつ．すなわち，$0\leqq\alpha<\pi/2$ を任意の角度とするとき，角域 $\Gamma_\alpha(x^0)=\{re^{ix}\mid|\arg(1-re^{i(x-x^0)})|\leqq\alpha\}$ の中で re^{ix} が e^{ix^0} に近づくとき $h(re^{ix})$ は $f(x^0)$ に収束する．——

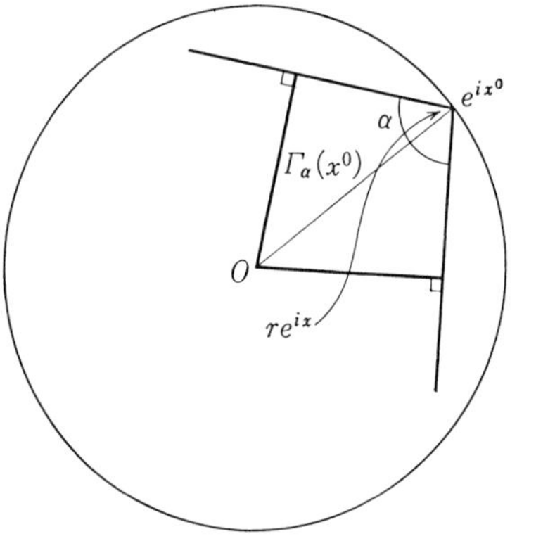

図 2.1

これをそれ自身興味ある次の定理を用いて証明することにしよう．

$0\leqq\alpha<\pi/2$ および $x^0\in\boldsymbol{T}$ に対して $\Gamma_\alpha(x^0)$ を，上より狭く，e^{ix^0} を通って中心からの半径と角度 α をなす 2 直線の間に狭まれかつ中心からこれらの直線におろした垂線で限られた西洋だこ型の図形とする．

定理 2.24 (Hardy-Littlewood) $f\in L^1(\boldsymbol{T})$ の Poisson 積分を $h(re^{ix})$ とするとき，$0\leqq\alpha<\pi/2$ にのみ依存する定数 A が存在して

$$\sup\{|h(re^{ix})|\mid re^{ix}\in\Gamma_\alpha(x^0)\}\leqq A\Theta f(x^0). \tag{2.79}$$

証明 $re^{ix}=re^{i(y+x^0)}\in\Gamma_\alpha(x^0)$ は $re^{iy}\in\Gamma_\alpha(0)$ と同等である．このとき

$$\chi(t)=P_r(y+t) \tag{2.80}$$

とおけば，

$$h(re^{ix}) = \chi * f(x^0) = \int_T \chi(t) f(x^0 - t)\,dt$$

となる．補題2.1により

(2.81) $$\int_T \chi(t)\,dt = 1$$

がなりたつ．さらに α にのみ依存する定数 B が存在して

(2.82) $$\int_{-\pi}^{\pi} \left| t\frac{d\chi}{dt} \right| dt \leqq B$$

となることを証明しよう．定義により

$$t\frac{d\chi}{dt} = -\frac{2r(1-r^2)t \sin(y+t)}{(1-2r\cos(y+t)+r^2)^2}$$

であるが，分子の t を $(y+t)-y$ と書いてそれぞれの項の積分を計算する．

$$\frac{2r(1-r^2)(y+t)\sin(y+t)}{(1-2r\cos(y+t)+r^2)^2}$$

は $-\pi \leqq y+t \leqq \pi$ で正値であるから，$[-\pi, \pi-y]$（または $[-\pi-y, \pi]$）上の積分は

$$-\int_{-\pi}^{\pi} t\frac{\partial P_r(t)}{\partial t}dt = -\frac{1}{2\pi}[tP_r(t)]_{-\pi}^{\pi} + \frac{1}{2\pi}\int_{-\pi}^{\pi} P_r(t)\,dt = \frac{2r}{1+r} < 1$$

でおさえられる．余集合 $(\pi-y, \pi]$（または $[-\pi, -\pi-y)$）上で被積分関数は負値になるが，その上の積分の絶対値は上と同じ積分でおさえることができる．一方

$$\int_{-\pi}^{\pi} \left| \frac{2r(1-r^2)y\sin(y+t)}{(1-2r\cos(y+t)+r^2)^2} \right| dt = \frac{|y|}{\pi}|P_r(\pi) - P_r(0)| = \frac{4}{\pi}\frac{|y|r}{1-r^2}$$

も re^{iy} が $\Gamma_\alpha(0)$ に属する限り，α にのみ依存する定数でおさえられる．

あとは次の補題に帰着される．▌

補題 2.6　$\chi \in C^1(\boldsymbol{T})$ が (2.81), (2.82) をみたすならば，任意の $f \in L^1(\boldsymbol{T})$ に対して

(2.83) $$|\chi * f(x)| = \left| \int_T \chi(t) f(x-t)\,dt \right| \leqq (3B+1)\Theta f(x).$$

証明　はじめに

$$\chi(\pi) = \frac{1}{2\pi}[t\chi(t)]_{-\pi}^{\pi} = \int \chi \bar{d}t + \int t \frac{d\chi}{dt} \bar{d}t$$

より

(2.84) $$|\chi(\pi)| \leqq B+1$$

となることに注意する．

$$f_1(t) = f_1(t, x) = \int_0^t f(x-u)\,du$$

とおけば，

$$\chi * f(x) = \frac{1}{2\pi}[f_1(t)\chi(t)]_{-\pi}^{\pi} - \int_{-\pi}^{\pi} \frac{f_1(t)}{t} t \frac{d\chi(t)}{dt} \bar{d}t.$$

第1項の絶対値は

$$|\chi(\pi)| \frac{1}{2\pi}\left|\int_{-\pi}^{\pi} f(x-u)\,du\right| \leqq (B+1)\Theta f(x)$$

でおさえられ，第2項の絶対値も

$$\max\{\Theta_r f(x), \Theta_l f(x)\} \int_{-\pi}^{\pi} \left| t\frac{d\chi}{dt} \right| \bar{d}t \leqq 2B\Theta f(x)$$

でおさえられる．▌

定理 2.23 の証明 x^0 を $f \in L^1(\boldsymbol{T})$ の狭義の Lebesgue 集合に属する点かつ $0 \leqq \alpha < \pi/2$ とする．ε を任意の正の数とするとき，$\delta > 0$ が存在して $0 < h \leqq \delta$ ならば

(2.85) $$\frac{1}{2h}\int_{-h}^{h} |f(x^0+y) - f(x^0)|\,dy \leqq \varepsilon$$

となる．そこで $f_0(x) = f(x^0)$,

$$f_1(x) = \begin{cases} f(x) - f(x^0), & |x - x^0| \leqq \delta, \\ 0, & \text{その他}, \end{cases}$$

$f_2(x) = f(x) - f(x^0) - f_1(x)$ とおき

$$f(x) = f_0(x) + f_1(x) + f_2(x)$$

と分解する．これに応じて Poisson 積分も

$$h(re^{ix}) = h_0(re^{ix}) + h_1(re^{ix}) + h_2(re^{ix})$$

と分解する．$\chi(t) = P_r(t)$ に対する (2.81) より

(2.86) $$h_0(re^{ix}) = P_r * f_0(x) = f(x^0)$$

がなりたつ.

(2.85) は $\Theta f_1(x^0) \leqq \varepsilon$ を示している. したがって, 定理 2.24 により, $re^{ix} \in \Gamma_\alpha(x^0)$ ならば

(2.87) $$|h_1(re^{ix})| \leqq A\varepsilon$$

となる. 最後に $f_2(x)$ は $[x^0-\delta, x^0+\delta]$ 上恒等的に 0 であるから,

$$h_2(re^{ix}) = \int_{|t-x^0|>\delta} P_r(x-t) f_2(t) đt$$

の被積分関数は $re^{ix} \in \Gamma_\alpha(x^0)$ のとき $|f_2(t)|$ の定数倍で一様におさえることができ, $\Gamma_\alpha(x^0)$ において $re^{ix} \to e^{ix^0}$ となるとき t の関数として 0 に各点収束する. したがって, Lebesgue の収束定理により, $h_2(re^{ix})$ は 0 に収束する.

$\varepsilon>0$ は任意であったから, (2.86), (2.87) と合せて $h(re^{ix})$ は, $\Gamma_\alpha(x^0)$ において $re^{ix} \to e^{ix^0}$ となるとき $f(x^0)$ に収束することがわかる. ∎

この定理により $f \in L^1(\boldsymbol{T})$ の Poisson 積分はほとんどすべての $x \in \boldsymbol{T}$ において $f(x)$ に等しい非接極限をもつ. これは, 定理 2.18 と同様, 定理 2.24 から直接証明することもできる. f が三角多項式ならば収束は明らかだからである.

また, 定理 2.17 と定理 2.24 を組み合せて Poisson 積分の最大値

(2.88) $$\mathcal{P}_\alpha f(x) = \sup\{|h(re^{iy})| \mid re^{iy} \in \Gamma_\alpha(x)\}$$

に対する次の不等式を得る.

定理 2.25 (i) $1<p\leqq\infty$ のとき, 定数 $A_{p,\alpha}$ が存在して $f \in L^p(\boldsymbol{T})$ に対して

(2.89) $$\|\mathcal{P}_\alpha f\|_{L^p(\boldsymbol{T})} \leqq A_{p,\alpha}\|f\|_{L^p(\boldsymbol{T})}.$$

(ii) 定数 A_α が存在して $f \in L\log^+ L(\boldsymbol{T})$ に対して

(2.90) $$\|\mathcal{P}_\alpha f\|_{L^1(\boldsymbol{T})} \leqq A_\alpha \|f\|_{L\log^+ L(\boldsymbol{T})}.$$ ——

特に, $1<p\leqq\infty$, $\alpha=0$ の場合を考えれば, $f \in L^p(\boldsymbol{T})$ に対する概収束 (almost everywhere convergence)

$$f(r, x) \longrightarrow f(x)$$

は, その絶対値が一定の $\mathcal{P}f(x) \in L^p(\boldsymbol{T})$ でおさえられたものであることがわかる. これから容易に $1<p\leqq\infty$ に対する定理 2.4 を導くこともできる.

Fejér 核 $K_n(t)$ は (2.81) をみたすが, n に依存しない形では (2.82) をみたさない. そのため補題 2.6 をそのまま適用することはできないが, (2.77) からわかるように $\chi(t)=K_n(t)$ は

$$|\chi(t)| \leqq \eta(t) = \frac{Cn}{1+n^2t^2}$$

と評価され，かつ $\eta(t)$ は n によらない定数 B に対して

(2.91)　$$|\eta(\pm\pi)| \leqq B,$$

(2.92)　$$\int_{-\pi}^{\pi}\left|t\frac{d\eta}{dt}\right|dt \leqq B$$

をみたす．これから補題 2.6 と同様の計算により

(2.93)　$$|\chi * f(x)| \leqq 3B\Theta f(x)$$

となることが証明できる．それゆえ，Cesàro 和についても次の定理がなりたつ．

定理 2.26 (Hardy-Littlewood)　$f \in L^1(\boldsymbol{T})$ の Fourier 級数の Cesàro 和 $\sigma_n(f, x)$ に対して n によらない定数 A が存在して

(2.94)　$$\sup\{|\sigma_n(f, x)|\,|\,n=0, 1, 2, \cdots\} \leqq A\Theta f(x).$$　——

これから定理 2.20 および $1<p\leqq\infty$ に対する定理 2.14 が導かれることも Poisson 積分の場合と同様である．

§2.4　Fourier 級数の平均収束，Hilbert 変換

§2.2 で示したように，Fourier 級数の部分和 $s_n(f, x)$ は各点収束の意味では必ずしももとの関数 $f(x)$ に収束しない．しかし，収束の意味を $L^p(\boldsymbol{T})$，$1<p<\infty$，のノルムに関するものにかえるならば収束することが証明できる．

はじめに否定的結果を与えておく．

定理 2.27　$F=L^1(\boldsymbol{T})$ または $L^\infty(\boldsymbol{T})$ のとき，

(2.95)　$$\|s_n(f, x)-f(x)\|_F \longrightarrow 0, \qquad n\to\infty,$$

とならない $f \in F$ が存在する．

証明　$F=L^\infty(\boldsymbol{T})$ に対しては定理 2.9 がより強い結果を与えている．

$F=L^1(\boldsymbol{T})$ のときは，§1.2 定理 1.24 により

(2.96)　$$s_n(f, x) = D_n * f(x)$$

の $L^1(\boldsymbol{T})$ から $L^1(\boldsymbol{T})$ への線型作用素としてのノルムは $\|D_n\|_{L^1(\boldsymbol{T})}$ に等しく，$n\to\infty$ のとき発散する．強収束する有界線型作用素列のノルムは一様に有界でなければならないから (本講座 "関数解析" 定理 5.3 または付録定理 A.5 を見よ)，(2.95) がなりたたない $f \in F$ が存在する．∎

この節の目的は次の定理を証明することである.

定理 2.28(**M. Riesz**) $1<p<\infty$ ならば，すべての $f\in L^p(\boldsymbol{T})$ に対して

$$\lim_{\substack{m\to-\infty\\ n\to\infty}}\left\|\sum_{k=m}^{n}\hat{f}_k e^{ikx}-f(x)\right\|_{L^p(\boldsymbol{T})}=0. \tag{2.97}$$ ——

f が三角多項式ならば，明らかに (2.97) が成立する．それゆえ，$f\in L^p(\boldsymbol{T})$ に $\sum_{k=m}^{n}\hat{f}_k e^{ikx}\in L^p(\boldsymbol{T})$ を対応させる線型作用素 $S_{m,n}$ が一様有界であることを示せば，Banach-Steinhaus の論法により定理が証明される．$m<n$ のとき

$$S_{m,n}=S_{-\infty,n}S_{m,\infty}=e^{inx}S_{-\infty,0}e^{i(m-n)x}S_{0,\infty}e^{-imx}$$

となる．ここで，$S_{0,\infty}$ は $f\in L^p(\boldsymbol{T})$ に対して $\sum_{k=0}^{\infty}\hat{f}_k e^{ikx}$ を Fourier 級数にもつ関数を対応させる線型作用素を意味する．また，e^{-imx} は e^{-imx} を掛ける掛算作用素である．これは明らかにノルム 1 の有界線型作用素である．f に対して $\hat{f}_0$ を対応させる作用素は有界であるから，結局

$$f(x)\sim\sum_{n=-\infty}^{\infty}\hat{f}_n e^{inx} \tag{2.98}$$

に対して

$$\tilde{f}(x)\sim-\sum_{n=-\infty}^{\infty}i\,\mathrm{sign}\,n\,\hat{f}_n e^{inx} \tag{2.99}$$

を対応させる線型作用素が有界であることが証明できればよい．ここで sign n は $n>0$ ならば 1，$n=0$ ならば 0，$n<0$ ならば -1 の値をとる関数である．

定義 2.7 Fourier 級数 (2.98) に対して (2.99) の右辺で定義される (形式的) 級数を f の**共役級数**という．共役級数を Fourier 級数とする関数 $\tilde{f}$ があるとき，これを f の**共役関数**といい，f に対して $\tilde{f}$ を対応させる作用素を **Hilbert 変換**という．——

以上により定理 2.28 の証明は次の定理に帰着される.

定理 2.29 (**M. Riesz**) $1<p<\infty$ ならば $f\in L^p(\boldsymbol{T})$ の共役関数 $\tilde{f}$ は存在して $L^p(\boldsymbol{T})$ に属する．かつ p のみによる定数 A_p が存在して

$$\|\tilde{f}\|_{L^p(\boldsymbol{T})}\leqq A_p\|f\|_{L^p(\boldsymbol{T})}. \tag{2.100}$$ ——

$p=2$ のときは (2.98) の右辺は $L^2(\boldsymbol{T})$ において無条件収束し，$L^2(\boldsymbol{T})$ の元として f に等しい．それゆえ

(2.101) $$\tilde{f} = -\sum_{n=-\infty}^{\infty} i\,\mathrm{sign}\,n\,\hat{f}_n e^{inx}$$

も無条件収束し，

$$\|\tilde{f}\|_{L^2(\boldsymbol{T})}{}^2 = \sum_{n\neq 0}|\hat{f}_n|^2 \leqq \|f\|_{L^2(\boldsymbol{T})}{}^2.$$

すなわち，$A_2=1$ で (2.100) が成立する．

しかし，$p\neq 2$ の場合にこの定理を証明するには Hilbert 変換に対するもっと直接的な定義あるいは表示が必要である．$f\in L^p(\boldsymbol{T})$ の Hilbert 変換 $\tilde{f}\in L^p(\boldsymbol{T})$ が存在したとすれば，その Poisson 積分は

(2.102) $$P_r\tilde{f}(x) = -i\sum_{n=-\infty}^{\infty} \mathrm{sign}\,n\,r^{|n|}e^{inx}\hat{f}_n$$

で与えられる．

(2.103) $$\tilde{P}_r(x) = -i\sum_{n=-\infty}^{\infty} \mathrm{sign}\,n\,r^{|n|}e^{inx} = \frac{2r\sin x}{1-2r\cos x+r^2}$$

は $\boldsymbol{T}$ 上一様に絶対収束するから

(2.104) $$P_r\tilde{f}(x) = \tilde{P}_r * f(x) = \int_{\boldsymbol{T}} \tilde{P}_r(x-y)f(y)\,\bar{d}y$$

と書ける．ここで $r\nearrow 1$ とすれば，左辺は $L^p(\boldsymbol{T})$ において $\tilde{f}$ に収束する．一方，(2.103) において $r=1$ を代入したものは

(2.105) $$H(x) = \frac{\sin x}{1-\cos x} = \cot\frac{x}{2}$$

である．したがって，少なくとも形式的には

(2.106) $$\tilde{f}(x) = H*f(x) = \int_{\boldsymbol{T}} \cot\frac{x-y}{2}f(y)\,\bar{d}y$$

と表わされる．しかし $H(x)$ は可積分でないから，(2.106) の右辺はそのままでは積分としての意味をもたない．

この形の積分は**特異積分**とよばれ，これに意味づけを与えるには，積分核を可積分関数で近似し，極限をとる．この場合は $\tilde{P}_r$ で近似し $r\nearrow 1$ の極限をとるか，

(2.107) $$H_\varepsilon(x) = \begin{cases} 0, & |x|<\varepsilon, \\ H(x), & \text{その他}, \end{cases}$$

で近似し $\varepsilon\searrow 0$ とする．次の定理はどちらの近似をとっても同じ極限が得られることを示している．

定理 2.30　$1\leqq p<\infty$ ならば，任意の $f\in L^p(\boldsymbol{T})$ に対して $\varepsilon\searrow 0$ のとき

$$\|\tilde{P}_{1-\varepsilon}*f-H_\varepsilon*f\|_{L^p(\boldsymbol{T})}\longrightarrow 0, \tag{2.108}$$

かつ f の狭義の Lebesgue 集合に属する x に対して

$$\tilde{P}_{1-\varepsilon}*f(x)-H_\varepsilon*f(x)\longrightarrow 0. \tag{2.109}$$

証明　$\tilde{P}_{1-\varepsilon}, H_\varepsilon$ が奇関数であることに注意すれば，

$$\begin{aligned}&\tilde{P}_{1-\varepsilon}*f(x)-H_\varepsilon*f(x)\\&=\frac{1}{2\pi}\int_0^\varepsilon(f(x-y)-f(x+y))\tilde{P}_{1-\varepsilon}(y)dy\\&\quad+\frac{1}{2\pi}\int_\varepsilon^\pi(f(x-y)-f(x+y))(\tilde{P}_{1-\varepsilon}(y)-H(y))dy\end{aligned}$$

となる．これを $I_1(x)+I_2(x)$ と書くことにする．

$$|\tilde{P}_{1-\varepsilon}(y)|\leqq\frac{2|y|}{\varepsilon^2} \tag{2.110}$$

ゆえ，Minkowski の不等式の積分形により

$$\begin{aligned}\|I_1\|_{L^p(\boldsymbol{T})}&\leqq\sup_{0\leqq y\leqq\varepsilon}\|f(\cdot-y)-f(\cdot+y)\|_{L^p(\boldsymbol{T})}\frac{1}{2\pi}\int_0^\varepsilon|\tilde{P}_{1-\varepsilon}(y)|dy\\&\leqq\frac{1}{2\pi}\sup_{0\leqq y\leqq\varepsilon}\{\|f(\cdot-y)-f(\cdot)\|_{L^p(\boldsymbol{T})}+\|f(\cdot)-f(\cdot+y)\|_{L^p(\boldsymbol{T})}\}.\end{aligned}$$

§1.2 定理 1.23 によりこれは $\varepsilon\to 0$ のとき 0 に収束する．

同様に x が f の狭義の Lebesgue 集合に属するとき

$$\begin{aligned}|I_1(x)|&\leqq\frac{1}{\pi\varepsilon}\int_0^\varepsilon|f(x-y)-f(x+y)|dy\\&\leqq\frac{1}{\pi}\left(\frac{1}{\varepsilon}\int_0^\varepsilon|f(x-y)-f(x)|dy+\frac{1}{\varepsilon}\int_0^\varepsilon|f(x)-f(x+y)|dy\right)\end{aligned}$$

は $\varepsilon\searrow 0$ と共に 0 に収束する．

$$\begin{aligned}|\tilde{P}_{1-\varepsilon}(y)-H(y)|&=\frac{\varepsilon^2|\sin y|}{(1-2(1-\varepsilon)\cos y+(1-\varepsilon)^2)(1-\cos y)}\\&\leqq\frac{\varepsilon^2|\sin y|}{2(1-\varepsilon)(1-\cos y)^2}\end{aligned} \tag{2.111}$$

に注意すれば，上と同様

$$\|I_2\|_{L^p(T)} \leqq \frac{1}{2\pi}\int_\varepsilon^\pi \|f(\cdot-y)-f(\cdot+y)\|_{L^p(T)} \frac{\varepsilon^2 \sin y}{2(1-\varepsilon)(1-\cos y)^2}dy$$

を得る．$\|f(\cdot-y)-f(\cdot+y)\|$ は $2\|f\|$ を上界とする正値連続関数であり，$y\to 0$ のとき 0 に収束する．一方，$0<\varepsilon<1/2$ ならば，ε に依存しない定数 C があって

$$\frac{\varepsilon^2 \sin y}{2(1-\varepsilon)(1-\cos y)^2} \leqq \frac{4\pi C\varepsilon^2}{y^3}, \qquad 0<y\leqq\pi, \tag{2.112}$$

となる．ゆえに，$\varepsilon<\delta<\pi$ とすれば

$$\begin{aligned}\|I_2\|_{L^p(T)} &\leqq \sup_{0\leqq y\leqq\delta}\|f(\cdot-y)-f(\cdot+y)\|_{L^p(T)}\int_\varepsilon^\delta \frac{2C\varepsilon^2}{y^3}dy \\ &\qquad +2\|f\|_{L^p(T)}\int_\delta^\pi \frac{2C\varepsilon^2}{y^3}dy \\ &\leqq C\sup_{0\leqq y\leqq\delta}\|f(\cdot-y)-f(\cdot+y)\|_{L^p(T)}+\|f\|_{L^p(T)}\frac{2C\varepsilon^2}{\delta^2}.\end{aligned}$$

δ を小さくすれば，第 1 項はいくらでも小さくなり，δ を固定して $\varepsilon\to 0$ とすれば第 2 項は 0 に収束する．これで (2.108) が証明できた．

x を f の狭義の Lebesgue 集合に属する点とする．

$$g(t)=\frac{1}{t}\int_0^t |f(x-y)-f(x+y)|dy$$

は $t>0$ で定義された絶対連続関数であり $t\to 0$ のとき 0 に収束する．部分積分により

$$\begin{aligned}|I_2(x)| &\leqq \int_\varepsilon^\pi |f(x-y)-f(x+y)|\frac{2C\varepsilon^2}{y^3}dy \\ &= \left[g(y)\frac{2C\varepsilon^2}{y^2}\right]_\varepsilon^\pi+\int_\varepsilon^\pi g(y)\frac{6C\varepsilon^2}{y^3}dy.\end{aligned}$$

上と同様に右辺の各項は $\varepsilon\to 0$ のとき 0 に収束することが示される．これで (2.109) も証明できた．▌

$f\in L^2(\boldsymbol{T})$ ならば，共役関数 $\tilde{f}$ は $L^2(\boldsymbol{T})$ に属する．したがって Fatou の定理により $\tilde{P}_{1-\varepsilon}f(x)$ はほとんどいたるところ $\tilde{f}(x)$ に収束する．上の定理により $H_\varepsilon f(x)$ もほとんどいたるところ $\tilde{f}(x)$ に収束することがわかる．

そこで，ほとんどいたるところ

$$Hf(x)=\lim_{\varepsilon\searrow 0}H_\varepsilon * f(x)=\lim_{\varepsilon\searrow 0}\int_{|y|\geqq\varepsilon} f(x-y)\cot\frac{y}{2}\,đy \tag{2.113}$$

が存在する $f\in L^1(\boldsymbol{T})$ 全体を定義域とする作用素 H を改めて Hilbert 変換と名づけることにする．(2.113) の右辺の極限を積分 $\int_{\boldsymbol{T}} f(x-y)\cot(y/2)\,dy$ の**主値**といい，$\mathrm{VP}\int_{\boldsymbol{T}} f(x-y)\cot(y/2)\,dy$ と書く．

明らかに Hilbert 変換 H は線型作用素であり，定義域 $D(H)$ は $\mathrm{Simp}(\boldsymbol{T})$ を含む．これが平均弱 $(\infty,\infty;1,1)$ 型であることを証明するため次の補題を準備する．

補題 2.7 (Stein-Weiss) E が有限個の区間の和として表わされる集合であるとき，

$$m(H\chi_E, s)=\frac{2}{\pi}\tan^{-1}\left\{\frac{\sin\pi m(E)}{\sinh\pi s}\right\},\qquad 0<s<\infty. \tag{2.114}$$

ただし m は Lebesgue 測度を 2π で割ったものである．

証明 E を平行移動しても結果はかわらないから，E は

$$0\leqq a_1<b_1<a_2<b_2<\cdots<a_n<b_n<2\pi$$

をみたす a_k, b_k を用いて

$$E=\bigcup_{k=1}^{n}(a_k, b_k) \tag{2.115}$$

と表わされるとしてよい．

$$\begin{aligned}H\chi_{(a,b)}(x)&=\frac{1}{2\pi}\mathrm{VP}\int_a^b\frac{\sin(x-t)}{1-\cos(x-t)}dt\\&=\frac{1}{2\pi}\log\frac{1-\cos(x-a)}{1-\cos(x-b)}=\frac{1}{2\pi}\log\frac{\sin^2((x-a)/2)}{\sin^2((x-b)/2)}\end{aligned}$$

であるから，

$$H\chi_E(x)=\frac{1}{2\pi}\log\prod_{k=1}^{n}\frac{\sin^2((x-a_k)/2)}{\sin^2((x-b_k)/2)}. \tag{2.116}$$

したがって，$E_s=\{x\in\boldsymbol{T}\mid |H\chi_E(x)|>s\}$ は

$$\begin{aligned}E_s^+&=\{x\in\boldsymbol{T}\mid H\chi_E(x)>s\}\\&=\left\{x\in\boldsymbol{T}\;\middle|\;\prod_{k=1}^{n}\frac{\sin^2((x-a_k)/2)}{\sin^2((x-b_k)/2)}>e^{2\pi s}\right\}\end{aligned}$$

と

$$E_s^-=\{x\in\boldsymbol{T}\mid H\chi_E(x)<-s\}$$

$$=\left\{x \in \boldsymbol{T} \,\middle|\, \prod_{k=1}^{n} \frac{\sin^2((x-a_k)/2)}{\sin^2((x-b_k)/2)} < e^{-2\pi s}\right\}$$

の合併になる.

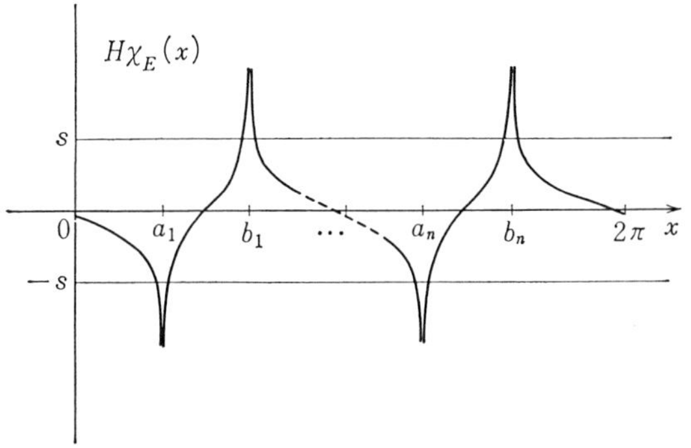

図 2.2

$H\chi_E$ のグラフは上の図のようになるから，α_k を

$$\prod_{k=1}^{n} \frac{\sin((x-a_k)/2)}{\sin((x-b_k)/2)} = -e^{\pi s} \tag{2.117}$$

の根，β_k を

$$\prod_{k=1}^{n} \frac{\sin((x-a_k)/2)}{\sin((x-b_k)/2)} = e^{\pi s} \tag{2.118}$$

の根とすれば，

$$a_1 < \alpha_1 < b_1 < \beta_1 < a_2 < \alpha_2 < \cdots < b_n < \beta_n < a_1+2\pi$$

となり，$E_s^+ = \bigcup_{k=1}^{n} (\alpha_k, \beta_k)$ と表わされる.

$z=e^{ix}$ とすれば，(2.117), (2.118) はそれぞれ

$$\prod_{k=1}^{n}(ze^{-(1/2)ia_k}-e^{(1/2)ia_k})+e^{\pi s}\prod_{k=1}^{n}(ze^{-(1/2)ib_k}-e^{(1/2)ib_k})=0, \tag{2.119}$$

$$\prod_{k=1}^{n}(ze^{-(1/2)ia_k}-e^{(1/2)ia_k})-e^{\pi s}\prod_{k=1}^{n}(ze^{-(1/2)ib_k}-e^{(1/2)ib_k})=0 \tag{2.120}$$

となる．$2\pi m(E_s^+)=\sum\beta_k-\sum\alpha_k$ を計算するため代数方程式 (2.119), (2.120) に対する根と係数の関係を用いる.

$$\prod_{k=1}^{n}(z-e^{i\alpha_k}) = \frac{\prod(ze^{-(1/2)ia_k}-e^{(1/2)ia_k})+e^{\pi s}\prod(ze^{-(1/2)ib_k}-e^{(1/2)ib_k})}{\prod e^{-(1/2)ia_k}+e^{\pi s}\prod e^{-(1/2)ib_k}}$$

より

$$e^{i\sum\alpha_k}=\frac{e^{(1/2)i\sum a_k}+e^{\pi s+(1/2)i\sum b_k}}{e^{-(1/2)i\sum a_k}+e^{\pi s-(1/2)i\sum b_k}}.$$

同様に

$$e^{i\sum\beta_k}=\frac{e^{(1/2)i\sum a_k}-e^{\pi s+(1/2)i\sum b_k}}{e^{-(1/2)i\sum a_k}-e^{\pi s-(1/2)i\sum b_k}}.$$

したがって

$$e^{2\pi i m(E_s^+)}=e^{i(\sum\beta_k-\sum\alpha_k)}=\frac{\sinh\pi s+i\sin\pi m(E)}{\sinh\pi s-i\sin\pi m(E)}.$$

同様の計算で

$$e^{2\pi i m(E_s^-)}=\frac{\sinh\pi s+i\sin\pi m(E)}{\sinh\pi s-i\sin\pi m(E)}$$

もわかる．したがって

$$e^{2\pi i m(E_s)}=\left[\frac{\sinh\pi s+i\sin\pi m(E)}{\sinh\pi s-i\sin\pi m(E)}\right]^2.$$

これから

$$e^{(\pi i/2)m(E_s)}=\frac{\sinh\pi s+i\sin\pi m(E)}{\sqrt{\sinh^2\pi s+\sin^2\pi m(E)}}.$$

両辺の虚部と実部の比をとれば

$$\tan\frac{\pi}{2}m(E_s)=\frac{\sin\pi m(E)}{\sinh\pi s}.$$

これは (2.114) に他ならない．▌

定理 2.31 (Stein-Weiss) 任意の可測集合 $E\subset\boldsymbol{T}$ に対して，Hilbert 変換 $H\chi_E(x)$ の再配列は次の等式で与えられる：

$$(2.121)\qquad (H\chi_E)^*(t)=\frac{1}{\pi}\sinh^{-1}\left\{\frac{\sin\pi m(E)}{\tan(\pi/2)t}\right\},\qquad 0<t\leqq 1.$$

特に，H は制限弱 $(\infty,\infty;1,1)$ 型である．

証明 明らかに，有限個の区間の和集合として表わされる集合列 E_n であって

$$(2.122)\qquad \|\chi_E-\chi_{E_n}\|_{L^2(\boldsymbol{T})}\longrightarrow 0$$

となるものがある．Hilbert 変換は $L^2(\boldsymbol{T})$ 上有界であるから，$L^2(\boldsymbol{T})$ において $H\chi_{E_n}\to H\chi_E$．これから $L^{(2,\infty)}(\boldsymbol{T})$ においても収束することもわかる．すなわち

$$\|t^{1/2}(H\chi_E - H\chi_{E_n})^*(t)\|_{L_*^\infty} \longrightarrow 0.$$

t を $(H\chi_E)^*(t)$ の任意の連続点とする．$\varepsilon>0$ としたとき

$$(H\chi_E)^*(t+\varepsilon) \leqq (H\chi_E - H\chi_{E_n})^*(\varepsilon) + (H\chi_{E_n})^*(t),$$
$$(H\chi_{E_n})^*(t) \leqq (H\chi_E - H\chi_{E_n})^*(\varepsilon) + (H\chi_E)^*(t-\varepsilon).$$

ゆえに

$$(H\chi_E)^*(t+\varepsilon) \leqq \liminf_{n\to\infty} (H\chi_{E_n})^*(t),$$
$$\limsup_{n\to\infty} (H\chi_{E_n})^*(t) \leqq (H\chi_E)^*(t-\varepsilon).$$

(2.122) より $m(E_n)\to m(E)$，かつ $(H\chi_{E_n})^*(t)$ は (2.114) により

$$\frac{1}{\pi}\sinh^{-1}\left\{\frac{\sin \pi m(E_n)}{\tan(\pi/2)t}\right\}$$

に等しいから

$$(H\chi_E)^*(t+\varepsilon) \leqq \frac{1}{\pi}\sinh^{-1}\left\{\frac{\sin \pi m(E)}{\tan(\pi/2)t}\right\} \leqq (H\chi_E)^*(t-\varepsilon).$$

t は連続点と仮定したから $\varepsilon\searrow 0$ とすれば両端は $(H\chi_E)^*(t)$ に収束する．すなわち，(2.121) は $(H\chi_E)^*(t)$ の任意の連続点において成立する．右辺は連続ゆえ，すべての t に対して等式がなりたつ．

(2.121) より明らかに $T=H$ に対して §1.5 (1.210) のなりたつ定数 M が存在する．∎

§1.5 定理 1.49 によれば，これから H を Simp$(\boldsymbol{T})$ に制限したものは平均弱 $(\infty, \infty; 1, 1)$ 型であることがわかる．

定義から容易に $f, g \in L^2(\boldsymbol{T})$ に対して

(2.123) $$(Hf, g) = -(f, Hg)$$

となることが示される．特に §1.5 (1.218) が $T=T'=H$ および $B=1$ に対してなりたつ．H は制限弱 (1, 1) 型かつ強 (2, 2) 型であるから，§1.5 定理 1.51 (iii) を用いても H は平均弱 $(\infty, \infty; 1, 1)$ 型であることが証明できる．より精密に次の定理が成立する．

定理 2.32 (O'Neil-Weiss) $f \in$ Simp$(\boldsymbol{T})$ が実数値関数ならば Hilbert 変換 Hf の平均関数は (0, 1) 上 f の再配列あるいは平均関数を用いて次のように評価される：

$$(2.124)\qquad (Hf)^{**}(t) \leqq \frac{2}{\pi}\int_0^1 f^*(s)\frac{s}{t}\sinh^{-1}\left\{\frac{\sin(\pi/2)t}{\tan(\pi/2)s}\right\}\frac{ds}{s}$$
$$\leqq \frac{2}{\pi}\int_0^1 f^*(s)\frac{s}{t}\sinh^{-1}\left(\frac{t}{s}\right)\frac{ds}{s} = \frac{2}{\pi}\int_0^\infty \frac{f^{**}(s)}{\sqrt{s^2+t^2}}ds.$$

$f\in \mathrm{Simp}(\boldsymbol{T})$ が複素数値関数のときは，係数 $2/\pi$ を 1 におきかえて同じ不等式が成立する．

証明 はじめの不等式を証明するには §1.4 定理 1.30 により $m(E)=t$ となる可測集合 $E\subset \boldsymbol{T}$ に対し

$$(2.125)\qquad \int_E |Hf(x)|\,dx \leqq \frac{2}{\pi}\int_0^1 f^*(s)\sinh^{-1}\left\{\frac{\sin(\pi/2)t}{\tan(\pi/2)s}\right\}ds$$

となることを示せばよい．Hf も実数値関数であることに注意して，$E_1\subset E$ を $Hf(x)\geqq 0$ となる部分集合，E_2 を余集合 $E\setminus E_1$ とする．(2.123), (1.115) および (2.121) により

$$\int_E |Hf(x)|\,dx = \int_{E_1} Hf(x)\,dx - \int_{E_2} Hf(x)\,dx$$
$$= -\int_{\boldsymbol{T}} f(x)\,H\chi_{E_1}(x)\,dx + \int_{\boldsymbol{T}} f(x)\,H\chi_{E_2}(x)\,dx$$
$$\leqq \int_0^\infty f^*(s)(H\chi_{E_1})^*(s)\,ds + \int_0^\infty f^*(s)(H\chi_{E_2})^*(s)\,ds$$
$$= \frac{1}{\pi}\int_0^1 f^*(s)\left[\sinh^{-1}\left\{\frac{\sin \pi m(E_1)}{\tan(\pi/2)s}\right\} + \sinh^{-1}\left\{\frac{\sin \pi m(E_2)}{\tan(\pi/2)s}\right\}\right]ds.$$

ここで $\sinh^{-1}$ も $\sin$ も凹関数であることを用いれば，大括弧の中は

$$2\sinh^{-1}\left\{\frac{\sin \pi m(E_1) + \sin \pi m(E_2)}{2\tan(\pi/2)s}\right\} \leqq 2\sinh^{-1}\left\{\frac{\sin(\pi/2)(m(E_1)+m(E_2))}{\tan(\pi/2)s}\right\}$$

でおさえられる．

f が複素数値関数の場合は，一般に X 上の複素数値可測関数 g に対して

$$(2.126)\qquad \int_X |g(x)|\,\mu(dx) \leqq \frac{\pi}{2}\sup_{-\pi<\theta\leqq\pi}\int_X |\mathrm{Re}\,(e^{-i\theta}g(x))|\,\mu(dx)$$

がなりたつことを用いる．この証明は §1.4 (1.120) と同様である．

今の場合，$g(x)=Hf(x)$ にこの不等式を適用して

$$t(Hf)^{**}(t) = \sup_{m(E)=t}\int_E |Hf(x)|\,dx \leqq \frac{\pi}{2}\sup_{m(E)=t}\sup_{-\pi<\theta\leqq\pi}\int_E |\mathrm{Re}\,(e^{-i\theta}Hf(x))|\,dx$$

を得る．H は実数値関数を実数値関数にうつす作用素であるから，

$$\mathrm{Re}\,(e^{-i\theta}Hf(x)) = H\,\mathrm{Re}\,(e^{-i\theta}f(x)).$$

ここで実数値関数 $\mathrm{Re}\,(e^{-i\theta}f(x))$ に対する不等式 (2.125) を用い，$(\mathrm{Re}\,(e^{-i\theta}f))^*(t) \leqq f^*(t)$ に注意すれば，求める不等式が得られる．

(2.124) の次の不等式は $\sinh^{-1}$ が増加関数であることと

$$\frac{\sin(\pi/2)t}{\tan(\pi/2)s} \leqq \frac{t}{s}$$

から従う．

最後の等式は部分積分によって得られる．∎

(2.124) は Hilbert 変換 H を $\mathrm{Simp}\,(\boldsymbol{T})$ に制限したものが平均弱 $(\infty, \infty\,; 1, 1)$ 型の不等式 §1.5 (1.209) を $M=2/\pi$ または 1 でみたすことを示している．したがって，§1.5 定理 1.49 および 1.50 により H は任意の $1<p<\infty$ に対して強 (p, p) 型かつ $L\log^+L(\boldsymbol{T})$ のノルムと $L^1(\boldsymbol{T})$ のノルムに関して連続である．

この連続性によって H の定義域を拡張することができる．上の空間の中で最も広いのは Zygmund 空間 $L\log^+L(\boldsymbol{T})$ であるから，$f\in L\log^+L(\boldsymbol{T})$ の場合を考えよう．§1.4 定理 1.37 により，$|||f_n-f|||_{L\log^+L(\boldsymbol{T})}\to 0$ となる列 $f_n\in\mathrm{Simp}(\boldsymbol{T})$ がとれる．Hilbert 変換 H の連続性により Hf_n は $L^1(\boldsymbol{T})$ において Cauchy 列になるから，この極限を Hf と定義する．これは近似列 $f_n\in\mathrm{Simp}\,(\boldsymbol{T})$ のとり方によらない．

$f\in L^p(\boldsymbol{T})$，$1<p<\infty$，のときも §1.4 定理 1.34 により $\mathrm{Simp}\,(\boldsymbol{T})$ は稠密であり，Hilbert 変換 H を $L^p(\boldsymbol{T})$ から $L^p(\boldsymbol{T})$ への有界線型作用素に拡張することができる．$\|f_n-f\|_{L^p(\boldsymbol{T})}\to 0$ ならば，$|||f_n-f|||_{L\log^+L(\boldsymbol{T})}\to 0$，かつ埋込み $L^p(\boldsymbol{T})\subset L^1(\boldsymbol{T})$ は連続であるから，この拡張は $L\log^+L(\boldsymbol{T})$ に対する H の制限である．

こうして定義された $f\in L\log^+L(\boldsymbol{T})$ の Hilbert 変換 Hf は定義 2.7 の意味で f の共役関数 $\tilde{f}$ になっている．実際，近似列 $f_m\in\mathrm{Simp}\,(\boldsymbol{T})$ に対しては

$$\int_{\boldsymbol{T}} Hf_m(x)e^{-inx}\,\bar{d}x = -i\,\mathrm{sign}\,n\int_{\boldsymbol{T}} f_m(x)e^{-inx}\,\bar{d}x, \qquad n\in\boldsymbol{Z},$$

であるから，$m\to\infty$ のとき両辺の極限をとって，共役関数の定義式

$$\int_{\boldsymbol{T}} Hf(x)e^{-inx}\,\bar{d}x = -i\,\mathrm{sign}\,n\int_{\boldsymbol{T}} f(x)e^{-inx}\,\bar{d}x, \qquad n\in\boldsymbol{Z},$$

を得る．

さらに，O'Neil-Weiss の不等式 (2.124) をみたす．これには $|f_n(x)|\nearrow|f(x)|$ となる近似列 $f_n\in \mathrm{Simp}(\boldsymbol{T})$ を用いる．補題1.4により各点で $f_n{}^*(t)\nearrow f^*(t)$ かつ $f_n{}^{**}(t)\nearrow f^{**}(t)$ であるから，f_n に対する不等式の右辺は Beppo Levi の定理により f に対する不等式の右辺に収束する．一方，$L^1(\boldsymbol{T})$ において $Hf_n\to Hf$ となることより左辺 $(Hf_n)^{**}(t)$ も $(Hf)^{**}(t)$ に収束する．(§1.4 (1.99) または (1.117) を用いよ.)

特に，$f\in L\log^+L(\boldsymbol{T})$ が実数値関数のとき

$$\|Hf\|_{L^1(\boldsymbol{T})}=(Hf)^{**}(1)\leqq\frac{2}{\pi}\int_0^1 f^*(s)\sinh^{-1}\cot\frac{\pi}{2}s\,ds \tag{2.127}$$
$$=\frac{2}{\pi}\int_0^1 f^*(s)\log\cot\frac{\pi}{4}s\,ds.$$

ここで

$$\sinh^{-1}x=\log(x+\sqrt{1+x^2})$$

より

$$\sinh^{-1}\cot\frac{\pi}{2}s=\log\cot\frac{\pi}{4}s$$

となることを用いた．

同様に，$1<p<\infty$ のとき $f\in L^p(\boldsymbol{T})$ が実数値関数ならば，$(0,\infty)$ における畳み込みに関する Young の不等式により

$$\|Hf\|_{L^p(\boldsymbol{T})}\leqq\|Hf\|_{L^{(p,p)}(\boldsymbol{T})}=\|t^{1/p}(Hf)^{**}(t)\|_{L_*{}^p} \tag{2.128}$$
$$\leqq\frac{2}{\pi}\left\|t^{-(1/p)+1}\sinh^{-1}\left(\frac{1}{t}\right)\right\|_{L_*{}^1}\|t^{1/p}f^*(t)\|_{L_*{}^p}$$
$$=\frac{2}{\pi}\int_0^\infty\frac{\sinh^{-1}s}{s^{1-(1/p)}}\frac{ds}{s}\|f\|_{L^p(\boldsymbol{T})}$$

と評価される．複素数値関数の場合も同様である．

最後に $Hf\in L^p(\boldsymbol{T})$，$1\leqq p<\infty$，ならば，定理2.30, 2.4, 2.23により，$\varepsilon\searrow 0$ のとき

$$\|H_\varepsilon*f-Hf\|_{L^p(\boldsymbol{T})}\longrightarrow 0 \tag{2.129}$$

かつ

$$H_\varepsilon*f(x)\longrightarrow Hf(x),\qquad \text{a.e. } x\in\boldsymbol{T}, \tag{2.130}$$

となることに注意する.

特に，上で定義した $f\in L\log^+L(\boldsymbol{T})$ に対する Hilbert 変換 Hf は (2.113) で定義した Hilbert 変換と一致する.

以上により M. Riesz の定理 2.29 は，実数値関数に対し

$$A_p=\frac{2}{\pi}\int_0^\infty\frac{\sinh^{-1}s}{s^{1-(1/p)}}\frac{ds}{s} \tag{2.131}$$

でなりたつことが証明された. 複素数値関数に対しては係数 $2/\pi$ を 1 でおきかえる.

さらに，次の二つの定理がなりたつことも証明された.

定理 2.33 $f\in L^p(\boldsymbol{T})$，$1<p<\infty$，の共役関数 Hf に対して (2.129) および (2.130) がなりたつ.

定理 2.34 (Zygmund) $f\in L\log^+L(\boldsymbol{T})$ の共役関数 Hf は $L^1(\boldsymbol{T})$ に属し，f が実数値関数ならば (2.127) がなりたつ. f が複素数値のときは右辺の係数 $2/\pi$ を 1 におきかえたものがなりたつ. さらに $p=1$ に対する (2.129), (2.130) がなりたつ. ——

(2.131) で与えられる Hilbert 変換 H のノルムの評価は最良のものではない. 実際 $p=2$ としても $A_p>1$ であり正しいノルム 1 を与えない. しかし，(2.127) はある関数 $f\in L\log^+L(\boldsymbol{T})$ に対しては両辺が等しくなるという意味で最良の評価である. なお，$p\to 1$ または ∞ のとき $A_p=O(p+p'^2)$ となることに注意する.

$f\in L^p(\boldsymbol{T})$，$1<p<\infty$，または $\in L\log^+L(\boldsymbol{T})$ が実数値関数であるとき，共役関数 $\tilde{f}$ も実数値である. $f,\tilde{f}$ の Poisson 積分を $f(r,x)$，$\tilde{f}(r,x)$，$z=re^{ix}$ とするとき

$$g(z)=f(r,x)+i\tilde{f}(r,x)=\hat{f}_0+2\sum_{n=1}^\infty\hat{f}_nz^n \tag{2.132}$$

は単位円板における整型関数になり，$f(r,x)$ および $\tilde{f}(r,x)$ はそれぞれ $g(z)$ の実部および虚部に等しい. 実部が恒等的に 0 に等しい整型関数は純虚数に等しい定数関数しかあり得ないから，$g(z)$ は実部が $f(r,x)$ に等しく，かつ $g(0)$ が実数になるただ一つの整型関数である. もしこのような整型関数 $g(z)$ の存在が示されれば，逆に共役関数 $\tilde{f}$ を $g(z)$ の虚部 $\tilde{f}(r,x)$ の $r\to 1$ のときの極限値として

定義することができる．M. Riesz が最初に定理 2.29 に対して与えた証明はこのような立場からのものであった．

f が複素数値関数であるときも

$$F_+(z) = \frac{1}{2}(f(r,x)+i\tilde{f}(r,x)) = \frac{1}{2}\hat{f}_0+\sum_{n=1}^{\infty}\hat{f}_n z^n, \tag{2.133}$$

$$F_-(z) = \frac{1}{2}\left(-f\left(\frac{1}{r},x\right)+i\tilde{f}\left(\frac{1}{r},x\right)\right) = -\frac{1}{2}\hat{f}_0-\sum_{n=-\infty}^{-1}\hat{f}_n z^n \tag{2.134}$$

はそれぞれ単位円板 $\{z\in\boldsymbol{C}\mid |z|<1\}$ および $\{z\in\boldsymbol{C}\mid |z|>1\}$ における整型関数になる．これらは単一の積分公式

$$F(z) = \int_{\boldsymbol{T}}\frac{1+ze^{-iy}}{2(1-ze^{-iy})}f(y)\,đy \tag{2.135}$$

によって表わすことができる．このようにして定義された $\boldsymbol{C}\setminus\{z\in\boldsymbol{C}\mid |z|=1\}$ 上の整型関数 F を f の **Cauchy 変換**という．

(2.133), (2.134) からわかるように，$F_+(re^{ix})$ および $F_-(r^{-1}e^{ix})$ はそれぞれ $(1/2)(f(x)+i\tilde{f}(x))$ および $(1/2)(-f(x)+i\tilde{f}(x))$ の Poisson 積分に等しい．特に $f\in L^p(\boldsymbol{T})$，$1<p<\infty$，ならば，M. Riesz の定理 2.29 および Fatou の定理 2.23 により $F(z)$ の内側からの非接極限および外側からの非接極限

$$F_\pm(x) = \lim_{\substack{z\to e^{ix}\\ z^{\pm1}\in\Gamma_\alpha(e^{\pm ix})}} F(z) \tag{2.136}$$

がほとんどすべての $x\in\boldsymbol{T}$ に対して存在し，$F_\pm\in L^p(\boldsymbol{T})$ かつ

$$f(x) = F_+(x)-F_-(x), \tag{2.137}$$

$$\tilde{f}(x) = \frac{1}{i}(F_+(x)+F_-(x)) \tag{2.138}$$

がなりたつ．定理 2.4 により $F_\pm(x)$ は $L^p(\boldsymbol{T})$ のノルムに関する極限にもなっている．すなわち

$$\|F(r^{\pm1}e^{ix})-F_\pm(x)\|_{L^p(\boldsymbol{T})} \longrightarrow 0, \quad r\nearrow 1. \tag{2.139}$$

(2.135) で定義される Cauchy 変換 $F(z)$ そのものはもっと一般の $f\in L^1(\boldsymbol{T})$（またはもっと広い超関数の族）に対して意味があり，f の Poisson 積分および共役 Poisson 積分が

$$P_r*f(x) = F(re^{ix})-F(r^{-1}e^{ix}), \tag{2.140}$$

(2.141)
$$\tilde{P}_r * f(x) = \frac{1}{i}(F(re^{ix}) + F(r^{-1}e^{ix}))$$

と表わされる．それゆえ，$f(x)$ は概収束および $L^1(\boldsymbol{T})$ のノルムの意味で対称極限に等しい：

(2.142)
$$f(x) = \lim_{r \nearrow 1}(F(re^{ix}) - F(r^{-1}e^{ix})).$$

定理 2.27 の証明と同一の論法でもう一つの対称極限

(2.143)
$$\lim_{r \nearrow 1} \tilde{P}_r * f(x) = \lim_{r \nearrow 1} \frac{1}{i}(F(re^{ix}) + F(r^{-1}e^{ix}))$$

は $L^1(\boldsymbol{T})$ のノルムに関しては一般に存在しないことが示される．しかし，概収束の意味では存在し次の定理がなりたつ．

定理 2.35 (Kolmogorov)　$f \in L^1(\boldsymbol{T})$ ならば，ほとんどすべての $x \in \boldsymbol{T}$ に対して

(2.144)
$$Hf(x) = \lim_{r \nearrow 1} \tilde{P}_r * f(x) = \lim_{r \nearrow 1} \int_{\boldsymbol{T}} f(x-y) \frac{2r \sin y}{1-2r\cos y + r^2} dy$$
$$= \lim_{\epsilon \searrow 0} H_\epsilon * f(x) = \lim_{\epsilon \searrow 0} \int_{|y| \geqq \epsilon} f(x-y) \cot \frac{y}{2} dy$$

が存在する．これによって定義される Hilbert 変換 H は弱 (1, 1) 型である．——

残念ながらこの定理の証明は略すことにする．ただし (2.144) の二つの極限が存在すれば等しいことはすでに定理 2.30 で証明されている．

これまで Fourier 級数の Cesàro 和，Abel 和はもとの関数に平均収束かつ概収束することおよび部分和 $s_n(f, x)$ も $f \in L^p(\boldsymbol{T})$，$1<p<\infty$，ならば，$f$ に平均収束することを示したが，なお $s_n(f, x)$ がいつ $f(x)$ に概収束するかという問題が残っている．f が連続ならば，$s_n(f, x)$ は $f(x)$ に概収束するであろうという予想は Fourier 級数論における最も基礎的な問題であったが，約 50 年を経て遂に 1966 年 L. Carleson により肯定的に解かれた．

f が三角多項式ならば明らかに $s_n(f, x)$ は $f(x)$ に収束するから，Lebesgue の定理や Fatou の定理の証明と同様

(2.145)
$$\mathcal{S}f(x) = \sup_n |s_n(f, x)|$$

が f のノルムで評価できるならば概収束が証明できる．これについて次の二つの結果が知られている．

定理 2.36 (**Kolmogorov**)　ほとんどすべての x に対し $\mathcal{S}f(x)=\infty$ となる $f\in L^1(\boldsymbol{T})$ が存在する.

定理 2.37 (**Carleson-Hunt**)　任意の $1<p<\infty$ に対し $\mathcal{S}$ は制限弱 (p,p) 型である. ——

$s_n(f,x)$ が x において収束するならば, もちろん $\mathcal{S}f(x)<\infty$ となるから, 定理 2.36 は $f\in L^1(\boldsymbol{T})$ に対しては Fourier 級数が必ずしも概収束しないことを示している. 定理 2.36 は $L^1(\boldsymbol{T})$ をそれより狭い Hardy 空間 $H^1(\boldsymbol{T})$ (次節を見よ) におきかえてもなりたつことが知られている (洲之内 [10]).

Stein-Weiss の補間定理を用いれば, 定理 2.37 より $\mathcal{S}$ は $1<p<\infty$ に対し強 (p,p) 型であることが導かれる. したがって Lebesgue の定理 2.18 の証明と同じ論法によって, $f\in L^p(\boldsymbol{T})$, $1<p<\infty$, の Fourier 級数の部分和 $s_n(f,x)$ はほとんどすべての x において $f(x)$ に収束することがわかる.

$\mathcal{S}$ の制限弱 (p,p) 型の不等式の定数の評価から, 定数 C が存在して, 次の右辺が有限の可測関数 f に対して

$$\|\mathcal{S}f\|_{L^1(\boldsymbol{T})} \leqq C\int_{\boldsymbol{T}}|f(x)|(\log^+|f(x)|)^2 \bar{d}x+C$$

となることも示され, このような f に対しても Fourier 級数は f に概収束することが導かれる. このような関数は Zygmund 空間 $L\log^+L(\boldsymbol{T})$ よりわずかに狭い関数族 $L(\log^+L)^2(\boldsymbol{T})$ をなす.

Carleson [37] は $\mathcal{S}$ が弱 $(2,2)$ 型であることを示して, $f\in L^2(\boldsymbol{T})$ の Fourier 級数の概収束を証明した. $1<p<\infty$ に対する結果は R. A. Hunt [38] による.

定理 2.36, 2.37 の証明も略さざるを得ない. 興味をもつ読者は上の引用文献を見られたい.

§2.5　Hardy 空間

これまで $\boldsymbol{T}$ 上の関数 $f(x)$ を調べるのに, f の Poisson 積分として表わされる単位円板 $U=\{z\in\boldsymbol{C}\mid |z|<1\}$ 上の調和関数 $f(r,x)$, $z=re^{ix}$, を利用してきた. この節では逆に U 上の調和関数または整型関数から出発してその境界値として定まる単位円周上の関数を論ずる.

はじめに調和関数の場合を考察する.

補題 2.8 $f(re^{ix})$ が単位円板 U 上の調和関数であるための必要十分条件は

(2.146) $$\limsup_{|n|\to\infty} |c_n|^{1/|n|} \leqq 1$$

となる定数 c_n, $n \in \boldsymbol{Z}$, を用いて U 上の広義一様収束級数の和

(2.147) $$f(re^{ix}) = \sum_{n=-\infty}^{\infty} c_n r^{|n|} e^{inx}$$

として表わされることである.

証明 (2.146) は, 任意の $\varepsilon>0$ に対して定数 C が存在し

(2.148) $$|c_n| \leqq C(1+\varepsilon)^{|n|}$$

となることと同等であるから, (2.146) がなりたつならば (2.147) は $|r|\leqq(1+2\varepsilon)^{-1}$ で一様収束する. 各項 $c_n r^{|n|} e^{inx}$ は明らかに調和関数であり, その広義一様収束和である $f(re^{ix})$ も調和関数である.

逆に $f(re^{i\theta})$ を U 上の調和関数とする. 任意の $0<R<1$ に対して $g(re^{ix})=f(rRe^{ix})$ は閉円板 $\bar{U}$ で連続な U 上の調和関数であるから, 境界値 $g(e^{ix})$ の Poisson 積分として表わされる. g も Poisson 積分も同じ連続な境界値をもつ調和関数となり, 最大値の原理により差が 0 となるからである. したがって, $0\leqq r<R$ に対して

(2.149) $$\begin{aligned} f(re^{ix}) &= \int_{\boldsymbol{T}} P_{r/R}(x-y) f(Re^{iy})\, đy \\ &= \sum_{n=-\infty}^{\infty} \left(\frac{r}{R}\right)^{|n|} e^{inx} \int_{\boldsymbol{T}} e^{-iny} f(Re^{iy})\, đy \end{aligned}$$

と表わせる. 積分の因子は有界であるから, これを (2.147) の形に書いたとき, 係数 c_n は $1+\varepsilon=R^{-1}$ として (2.148) をみたす. ▮

任意の $0<r<1$ に対して

(2.150) $$c_n = r^{-|n|} \int_{\boldsymbol{T}} f(re^{ix}) e^{-inx} đx$$

となる. それゆえ何らかの意味で $f(re^{ix})$ の境界値 $f(e^{ix})$ が存在し, (2.150) の積分において $r\to1$ のときの極限をとることが許されるならば, c_n は境界値 $f(e^{ix})$ の Fourier 係数になる. したがって, もとの調和関数は境界値の Poisson 積分として表わされる. 佐藤の超関数論を用いれば, これは U 上のすべての調和関数に対して可能であり, 境界値をとる操作と Poisson 積分とが互いに他の逆作用

素となって，U 上の調和関数全体と $\boldsymbol{T}$ 上の超関数全体の間に1対1の対応がつく．しかし，ここではLebesgue 空間の位相に関連した境界値のみを考えることにしよう．ただし，$\boldsymbol{T}$ 上の正則測度の Poisson 積分は考慮に入れる必要がある．

一般に X を局所コンパクト Hausdorff 位相空間とするとき，X のコンパクト集合全体で生成される σ 集合環の元を **Borel 集合**という．Borel 集合族に対して定義された正値測度 μ は，各コンパクト集合 K に対し $\mu(K)<\infty$，かつ任意の Borel 集合 $E\subset X$ に対し

$$\mu(E)=\inf\{\mu(O)\mid E\subset O,\ O\text{ は Borel 開集合}\}, \tag{2.151}$$

$$\mu(E)=\sup\{\mu(K)\mid K\subset E,\ K\text{ はコンパクト集合}\} \tag{2.152}$$

がなりたつとき**正則**という．正則測度は Radon 測度ともよばれる．そして正値正則測度 $\mu_{+}, \mu_{-}, \mu_{i}, \mu_{-i}$ を用いて

$$\mu(E)=\mu_{+}(E)-\mu_{-}(E)+i\mu_{i}(E)-i\mu_{-i}(E) \tag{2.153}$$

と表わされる集合関数 μ を**複素正則測度**という．ここで $\mu_{\pm}, \mu_{\pm i}$ が有界，すなわち $\mu_{\pm}(X)<\infty$，$\mu_{\pm i}(X)<\infty$ にとれるとき，μ は**有界**であるという．X がコンパクトならば，すべての複素正則測度は有界である．

$f\in C_{\mathrm{c}}(X)$ かつ μ が (2.153) で表わされる複素正則測度であるとき

$$\begin{aligned}\int_X f(x)\mu(dx)&=\int_X f(x)\mu_{+}(dx)-\int_X f(x)\mu_{-}(dx)\\&\quad+i\int_X f(x)\mu_{i}(dx)-i\int_X f(x)\mu_{-i}(dx)\end{aligned} \tag{2.154}$$

によって測度 μ による f の積分を定義する．

μ が有界ならば，連続性により $f\in C_0(X)$ にまで積分の定義を拡張することができ，$C_0(X)$ 上の有界線型汎関数になる．測度が異なれば，対応する線型汎関数も異なる．逆に $C_0(X)$ 上の有界線型汎関数はすべて有界複素正則測度による積分になることが知られている(付録定理 A.7)．この意味で X 上の有界複素正則測度全体の集合を $(C_0(X))'$ と書く．また $\mu\in(C_0(X))'$ に対してノルム $\|\mu\|_{(C_0(X))'}$ を双対 Banach 空間のノルム

$$\|\mu\|_{(C_0(X))'}=\sup\left\{\left|\int f(x)\mu(dx)\right|\,\middle|\,\|f\|_{C_0(X)}\leqq 1\right\} \tag{2.155}$$

と定義する．μ を (2.153) の形に表わしたときの正値測度 $\mu_{\pm}, \mu_{\pm i}$ を絶対連続に

する正則測度 ν (例えば，$\mu_+ + \mu_- + \mu_i + \mu_{-i}$) を用いれば，$\nu$ に関して可積分の関数 $w(x)$ を用いて

$$\mu(dx) = w(x)\nu(dx) \tag{2.156}$$

と表わされる．逆にこのように表わされる μ は $(C_0(X))'$ に属し，

$$\|\mu\|_{(C_0(X))'} = \|w\|_{L^1(X)} \tag{2.157}$$

がなりたつ (付録定理 A.7)．特に，測度 ν を固定したとき，$L^1(X)$ は $(C_0(X))'$ の閉線型部分空間と同一視できる．

X が有限生成の可換 Lie 群であるとき，$\mu \in (C_0(X))'$，$a \in X$ に対して平行移動 $T_a\mu$ を

$$(T_a\mu)(E) = \mu(T_{-a}(E)) \tag{2.158}$$

または

$$\int_X f(x)\,T_a\mu(dx) = \int_X (T_{-a}f)(x)\,\mu(dx), \qquad f \in C_0(X),$$

によって定義する．§1.2 定理 1.23 において，Haar 測度 dx に関する $L^1(X)$ の元について平行移動がパラメータ a に関して連続であることを示したが，逆に複素正則測度 $\mu \in (C_0(X))'$ が，$a \to 0$ のとき $\|T_a\mu - \mu\| \to 0$ をみたすならば，μ は Haar 測度に関して絶対連続であり，

$$\mu(dx) = f(x)\,dx \tag{2.159}$$

によって $f \in L^1(X)$ と同一視することができる．実際 j_V を §1.2 補題 1.1 の関数とするとき

$$f_V(x) = j_V * \mu(x) = \int_X j_V(x-y)\,\mu(dy)$$

は $L^1(X) \cap C_0(X)$ に属し，仮定により 0 の近傍 V が 0 に近づくとき

$$\|f_V(x)\,dx - \mu(dx)\|_{(C_0(X))'} \longrightarrow 0$$

となる．これより f_V は $L^1(X)$ における Cauchy 有向族になることがわかる．したがって，$L^1(X)$ のノルムに関し $f \in L^1(X)$ に収束し，これに対し (2.159) がなりたつ．

$\mu \in (C(\boldsymbol{T}))'$ に対して

$$c_n = \int_X e^{-inx}\mu(dx) \tag{2.160}$$

を複素正則測度 μ の **Fourier 係数**,

(2.161)
$$\mu(r, x) = \int_T P_r(x-y)\mu(dy) = \sum_{n=-\infty}^{\infty} c_n r^{|n|} e^{inx}$$

を μ の **Poisson 積分**という.

定理 2.38 $f(re^{ix})$ を単位円板 U 上の調和関数とし，$0<r<1$ に対して

(2.162)
$$f_r(x) = f(re^{ix})$$

とおく.

(i) $1<p<\infty$ のとき次は同値である:

(a)

(2.163)
$$\sup_{0<r<1} \|f_r\|_{L^p(\boldsymbol{T})} < \infty;$$

(b) f はある $f_1 \in L^p(\boldsymbol{T})$ の Poisson 積分である;

(c) $r \to 1$ のとき，f_r は $L^p(\boldsymbol{T})$ のノルムに関して収束する.

(ii) (**Fatou**) $p=\infty$ のとき次は同値である:

(a) (2.163) がなりたつ;

(b) f はある $f_1 \in L^\infty(\boldsymbol{T})$ の Poisson 積分である;

(c) $r \to 1$ のとき，f_r は $(L^1(\boldsymbol{T}))'$ の汎弱位相に関して収束する.

このとき，さらに f_r が $r \to 1$ のとき $L^\infty(\boldsymbol{T})$ のノルムに関して収束するための必要十分条件は，条件 (b) の f_1 が $C(\boldsymbol{T})$ に属することである.

(iii) $p=1$ のとき次は同値である:

(a) (2.163) がなりたつ;

(b) f はある複素正則測度 $\mu \in (C(\boldsymbol{T}))'$ の Poisson 積分である;

(c) $r \to 1$ のとき，f_r は $(C(\boldsymbol{T}))'$ の汎弱位相に関して収束する.

このとき，f が $f_1 \in L^1(\boldsymbol{T})$ の Poisson 積分であるための必要十分条件は，$r \to 1$ のとき f_r が $L^1(\boldsymbol{T})$ のノルムに関して収束することである.

以上すべてにおいて条件 (b) の関数 f_1 は条件 (c) の境界値に等しい.

(iv) (**Herglotz**) $f \geqq 0$ であるための必要十分条件は正値正則測度 $\mu \in (C(\boldsymbol{T}))'$ の Poisson 積分として表わされることである.

証明 (b) $\Longrightarrow$ (c) の部分は定理 2.4 である．測度の場合も証明はかわらない. (c) $\Longrightarrow$ (a) は自明である.

(a) $\Longrightarrow$ (b) いずれの場合も単位球は汎弱コンパクトである (付録定理 A.6)

から，少なくとも一つ f_1 が存在し，任意の $0<s<1$，汎弱位相に関する半ノルム q および $\varepsilon>0$ に対し $q(f_1-f_r)\leqq\varepsilon$ となる f_r，$s\leqq r<1$，がとれる．q として

$$q(f)=\left|\int_T f(x)e^{-inx}đx\right|$$

をとり，$f(re^{ix})$ を (2.147) の形に表わしておけば，$q(f_r)=|c_n r^{|n|}|$ となる．ゆえに，f_1 は Fourier 係数 c_n をもつ関数あるいは測度であり，したがって，f_1 の Poisson 積分は与えられた調和関数 $f(re^{ix})$ に等しい．

(ii), (iii) のただし書きの部分の証明は明らかであろう．

(iv) 正値正則測度の Poisson 積分が正値調和関数であることは明らかである．調和関数 $f(re^{ix})$ が正値ならば，調和関数の平均値の定理 ((2.149) で $r=0$ としたもの) により

$$\|f_r\|_{L^1(T)}=\int_T f(re^{ix})đx=f(0).$$

ゆえに (iii) により $f(re^{ix})$ は $f_r(x)$ の汎弱極限である測度 μ の Poisson 積分として表わされる．正値正則測度全体は汎弱位相に関して閉じているから，μ は正値測度である．▌

定義 2.8 $0<p\leqq\infty$ に対して **Hardy 空間** $H^p(\boldsymbol{T})$ を単位円板 U 上の整型関数 $f(re^{ix})$ であって

$$\|f\|_{H^p(T)}=\limsup_{r\nearrow 1}\|f_r\|_{L^p(T)} \tag{2.164}$$

が有限なもの全体の空間と定義する．——

整型関数は調和関数であるから，$1\leqq p\leqq\infty$ ならば定理 2.38 により $f(re^{ix})\in H^p(\boldsymbol{T})$ はその境界値である関数 $f_1(x)\in L^p(\boldsymbol{T})$ ($1<p\leqq\infty$ のとき) または測度 $\mu(dx)\in(C(\boldsymbol{T}))'$ ($p=1$ のとき) と 1 対 1 の対応がつき，ノルムを保つ．この対応によって $H^p(\boldsymbol{T})$ を $\boldsymbol{T}$ 上の関数または測度の空間と同一視することができる．特に，$1<p\leqq\infty$ ならば，$H^p(\boldsymbol{T})$ は $f\in L^p(\boldsymbol{T})$ であって，その Poisson 積分が整型となるもの，すなわち

$$\int_T f(x)e^{inx}đx=0,\qquad n=1,2,3,\cdots, \tag{2.165}$$

をみたす f 全体のなす閉線型部分空間とみなせる．

後に述べる F. & M. Riesz の定理によれば $p=1$ のときも $f(re^{ix})\in H^1(\boldsymbol{T})$ の

境界値となる測度は常に絶対連続であり，したがって $H^1(\boldsymbol{T})$ を (2.165) をみたす $f\in L^1(\boldsymbol{T})$ 全体と同一視することができる．さらに $0<p<1$ のときも $f(re^{ix})\in H^p(\boldsymbol{T})$ は $L^p(\boldsymbol{T})$ のノルムに関する境界値 $f_1(x)=\underset{r\nearrow 1}{\text{s-lim}}\, f_r(x)$ をもち，これによって $H^p(\boldsymbol{T})\subset L^p(\boldsymbol{T})$ とみなすことができる．$H^p(\boldsymbol{T})$ という記号はこれらのことを先どりしたものである．

一般に $f(z)$ を閉円板 $|z|\leqq R$ の近傍における整型関数とする．もし f が零点をもたなければ，$\log|f(z)|=\mathrm{Re}\log f(z)$ は $|z|\leqq R$ における調和関数になり，したがって平均値の定理により

$$(2.166)\qquad \int_{T}\log|f(re^{ix})|\,dx=\log|f(0)|,\qquad 0\leqq r\leqq R,$$

がなりたつ．もし $f(z)$ が円周 $|z|=R$ の上には零点をもたず，かつ 0 が位数 $k\geqq 0$ の零点，$z_1,\cdots,z_m$ が重複度を含めて $0<|z|<R$ にあるすべての零点であるとするならば，$f(z)$ は

$$(2.167)\qquad f(z)=g(z)B_R(z),$$

$$(2.168)\qquad B_R(z)=\frac{z^k}{R^k}\prod_{j=1}^{m}\frac{|z_j|R(z_j-z)}{z_j(R^2-\bar{z}_jz)}$$

と因数分解される．ここで $g(z)$ は $|z|\leqq R$ で零点をもたない整型関数であり，$|B_R(Re^{ix})|=1$ ゆえ

$$(2.169)\qquad |f(Re^{ix})|=|g(Re^{ix})|$$

をみたす．ゆえに，$g(z)$ に対し (2.166) を適用して次の **Jensen の公式**を得る．

補題 2.9 上の仮定の下で，

$$(2.170)\qquad \int_{T}\log|f(Re^{ix})|\,dx=\log\left\{\left|\frac{R^kf(z)}{z^k}\right|_{z=0}\prod_{j=1}^{m}\frac{R}{|z_j|}\right\}. \qquad \text{——}$$

両辺は R の連続関数であるから，この公式は $f(z)$ が $|z|=R$ 上に零点をもつときもなりたつことに注意する．

$B_R(z)$ の各因子は $|z|\leqq R$ 上絶対値が 1 をこえない．したがって $|B_R(z)|\leqq 1$．ゆえに $|f(z)|\leqq|g(z)|$，$|z|\leqq R$，がなりたつ．調和関数 $\log|g(re^{ix})|$ は境界値 $\log|g(Re^{ix})|$ の Poisson 積分で表わされるから，次の **Jensen の不等式**がなりたつ．

補題 2.10 $f(z)$ が $|z|\leqq R$ の近傍における整型関数ならば，$0\leqq r<R$ において

$$\log|f(re^{ix})| \leqq \int_T P_{r/R}(x-y)\log|f(Re^{iy})|\,dy. \tag{2.171}$$ ——

$f(z)$ が $|z|=R$ 上に零点をもつときは上の証明はそのままでは正しくないが，右辺が R の連続関数であることに注意すれば零点のない場合に帰着できる．

Poisson 核は全質量が 1 の正核であるから，$\boldsymbol{R}$ 上の任意の単調増加凸関数 ϕ に対して

$$\phi(\log|f(re^{ix})|) \leqq \int_T P_{r/R}(x-y)\phi(\log|f(Re^{iy})|)\,dy \tag{2.172}$$

がなりたつ．両辺を x に関して積分し，右辺の積分の順序を交換すれば，

$$\int_T \phi(\log|f(re^{ix})|)\,dx \leqq \int_T \phi(\log|f(Re^{ix})|)\,dx \tag{2.173}$$

を得る．特に，$\phi(t)=e^{pt}$，$p>0$，とすれば

$$\|f_r\|_{L^p(T)} = \left(\int_T |f(re^{ix})|^p dx\right)^{1/p}$$

が r の増加関数であることがわかる．それゆえ

$$\|f\|_{H^p(T)} = \lim_{r\nearrow 1}\|f_r\|_{L^p(T)} = \sup_{0\leqq r<1}\|f_r\|_{L^p(T)}. \tag{2.174}$$

以下，ある $p>0$ に対して $f(z)\in H^p(\boldsymbol{T})$ と仮定する．$a\geqq 0$ に対して

$$a^p \geqq p\log^+ a = p\max\{\log a, 0\} \tag{2.175}$$

がなりたつことに注意すれば，(2.170) の左辺は $0\leqq R<1$ において有界であることがわかる．$z_1, z_2, \cdots$，を $f(z)$ の 0 でない零点全体とし絶対値の大きさの順に並べておく．$|z_m|<R<1$ ならば (2.170) により

$$\prod_{j=1}^{m}\frac{R}{|z_j|} \leqq \prod_{|z_j|\leqq R}\frac{R}{|z_j|} \leqq M$$

ゆえ，$R\to 1$ として

$$\prod_{j=1}^{m}\frac{1}{|z_j|} \leqq M$$

を得る．m は任意だから，無限積 $\prod_{j=1}^{\infty}|z_j|$ が収束する．これは $\sum_{j=1}^{\infty}(1-|z_j|)$ が絶対収束することと同じであるから $f(z)$ の **Blaschke 積**とよばれる無限積

$$B(z) = z^k\prod_{j=1}^{\infty}\frac{|z_j|(z_j-z)}{z_j(1-\bar{z}_j z)} \tag{2.176}$$

も絶対収束し U 上の整型関数になる．ただし k は $f(z)$ の 0 における零点の位数

である．$f(z)$ と $B(z)$ は同じ零点をもつから，零点をもたない U 上の整型関数 $g(z)$ があり

$$f(z)=g(z)B(z) \tag{2.177}$$

と表わされる．

Blaschke 積の各因子の絶対値は U 上 1 をこえないから

$$|B(z)|\leqq 1, \qquad |z|<1. \tag{2.178}$$

したがって，$|f(z)|\leqq|g(z)|$．しかしこの差は大きくなくて次の定理がなりたつ．

定理 2.39 (**F. Riesz**) $f(z)\in H^p(\boldsymbol{T})$，$p>0$，の Blaschke 積 $B(z)$ は絶対収束し，(2.177) と分解したとき $g(z)$ は零点をもたない整型関数であって

$$\|g\|_{H^p(\boldsymbol{T})}=\|f\|_{H^p(\boldsymbol{T})}. \tag{2.179}$$

証明 (2.176) の m までの部分積を $B_m(z)$ とする．$|B_m(re^{ix})|$ は $r\to 1$ のとき一様に 1 に収束するから，

$$\lim_{r\nearrow 1}\int_{\boldsymbol{T}}\left|\frac{f(re^{ix})}{B_m(re^{ix})}\right|^p dx=\lim_{r\nearrow 1}\int_{\boldsymbol{T}}|f(re^{ix})|^p dx.$$

ゆえに (2.174) により $0\leqq r<1$ に関して一様に

$$\int_{\boldsymbol{T}}\left|\frac{f(re^{ix})}{B_m(re^{ix})}\right|^p dx\leqq\|f\|_{H^p(\boldsymbol{T})}{}^p.$$

$B_m(z)$ は $m\to\infty$ のとき $|z|=r$ 上一様に $B(z)$ に収束するから

$$\|g\|_{H^p(\boldsymbol{T})}\leqq\|f\|_{H^p(\boldsymbol{T})}$$

がなりたつ．∎

$f(re^{ix})=g(re^{ix})B(re^{ix})$ の $r\to 1$ のときの収束を証明するには，各因子の収束を証明すればよい．

$B(re^{ix})$ は有界であるから，Fatou の定理(定理 2.38(ii) および定理 2.23) によりほとんどすべての $x\in\boldsymbol{T}$ において非接極限 $B(e^{ix})$ をもつ．

定理 2.40 Blaschke 積の非接極限 $B(e^{ix})$ は，ほとんどすべての $x\in\boldsymbol{T}$ において $|B(e^{ix})|=1$ となる．

証明 $|B(e^{ix})|\leqq 1$ かつ $L^2(\boldsymbol{T})$ においても $B(re^{ix})\to B(e^{ix})$ ゆえ，

$$\int_{\boldsymbol{T}}|B(re^{ix})|^2 dx\longrightarrow 1, \qquad r\nearrow 1, \tag{2.180}$$

を示せばよい．$B(z)$ を m 番目の部分積 $B_m(z)$ と余因子 $R_m(z)$ の積に分解する．

$B_m(re^{ix})$ は絶対値が 1 に等しい $B_m(e^{ix})$ に一様収束する．一方，(2.174) により

$$\left(\int |R_m(re^{ix})|^2 dx\right)^{1/2} \geqq |R_m(0)| = \prod_{j=m+1}^{\infty} |z_j| \longrightarrow 1, \qquad m\to\infty.$$

ゆえに m を十分大にした後で $r\to 1$ とすれば，(2.180) の左辺は任意に与えられた $1-\varepsilon<1$ より大きくすることができる．▌

一方，零点をもたない $g(z)\in H^p(\boldsymbol{T})$ については $p<\infty$ のとき $h(z)=g(z)^{p/2}$ が U 上の整型関数となり $H^2(\boldsymbol{T})$ に属する．したがって，$p=2$ に対する定理 2.38 (i) および定理 2.23, 2.24 により次の定理が得られる．

定理 2.41 (Hardy-Littlewood)　$0<p\leqq\infty$ のとき，$f(re^{ix})\in H^p(\boldsymbol{T})$ ならば，ほとんどすべての $x\in\boldsymbol{T}$ に対して非接極限 $f(e^{ix})\in L^p(\boldsymbol{T})$ が存在する．かつ任意の $0\leqq\alpha<\pi/2$ に対して α と p のみによる定数 A が存在し，

(2.181)　$$M_\alpha f(x) = \sup\{|f(re^{iy})| \mid re^{iy}\in\Gamma_\alpha(x)\}$$

の $L^p(\boldsymbol{T})$ ノルムは $A\|f\|_{H^p(\boldsymbol{T})}$ をこえない．特に，$0<p<\infty$ の場合

(2.182)　$$\|f(re^{ix})-f(e^{ix})\|_{L^p(\boldsymbol{T})} \longrightarrow 0, \qquad r\to 1.$$

証明　$p=\infty$ のときは定理 2.38 (ii) より従う．$p<\infty$ のときは

(2.183)　$$f(z) = (g(z)^{p/2})^{2/p}B(z)$$

と表わして，各因子に Fatou の定理を適用する．写像 $t\mapsto t^{2/p}$ は $t=0$ を除いては局所的に両連続であり，0 を 0 にうつすから，$g(z)^{p/2}$ が収束することと $g(z)$ が収束することは同等である．Fatou の補題により境界値 $f(e^{ix})$ は $L^p(\boldsymbol{T})$ に属する．

$$M_\alpha f(x) \leqq M_\alpha g(x)\cdot M_\alpha B(x) \leqq (M_\alpha g^{p/2}(x))^{2/p}$$

より $M_\alpha f$ のノルムも評価できる．

(2.182) は $M_0 f$ の評価と Lebesgue の収束定理を用いればよい．この部分は **F. Riesz の定理**ともよばれる．▌

特に $p=1$ として次の定理を得る．

定理 2.42 (F. & M. Riesz)　任意の $f\in H^1(\boldsymbol{T})$ は $g, h\in H^2(\boldsymbol{T})$ の積 gh と表わされ，ある $L^1(\boldsymbol{T})$ の元の Poisson 積分に等しい．——

この定理は次のように述べることもできる．

単位円板 U 上の整型関数 $f(re^{ix})$ が $r\to 1$ のとき複素正則測度 $\mu(dx)$ に汎弱収束するならば，$\mu(dx)$ は $f_1(x)dx$ と表わされる絶対連続測度であり，$f(re^{ix})$

は $L^1(\boldsymbol{T})$ において $f_1(x)$ に強収束する.

次の定理により $f(re^{ix})\in H^p(\boldsymbol{T})$ と境界値 $f(e^{ix})$ の対応は1対1である.

定理 2.43 (**Szegö-F. Riesz**) $f(re^{ix})\in H^p(\boldsymbol{T})$, $p>0$, の境界値 $f(e^{ix})$ が $\boldsymbol{T}$ における真に正の測度をもつ集合 E 上0であるならば, $f(re^{ix})$ は恒等的に0である.

証明 $p<\infty$ のときは $f(z)$ を (2.183) のように表わしておく. 定理 2.40 により Blaschke 積は E 上0であるかどうかに関係しない. それゆえ $f(e^{ix})$ が E 上0であることと $g(e^{ix})^{p/2}$ が E 上0であることは同等である. $H^\infty(\boldsymbol{T})$ は $H^2(\boldsymbol{T})$ に含まれる. したがって $p=2$ の場合に定理を証明すれば十分である.

補題 2.10 により, $r, R\in[0,1)$ に対して

$$\log|f(rRe^{ix})|\leqq\int_{\boldsymbol{T}}P_r(x-y)\log|f(Re^{iy})|đy \tag{2.184}$$

がなりたつ. $R\to1$ とすれば左辺は $\log|f(re^{ix})|$ に収束する. 一方, 定理 2.41 により

$$|f(Re^{ix})|\leqq\Phi(x),\qquad 0\leqq R<1,$$

となる $\Phi\in L^2(\boldsymbol{T})$ が存在する. (2.175) により

$$\log|f(Re^{ix})|\leqq\log|\Phi(x)|\leqq\frac{1}{2}|\Phi(x)|^2\in L^1(\boldsymbol{T}).$$

ゆえに, (2.184) の右辺に Fatou の補題を適用することができて

$$\limsup_{R\to1}\int_{\boldsymbol{T}}P_r(x-y)\log|f(Re^{iy})|đy\leqq\int_{\boldsymbol{T}}P_r(x-y)\log|f(e^{iy})|đy$$

を得る. 以上により

$$\log|f(re^{ix})|\leqq\int_{\boldsymbol{T}}P_r(x-y)\log|f(e^{iy})|đy. \tag{2.185}$$

右辺は仮定により $-\infty$ である. したがって, 任意の $0\leqq r<1$ および $x\in\boldsymbol{T}$ に対し $f(re^{ix})=0$ が結論される. ▌

以下 $H^p(\boldsymbol{T})$ を境界値 $f(e^{ix})$ の空間と考える. この立場からは, 二つの整型関数 $f(re^{ix}), g(re^{ix})\in H^p(\boldsymbol{T})$ の境界値の実部 $\mathrm{Re}\,f(e^{ix})$, $\mathrm{Re}\,g(e^{ix})$ をそれぞれ実部, 虚部にする $\boldsymbol{T}$ 上の関数全体を, Hardy 空間 $H^p(\boldsymbol{T})$ とするより広い定義もある. 広義の Hardy 空間 $H^p(\boldsymbol{T})$ は狭義の Hardy 空間 $H^p(\boldsymbol{T})$ に属する二つの関数 $f(e^{ix}), g(e^{ix})$ を用いて $f(e^{ix})+\overline{g(e^{ix})}$ の形に表わされる関数全体と一致する.

$1<p<\infty$ ならば，定理 2.29 により広義の Hardy 空間 $H^p(\boldsymbol{T})$ は $L^p(\boldsymbol{T})$ と同じである．広義の Hardy 空間 $H^1(\boldsymbol{T})$ は Hilbert 変換 Hf が $L^1(\boldsymbol{T})$ に属する $f\in L^1(\boldsymbol{T})$ 全体の空間であり，これは $L^1(\boldsymbol{T})$ より真に小さい関数空間である．

$f(e^{ix})\in H^1(\boldsymbol{T})$ の Fourier 係数については Riemann-Lebesgue の定理より強く次の定理がなりたつ．便宜上，狭義の Hardy 空間に対する結果として述べる．

定理 2.44 (**Hardy**)　ベキ級数

$$f(z)=\sum_{n=0}^{\infty}\hat{f}_n z^n \tag{2.186}$$

が $H^1(\boldsymbol{T})$ に属するならば，

$$\sum_{n=1}^{\infty}\frac{1}{n}|\hat{f}_n|\leqq \pi\|f(e^{ix})\|_{L^1(\boldsymbol{T})}. \tag{2.187}$$

証明　はじめ，すべての $n=0,1,2,\cdots$ に対し $\hat{f}_n\geqq 0$ と仮定する．このとき，

$$\mathrm{Im}\, f(re^{ix})=\sum_{n=0}^{\infty}\hat{f}_n r^n\sin nx.$$

$$\int_0^{2\pi}(\pi-x)\sin nx\,đx=\frac{1}{n}$$

より

$$\sum_{n=1}^{\infty}\frac{1}{n}\hat{f}_n r^n=\int_0^{2\pi}(\pi-x)\,\mathrm{Im}\, f(re^{ix})\,đx$$
$$\leqq \pi\int_0^{2\pi}|f(re^{ix})|đx\leqq \pi\|f\|_{H^1(\boldsymbol{T})}$$

を得る．$r\nearrow 1$ とすれば，(2.187) が得られる．

一般の f に対しては $f(z)$ を $H^2(\boldsymbol{T})$ の元

$$g(z)=B(z)\sqrt{\frac{f(z)}{B(z)}},\qquad h(z)=\sqrt{\frac{f(z)}{B(z)}}$$

の積 $g(z)h(z)$ の形に表わす．ただし，$B(z)$ は $f(z)$ の Blaschke 積とする．

$$g(z)=\sum_{n=0}^{\infty}\hat{g}_n z^n,\qquad h(z)=\sum_{n=0}^{\infty}\hat{h}_n z^n$$

を Taylor 展開としたとき，

$$G(z)=\sum_{n=0}^{\infty}|\hat{g}_n|z^n,\qquad H(z)=\sum_{n=0}^{\infty}|\hat{h}_n|z^n$$

も $H^2(\boldsymbol{T})$ に属し，Riesz-Fischer の定理により

$$\|G\|_{H^2(\boldsymbol{T})} = \|g\|_{H^2(\boldsymbol{T})} = \|H\|_{H^2(\boldsymbol{T})} = \|h\|_{H^2(\boldsymbol{T})} = \sqrt{\|f\|_{H^1(\boldsymbol{T})}}$$

がなりたつ．$F(z)=G(z)H(z)$,

$$F(z) = \sum_{n=0}^{\infty} \hat{F}_n z^n$$

と表わしたとき，$|\hat{f}_n| \leqq \hat{F}_n$ がなりたつことは容易にわかる．したがって前半の結果より

$$\sum_{n=1}^{\infty} \frac{1}{n} |\hat{f}_n| \leqq \sum_{n=1}^{\infty} \frac{1}{n} \hat{F}_n \leqq \pi \|F\|_{H^1(\boldsymbol{T})} \leqq \pi \|G\|_{H^2(\boldsymbol{T})} \|H\|_{H^2(\boldsymbol{T})}$$
$$= \pi \|g\|_{H^2(\boldsymbol{T})} \|h\|_{H^2(\boldsymbol{T})} = \pi \|f\|_{H^1(\boldsymbol{T})} = \pi \|f(e^{ix})\|_{L^1(\boldsymbol{T})}$$

を得る．▮

第3章　Fourier 積分と多変数 Fourier 解析

§3.1　Fourier 積分

周期 2π の代りに周期 $2\pi N$ をもつ $\boldsymbol{R}$ 上の関数 $f(x)$ の Fourier 級数展開は次のようになる：

$$\hat{f}^{(N)}{}_n=\frac{1}{2\pi N}\int_{-N\pi}^{N\pi}f(x)e^{-i(n/N)x}dx, \tag{3.1}$$

$$f(x)\sim\sum_{n=-\infty}^{\infty}\hat{f}^{(N)}{}_n e^{i(n/N)x}. \tag{3.2}$$

ここで $\hat{f}(n/N)=2\pi N\hat{f}^{(N)}{}_n$ とおき，$N\to\infty$ とすれば，形式的に次の展開が得られる：

$$\hat{f}(\xi)=\int_{-\infty}^{\infty}f(x)e^{-ix\xi}dx, \tag{3.3}$$

$$f(x)\sim\frac{1}{2\pi}\int_{-\infty}^{\infty}\hat{f}(\xi)e^{ix\xi}d\xi. \tag{3.4}$$

§2.1 と同様

$$đ\xi=\frac{d\xi}{2\pi} \tag{3.5}$$

とすれば，(3.4) は

$$f(x)\sim\int_{-\infty}^{\infty}\hat{f}(\xi)e^{ix\xi}đ\xi \tag{3.6}$$

となる．

$\boldsymbol{R}$ 上の関数 $f(x)$ に対して (3.3) で定義される関数 $\hat{f}(\xi)$ を $f(x)$ の Fourier 積分あるいは Fourier 変換といい，同じく $\boldsymbol{R}$ 上の関数 $\hat{f}(\xi)$ に対して (3.6) の右辺で定義される関数を $\hat{f}(\xi)$ の逆 Fourier 積分あるいは逆 Fourier 変換という．これらに対して Fourier 級数とほぼ同様の理論がなりたつ．

以後 Lebesgue 測度 dx をもつ $\boldsymbol{R}$ 上の Lebesgue 空間を $L^p(\boldsymbol{R})$ と書き，この空間の元はローマ字を変数として表わす．また，$đ\xi=d\xi/2\pi$ を測度とする $\boldsymbol{R}$ 上

の Lebesgue 空間を $Ł^p(\boldsymbol{R})$ と書き，この空間の元はギリシャ字を変数として表わすことにする．

(3.3) が Lebesgue 積分として存在するには $f \in L^1(\boldsymbol{R})$ でなければならない．そこでまず次の定義からはじめる．

定義 3.1　$f(x) \in L^1(\boldsymbol{R})$ に対して，

$$\hat{f}(\xi) = \int_{\boldsymbol{R}} f(x) e^{-ix\xi} dx \tag{3.7}$$

を $f(x)$ の **Fourier 積分**あるいは **Fourier 変換**という．$\hat{f}(\xi)$ は $\mathscr{F}f(\xi)$ とも書く．

定理 3.1 (Riemann-Lebesgue)　$f \in L^1(\boldsymbol{R})$ の Fourier 変換 $\mathscr{F}f$ は $C_0(\boldsymbol{R})$ に属し，

$$\|\mathscr{F}f\|_{C_0(\boldsymbol{R})} \leqq \|f\|_{L^1(\boldsymbol{R})}. \tag{3.8}$$

証明　不等式

$$|\mathscr{F}f(\xi)| \leqq \int_{\boldsymbol{R}} |f(x)| dx$$

は明らかである．$\xi \to \xi_0$ のとき，すべての点 $x \in \boldsymbol{R}$ において $f(x)e^{-ix\xi} \to f(x) \cdot e^{-ix\xi_0}$．したがって，Lebesgue の収束定理により，$\mathscr{F}f(\xi) \to \mathscr{F}f(\xi_0)$ となる．

最後に，$|\xi| \to \infty$ のとき $\mathscr{F}f(\xi) \to 0$ となることは，Fourier 級数に対する Riemann-Lebesgue の定理と同様に証明される．∎

Fourier 変換に対しても，Parseval の等式および Hausdorff-Young の不等式がなりたつのであるが，$\boldsymbol{R}$ の測度は無限であるから，$L^p(\boldsymbol{R})$ は $L^1(\boldsymbol{R})$ に含まれない．そこで，可積分でない関数 $f(x)$ に対しても積分 (3.7) に意味をもたせるために，少し準備が必要である．

定理 3.2　$f, g \in L^1(\boldsymbol{R})$ に対して

$$\mathscr{F}(f * g)(\xi) = \mathscr{F}f(\xi) \cdot \mathscr{F}g(\xi). \tag{3.9}$$

証明　Fubini の定理により

$$\begin{aligned}\mathscr{F}(f * g)(\xi) &= \int e^{-ix\xi} dx \int f(x-y) g(y) dy \\ &= \int g(y) e^{-iy\xi} dy \int f(x-y) e^{-i(x-y)\xi} dx \\ &= \mathscr{F}f(\xi) \cdot \mathscr{F}g(\xi).\end{aligned}$$

∎

Fourier 級数の場合と同様，$t>0$ に対して **Poisson 核** $P_t(x)$ を

$$(3.10) \qquad P_t(x) = \int_{\boldsymbol{R}} e^{-t|\xi|} e^{ix\xi} d\xi = \frac{1}{\pi}\frac{t}{t^2+x^2}$$

によって定義する．これは $L^1(\boldsymbol{R})$ に属する関数であるから，同じく **Poisson 積分**とよばれる P_t との畳み込み

$$(3.11) \qquad P_t f(x) = P_t * f(x) = \frac{1}{\pi}\int_{\boldsymbol{R}} \frac{t}{t^2+(x-y)^2} f(y)\,dy$$

は多くの関数 $f(x)$ に対して定義可能である．

定理 3.3 F を Lebesgue 空間 $L^p(\boldsymbol{R})$，$1 \leqq p < \infty$，または連続関数のなす Banach 空間 $C_0(\boldsymbol{R})$ または $UC(\boldsymbol{R})$ とする．このとき，$f \in F$ ならば，その Poisson 積分 $P_t f$ も F に属し，

$$(3.12) \qquad \|P_t f\|_F \leqq \|f\|_F, \qquad t > 0,$$

かつ

$$(3.13) \qquad t \searrow 0 \quad \text{のとき} \quad \|P_t f - f\|_F \longrightarrow 0.$$

F が $L^\infty(\boldsymbol{R}) = (L^1(\boldsymbol{R}))'$ または有界複素正則測度の空間 $(C_0(\boldsymbol{R}))'$ であるときも，$f \in F$ に対して $P_t f \in F$ が定義され，(3.12) をみたし，かつ $t \searrow 0$ のとき f に汎弱収束する．しかし強収束するのは $F = L^\infty(\boldsymbol{R})$ のときは $f \in UC(\boldsymbol{R})$ のときに，また $F = (C_0(\boldsymbol{R}))'$ のときは $f \in L^1(\boldsymbol{R})$ のときそのときに限る．

証明 Fourier 級数の場合と同様に Poisson 核 $P_t(x)$ は次の性質をもつ；

(i) $$P_t(x) \geqq 0;$$

(ii) $$\int_{\boldsymbol{R}} P_t(x)\,dx = 1;$$

(iii) $\delta > 0$ ならば，$t \to 0$ のとき

$$\int_{|x| \geqq \delta} P_t(x)\,dx \longrightarrow 0;$$

(iv) $$P_t(-x) = P_t(x).$$

(i) および (iv) は明らかである．$\delta \geqq 0$ とする．$y = x/t$ を新しい変数にとれば，

$$\int_{|x| \geqq \delta} P_t(x)\,dx = \frac{1}{\pi}\int_{|y| \geqq \delta/t} \frac{dy}{1+y^2}.$$

これから (ii), (iii) は明らかである．

(i), (ii) より $\|P_t\|_{L^1(\boldsymbol{R})} = 1$ が従う．それゆえ，畳み込みに関する Young の不等式により $F = L^p(\boldsymbol{R})$，$1 \leqq p \leqq \infty$，に対して (3.12) がなりたつ．

$f \in L^\infty(\boldsymbol{R})$ に対して

$$|P_t f(x) - P_t f(x_0)| \leqq \int |P_t(x-y) - P_t(x_0-y)||f(y)|dy$$
$$\leqq \|f\|_{L^\infty(\boldsymbol{R})} \int |P_t(x-x_0-y) - P_t(-y)|dy.$$

$t>0$ を固定して，$|x-x_0| \to 0$ とするとき，この右辺は x_0 に関して一様に 0 に収束する．すなわち，$P_t f$ は $UC(\boldsymbol{R})$ に属する．$UC(\boldsymbol{R})$ は $L^\infty(\boldsymbol{R})$ の閉線型部分空間であるから，もし $P_t f$ が f に強収束するならば，$f \in UC(\boldsymbol{R})$ が結論される．逆に $f \in UC(\boldsymbol{R})$ ならば，Fourier 級数の場合と全く同様に $P_t f$ は f に強収束することが証明できる．

次に $f \in C_0(\boldsymbol{R})$ の場合は，任意の $\varepsilon>0$ に対して定数 N が存在し，$|x|>N$ では $|f(x)|<\varepsilon$ となる．また，$t>0$ を固定したとき，定数 M が存在し

$$\int_{|x|>M} P_t(x)\,dx \leqq \frac{\varepsilon}{\|f\|_{C_0(\boldsymbol{R})}}$$

となる．このとき，$x>M+N$ ならば

$$|P_t f(x)| \leqq \int_N^\infty |P_t(x-y)f(y)|dy + \int_{-\infty}^N |P_t(x-y)f(y)|dy$$
$$\leqq \varepsilon \int_{-\infty}^\infty P_t(x-y)\,dy + \|f\|_{C_0(\boldsymbol{R})} \int_{-\infty}^N P_t(x-y)\,dy$$
$$\leqq \varepsilon + \|f\|_{C_0(\boldsymbol{R})} \int_M^\infty P_t(z)\,dz \leqq 2\varepsilon.$$

$x<-(M+N)$ のときも同様に評価できて，$P_t f \in C_0(\boldsymbol{R})$ がわかる．

$f \in (C_0(\boldsymbol{R}))'$ のとき

$$P_t f(x) = \int_{\boldsymbol{R}} P_t(x-y) f(dy)$$

が $L^1(\boldsymbol{R})$ に属する関数としてほとんどいたるところ存在し，

$$\|P_t f\|_{L^1(\boldsymbol{R})} \leqq \|f\|_{(C_0(\boldsymbol{R}))'}$$

となることは Fubini の定理より直ちに証明される．

Fubini の定理と (iv) により，さらに，$g \in C_0(\boldsymbol{R})$ に対して

$$\int_{\boldsymbol{R}} g(x) \cdot P_t f(x)\,dx = \int_{\boldsymbol{R}} P_t g(x) f(dx)$$

となることもわかる．すべての $g \in C_0(\boldsymbol{R})$ に対して $P_t g$ は g に強収束するので

あるから，$P_t f$ は f に汎弱収束する．

$L^1(\boldsymbol{R})$ は $(C_0(\boldsymbol{R}))'$ の閉線型部分空間であるから，$P_t f$ が強収束するならば，その極限である f も $L^1(\boldsymbol{R})$ に属さなければならない．逆に，$f \in L^1(\boldsymbol{R})$ ならば，任意の $\varepsilon>0$ に対して $\delta>0$ が存在し

$$\|f(x+z)-f(x)\|_{L^1(\boldsymbol{R})} \leqq \varepsilon, \qquad |z|<\delta,$$

がなりたつ．ゆえに

$$\begin{aligned}\|P_t f-f\|_{L^1(\boldsymbol{R})} &\leqq \int dx \int_{|x-y|\leqq\delta} P_t(x-y)|f(y)-f(x)|dy \\ &\quad + \int dx \int_{|x-y|\geqq\delta} P_t(x-y)|f(y)-f(x)|dy \\ &\leqq \int_{|z|\leqq\delta} P_t(-z)\,dz \int |f(x+z)-f(x)|dx \\ &\quad + \int |f(x)|dx \int_{|x-y|\geqq\delta} P_t(x-y)\,dy \\ &\quad + \int |f(y)|dy \int_{|x-y|\geqq\delta} P_t(x-y)\,dx \\ &\leqq \varepsilon+2\|f\|_{L^1(\boldsymbol{R})} \int_{|z|\geqq\delta} P_t(z)\,dz.\end{aligned}$$

$P_t(x)$ の性質 (iii) によりこの第 2 項は $t\to 0$ のとき 0 に収束する．$\varepsilon>0$ は任意ゆえ，$\|P_t f-f\|_{L^1(\boldsymbol{R})}\to 0$ が証明された．

(iv) により $f \in L^\infty(\boldsymbol{R})$，$g \in L^1(\boldsymbol{R})$ に対し

$$\int g(x)\cdot P_t f(x)\,dx = \int P_t g(x)\cdot f(x)\,dx$$

となることは容易に示される．それゆえ，$f \in L^\infty(\boldsymbol{R})$ に対して $P_t f$ は f に汎弱収束することがわかる．

$L^p(\boldsymbol{R})$，$1<p<\infty$，において $P_t f$ が f に強収束することを示すには，Banach-Steinhaus の論法を用いて稠密な部分集合に属する f に対して証明できれば十分である．このような部分集合として，コンパクト台の連続関数全体の空間 $C_c(\boldsymbol{R})$ をとる．$C_c(\boldsymbol{R}) \subset C_0(\boldsymbol{R}) \cap L^1(\boldsymbol{R})$ ゆえ，任意の $f \in C_c(\boldsymbol{R})$ に対して $P_t f$ は $L^\infty(\boldsymbol{R})$ のノルムに関しても $L^1(\boldsymbol{R})$ のノルムに関しても f に収束する．ここで，$g \in L^\infty(\boldsymbol{R}) \cap L^1(\boldsymbol{R})$ に対して

(3.14) $$\|g\|_{L^p(\boldsymbol{R})} \leqq \|g\|_{L^\infty(\boldsymbol{R})}{}^{1-(1/p)}\|g\|_{L^1(\boldsymbol{R})}{}^{1/p}$$

となることに注意すれば，$\|P_t f - f\|_{L^p(\boldsymbol{R})} \to 0$ がわかる．▌

命題 3.1 $f \in L^1(\boldsymbol{R}) \cap L^2(\boldsymbol{R})$ ならば，Fourier 積分 $\mathcal{F}f$ は $\text{Ł}^2(\boldsymbol{R})$ に属し，

(3.15) $$\|\mathcal{F}f\|_{\text{Ł}^2(\boldsymbol{R})} = \|f\|_{L^2(\boldsymbol{R})}.$$

証明

(3.16) $$\check{f}(x) = \overline{f(-x)}$$

とおく．明らかに

(3.17) $$\mathcal{F}\check{f}(\xi) = \overline{\mathcal{F}f(\xi)}$$

が成立する．したがって，(3.9) により

(3.18) $$|\mathcal{F}f(\xi)|^2 = \mathcal{F}(f*\check{f})(\xi).$$

$f*\check{f} \in L^1(\boldsymbol{R})$ ゆえ，(3.18) は $C_0(\boldsymbol{R})$ に属する．$t>0$ とし，両辺に $e^{-t|\xi|}$ を掛けて積分する．

$$\begin{aligned}
&\int_{\boldsymbol{R}} e^{-t|\xi|}|\mathcal{F}f(\xi)|^2 đ\xi \\
&= \int_{\boldsymbol{R}} e^{-t|\xi|} đ\xi \int_{\boldsymbol{R}} f*\check{f}(x) e^{-ix\xi} dx \\
&= \int_{\boldsymbol{R}} f*\check{f}(x)\,dx \int_{\boldsymbol{R}} e^{-t|\xi|} e^{-ix\xi} đ\xi \\
&= \int_{\boldsymbol{R}} P_t(x) f*\check{f}(x)\,dx.
\end{aligned}$$

§1.2 定理 1.21 により $f*\check{f} \in C_0(\boldsymbol{R})$ ゆえ，定理 3.3 により右辺は $t\to 0$ のとき

$$f*\check{f}(0) = \int_{\boldsymbol{R}} |f(x)|^2 dx$$

に収束する．一方，$t \searrow 0$ のとき

$$e^{-t|\xi|}|\mathcal{F}f(\xi)|^2 \nearrow |\mathcal{F}f(\xi)|^2$$

となることに注意すれば，Beppo Levi の定理により左辺は $\|\mathcal{F}f\|_{\text{Ł}^2(\boldsymbol{R})}$ に収束する．▌

定理 3.4 (Hausdorff-Young の不等式) $1 \leqq p \leqq 2$ とし，p' を p と共役な指数とする．$f \in L^1(\boldsymbol{R}) \cap L^p(\boldsymbol{R})$ ならば，Fourier 積分 $\mathcal{F}f$ は $\text{Ł}^{p'}(\boldsymbol{R})$ に属し

(3.19) $$\|\mathcal{F}f\|_{\text{Ł}^{p'}(\boldsymbol{R})} \leqq \|f\|_{L^p(\boldsymbol{R})}.$$

証明　(3.8) および (3.15) に対して Riesz-Thorin の補間定理を適用すれば，$f\in \mathrm{Simp}(\boldsymbol{R})$ に対して (3.19) が成立することがわかる．

一般の $f\in L^1(\boldsymbol{R})\cap L^p(\boldsymbol{R})$ に対しては，f を標準的な方法で単関数の列 f_j で近似すれば，$\|f_j-f\|_{L^1(\boldsymbol{R})}\to 0$ かつ $\|f_j-f\|_{L^p(\boldsymbol{R})}\to 0$ がなりたつ．このとき，$\mathscr{F}f_j$ は $\mathscr{F}f$ に一様収束し，かつ $\bar{L}^{p'}(\boldsymbol{R})$ においても強収束する．部分列がほとんどいたるところ収束することから，$\bar{L}^{p'}(\boldsymbol{R})$ における極限と $\mathscr{F}f$ はほとんどいたるところ同じである．したがって，f_j に対する (3.19) の極限として，f に対する (3.19) が成立する．∎

定義 3.2　$L^1(\boldsymbol{R})\cap L^p(\boldsymbol{R})$ は $L^p(\boldsymbol{R})$ の中で稠密であるから，Fourier 変換 $\mathscr{F}$: $L^1(\boldsymbol{R})\cap L^p(\boldsymbol{R})\to \bar{L}^{p'}(\boldsymbol{R})$ を連続性によって，$L^p(\boldsymbol{R})$ 全体で定義された有界線型作用素: $L^p(\boldsymbol{R})\to \bar{L}^{p'}(\boldsymbol{R})$ に拡張することができる．これを $L^p(\boldsymbol{R})$, $1\leqq p\leqq 2$, における **Fourier 変換**とよび，同じ記号 $\mathscr{F}$ で表わす．これらに対しても (3.15) および (3.19) がなりたつ．——

$f\in L^p(\boldsymbol{R})$ を $L^1(\boldsymbol{R})\cap L^p(\boldsymbol{R})$ の元で近似するにはいくつか標準的な方法がある．それらを用いて $L^p(\boldsymbol{R})$ の Fourier 変換を表わせば次のようになる：

$$\mathscr{F}f(\xi) = \operatorname*{s\text{-}lim}_{N\to\infty}\int_{-N}^{N} f(x)e^{-ix\xi}dx \tag{3.20}$$

$$= \operatorname*{s\text{-}lim}_{N\to\infty}\int_{-N}^{N}\left(1-\frac{|x|}{N}\right)f(x)e^{-ix\xi}dx \tag{3.21}$$

$$= \operatorname*{s\text{-}lim}_{\varepsilon\searrow 0}\int_{\boldsymbol{R}} e^{-\varepsilon|x|}f(x)e^{-ix\xi}dx \tag{3.22}$$

$$= \operatorname*{s\text{-}lim}_{\varepsilon\searrow 0}\int_{\boldsymbol{R}} e^{-\varepsilon|x|^2}f(x)e^{-ix\xi}dx. \tag{3.23}$$

(3.21), (3.22) はそれぞれ積分の場合の Cesàro 総和法，Abel 総和法である．(3.23) は **Gauss 総和法**といわれる．

これらの表示が強収束の意味を除いて $1\leqq p\leqq 2$ によらないことから，f が二つの Lebesgue 空間 $L^p(\boldsymbol{R})$, $L^q(\boldsymbol{R})$, $1\leqq p, q\leqq 2$, に属するとき，その Fourier 変換 $\mathscr{F}f(\xi)$ は p, q によらず f のみによって定まることがわかる．$\mathscr{F}_pf$, $\mathscr{F}_qf$ をそれぞれ $f\in L^p(\boldsymbol{R})$, $f\in L^q(\boldsymbol{R})$ とみなしたときの Fourier 変換としたとき，適当に列 $N_j\to\infty$ をとるとき，ほとんどすべての ξ に対し

$$\mathscr{F}_p f(\xi) = \lim_{j\to\infty}\int_{-N_j}^{N_j} f(x)e^{-ix\xi}dx = \mathscr{F}_q f(\xi)$$

がなりたつからである．

特に $f=f_1+f_2\in L^1(\boldsymbol{R})+L^2(\boldsymbol{R})$ に対して $\mathscr{F}f=\mathscr{F}_1f_1+\mathscr{F}_2f_2$ は分解 f_1+f_2 によらない．これによって Fourier 変換 $\mathscr{F}$ の定義域を $L^1(\boldsymbol{R})+L^2(\boldsymbol{R})$ まで拡張することができる．$L^p(\boldsymbol{R})$, $1\leqq p\leqq 2$, 上の Fourier 変換はこれを $L^p(\boldsymbol{R})$ に制限したものになっている．

定義 3.3　$g\in \text{Ł}^1(\boldsymbol{R})$ に対して

(3.24)
$$\mathscr{F}^{-1}g(x) = \int_{\boldsymbol{R}} g(\xi)e^{ix\xi}d\!\!\!{}^-\xi$$

を g の**逆 Fourier 積分**あるいは**逆 Fourier 変換**という．——

Fourier 変換と逆 Fourier 変換は $-i$ が i に dx が $d\!\!\!{}^-\xi$ に変わるだけの違いであるから，Fourier 変換に対してなりたつことはそのまま逆 Fourier 変換に対してもなりたつ．特に，$g\in \text{Ł}^1(\boldsymbol{R})\cap \text{Ł}^p(\boldsymbol{R})$, $1\leqq p\leqq 2$, のとき，Hausdorff-Young の不等式

(3.25)
$$\|\mathscr{F}^{-1}g\|_{L^{p'}(\boldsymbol{R})} \leqq \|g\|_{\text{Ł}^p(\boldsymbol{R})}$$

が成立する．これを用いて $\mathscr{F}^{-1}$ を $\text{Ł}^p(\boldsymbol{R})\to L^{p'}(\boldsymbol{R})$ の有界線型作用素に拡張することができる．この拡張も**逆 Fourier 変換**とよび，同じ記号 $\mathscr{F}^{-1}$ で表わす．以上で p' は p と共役な指数である．$p=2$ の場合は $p'=2$ となり，等式

(3.26)
$$\|\mathscr{F}^{-1}g\|_{L^2(\boldsymbol{R})} = \|g\|_{\text{Ł}^2(\boldsymbol{R})}$$

が成立する．

(3.20)-(3.23) に相当する式も当然なりたつが，省略しよう．$\mathscr{F}^{-1}$ も $\text{Ł}^1(\boldsymbol{R})+\text{Ł}^2(\boldsymbol{R})$ まで定義域を拡張することができる．

定理 3.5　$f\in L^1(\boldsymbol{R})+L^2(\boldsymbol{R})$ かつ $\mathscr{F}f\in \text{Ł}^1(\boldsymbol{R})+\text{Ł}^2(\boldsymbol{R})$ ならば，

(3.27)
$$\mathscr{F}^{-1}\mathscr{F}f(x) = f(x), \quad \text{a.e. } x.$$

特に，$\mathscr{F}f(\xi)=0$ a.e. ξ ならば，$f(x)=0$ a.e. x である．——

証明に先立ち二つの Banach 空間の和および共通部分として表わされる Banach 空間を調べておく．

二つのノルム空間 F_0, F_1 が**両立する** (compatible) とは F_0, F_1 がそれぞれ連続に埋込まれる共通の Hausdorff 線型位相空間 $\mathfrak{F}$ が存在することであると定義す

る．このとき，$\mathfrak{F}$ における共通部分 $F_0\cap F_1$ に属する f に対してそのノルムを

$$\|f\|_{F_0\cap F_1} = \max\{\|f\|_{F_0}, \|f\|_{F_1}\} \tag{3.28}$$

と，$\mathfrak{F}$ における和 F_0+F_1 に属する f に対してそのノルムを

$$\|f\|_{F_0+F_1} = \inf\{\|f_0\|_{F_0}+\|f_1\|_{F_1} \mid f=f_0+f_1\} \tag{3.29}$$

と定義する．

補題 3.1 両立するノルム空間 F_0, F_1 の共通部分 $F_0\cap F_1$ および和 F_0+F_1 は上のノルムに関しノルム空間をなす．F_0, F_1 が共に Banach 空間ならば，$F_0\cap F_1$ と F_0+F_1 もまた Banach 空間である．

証明 $F_0\cap F_1$ がノルム空間をなすことは明らかである．F_0, F_1 が完備であるとして f_n を $F_0\cap F_1$ における Cauchy 列とする．このとき f_n は F_i, $i=0, 1$, においても Cauchy 列をなし，f^i に収束する．Hausdorff 空間 $\mathfrak{F}$ において $f_n\to f^0$ かつ $f_n\to f^1$ となることから，$f^0=f^1$．したがって f_n は $F_0\cap F_1$ においてこの共通元に収束する．

$\|f\|_{F_0+F_1}$ は明らかに F_0+F_1 における半ノルムになる．これがノルムであることを示すため，$\|f\|_{F_0+F_1}=0$ とする．定義により $f=f^0{}_n+f^1{}_n$ かつ $\|f^0{}_n\|_{F_0}\to 0$, $\|f^1{}_n\|_{F_1}\to 0$ となる列 $f^0{}_n\in F_0$, $f^1{}_n\in F_1$ がある．このとき，$\mathfrak{F}$ において $f=f^0{}_n+f^1{}_n\to 0$．ゆえに $f=0$ が従う．

完備性を証明するため，$\sum f_n$ を F_0+F_1 における絶対収束級数とすれば，ノルムの定義より

$$\sum_{n=1}^{\infty}(\|f^0{}_n\|_{F_0}+\|f^1{}_n\|_{F_1}) < \infty$$

となる分解 $f_n=f^0{}_n+f^1{}_n$ がある．したがって，F_0, F_1 が完備ならば，$\sum f^0{}_n=f^0$, $\sum f^1{}_n=f^1$ がそれぞれ F_0, F_1 で存在し，$N\to\infty$ のとき

$$\left\|\sum_{n=1}^{N} f_n-(f^0+f^1)\right\|_{F_0+F_1} \leqq \left\|\sum_{n=1}^{N} f^0{}_n-f^0\right\|_{F_0}+\left\|\sum_{n=1}^{N} f^1{}_n-f^1\right\|_{F_1} \longrightarrow 0. \quad \blacksquare$$

われわれは $F_0=L^1(X)$ または $C_0(X)$，$F_1=L^2(X)$ の場合にこの補題を用いる．$\mathfrak{F}$ としては，X 上の可測関数であって X の有限測度の部分集合 E 上常に可積分となるもの全体のなす線型空間に，位相を定める半ノルムの族として E 上の L^1 ノルム全体をとって得られる局所凸空間 (§A.2) をとることができる．

定理の証明 $\mathcal{F}^{-1}$ に対しては (3.22)，$\mathcal{F}$ に対しては (3.20) の表示を用いるな

らば

$$
\begin{aligned}
\mathscr{F}^{-1}\mathscr{F}f(x) &= \operatorname*{s\text{-}lim}_{\varepsilon\to 0}\int_{\boldsymbol{R}} e^{-\varepsilon|\xi|}e^{ix\xi}\text{đ}\xi \operatorname*{s\text{-}lim}_{N\to\infty}\int_{-N}^{N} f(y)e^{-iy\xi}dy \\
&= \operatorname*{s\text{-}lim}_{\varepsilon\to 0}\lim_{N\to\infty}\int_{\boldsymbol{R}} e^{-\varepsilon|\xi|}e^{ix\xi}\text{đ}\xi \int_{-N}^{N} f(y)e^{-iy\xi}dy \\
&= \operatorname*{s\text{-}lim}_{\varepsilon\to 0}\lim_{N\to\infty}\int_{-N}^{N} f(y)\,dy\int_{\boldsymbol{R}} e^{-\varepsilon|\xi|}e^{i(x-y)\xi}\text{đ}\xi \\
&= \operatorname*{s\text{-}lim}_{\varepsilon\to 0} P_{\varepsilon}f(x).
\end{aligned}
$$

ただし，$\operatorname*{s\text{-}lim}_{\varepsilon\to 0}$ は $C_0(\boldsymbol{R})+L^2(\boldsymbol{R})$ における強収束を，$\operatorname*{s\text{-}lim}_{N\to\infty}$ は $C_0(\boldsymbol{R})+\text{Ł}^2(\boldsymbol{R})$ における強収束を表わす．1行目から2行目への等式は $e^{-\varepsilon|\xi|}e^{ix\xi}$ が $\text{Ł}^1(\boldsymbol{R})\cap \text{Ł}^2(\boldsymbol{R})$ に属することおよび Hölder の不等式を用い，2行目から3行目への等式は Fubini の定理を用いた．

これから，列 $\varepsilon_j\to 0$ が存在して

$$
\mathscr{F}^{-1}\mathscr{F}f(x) = \lim_{j\to\infty} P_{\varepsilon_j}f(x), \qquad \text{a.e. } x,
$$

となることがわかる．一方，定理3.3により，$L^1(\boldsymbol{R})+L^2(\boldsymbol{R})$ において

$$
\operatorname*{s\text{-}lim}_{j\to\infty} P_{\varepsilon_j}f(x) = f(x).
$$

ゆえに，部分列 $\varepsilon_{j'}\to 0$ をとれば，$P_{\varepsilon_{j'}}f(x)\to f(x)$．したがって(3.27)が成立する．∎

特に $p=q=2$ の場合は，命題3.1によりすべての $f\in L^2(\boldsymbol{R})$ に対し $\mathscr{F}f\in \text{Ł}^2(\boldsymbol{R})$ となるのであるから，次の定理がなりたつ．

定理 3.6 (Plancherel)　Fourier 変換 $\mathscr{F}: L^2(\boldsymbol{R})\to \text{Ł}^2(\boldsymbol{R})$ および逆 Fourier 変換 $\mathscr{F}^{-1}: \text{Ł}^2(\boldsymbol{R})\to L^2(\boldsymbol{R})$ は Hilbert 空間の同型とその逆を与える．すなわち，$f\in L^2(\boldsymbol{R})$ ならば，

$$
\|\mathscr{F}f\|_{\text{Ł}^2(\boldsymbol{R})} = \|f\|_{L^2(\boldsymbol{R})} \tag{3.30}
$$

かつ

$$
\mathscr{F}^{-1}\mathscr{F}f = f. \tag{3.31}
$$

また，$g\in \text{Ł}^2(\boldsymbol{R})$ ならば，

$$
\|\mathscr{F}^{-1}g\|_{L^2(\boldsymbol{R})} = \|g\|_{\text{Ł}^2(\boldsymbol{R})} \tag{3.32}
$$

かつ

(3.33) $$\mathcal{F}\mathcal{F}^{-1}g=g.$$ ——

(3.30), (3.32) を **Plancherel の等式**という．これから，Hilbert 空間の内積を保つことも導かれるから，$f,g\in L^2(\boldsymbol{R})$ に対して $\hat{f},\hat{g}$ をその Fourier 変換とするならば

(3.34) $$\int_{\boldsymbol{R}} f(x)\overline{g(x)}\,dx=\int_{\boldsymbol{R}}\hat{f}(\xi)\overline{\hat{g}(\xi)}\,d\!\!{}^-\xi$$

が成立する．

これより，§2.1 定理 2.8 (ii) と同様，次の定理が証明される．

定理 3.7 任意の $f,g\in L^2(\boldsymbol{R})$ に対して

(3.35) $$\mathcal{F}(fg)=(\mathcal{F}f)*(\mathcal{F}g).$$ ——

以上により $f\in L^1(\boldsymbol{R})+L^2(\boldsymbol{R})$ に対する Fourier 変換 $\mathcal{F}f\in C_0(\boldsymbol{R})+\bar{L}^2(\boldsymbol{R})$ および $g\in \bar{L}^1(\boldsymbol{R})+\bar{L}^2(\boldsymbol{R})$ に対する逆 Fourier 変換 $\mathcal{F}^{-1}g\in C_0(\boldsymbol{R})+L^2(\boldsymbol{R})$ が定義されたわけであるが，次の定理で示すようにこれらを平均収束を含まない形で表わすこともできる．

定理 3.8 (i) $f\in L^1(\boldsymbol{R})+L^2(\boldsymbol{R})$ のときほとんどすべての $\xi\in\boldsymbol{R}$ に対して

(3.36) $$\mathcal{F}f(\xi)=\frac{d}{d\xi}\int_{\boldsymbol{R}}f(x)\frac{e^{-ix\xi}-1}{-ix}dx.$$

(ii) $g\in \bar{L}^1(\boldsymbol{R})+\bar{L}^2(\boldsymbol{R})$ のときほとんどすべての $x\in\boldsymbol{R}$ に対して

(3.37) $$\mathcal{F}^{-1}g(x)=\frac{d}{dx}\int_{\boldsymbol{R}}g(\xi)\frac{e^{ix\xi}-1}{i\xi}d\!\!{}^-\xi.$$

証明 (i) $\mathcal{F}f(\xi)\in C_0(\boldsymbol{R})+\bar{L}^2(\boldsymbol{R})$ は局所可積分であるから Lebesgue の定理(§2.3 定理 2.18) によりほとんどすべての ξ においてその不定積分の導関数に等しい．

$f\in L^1(\boldsymbol{R})$ のときは Fubini の定理により

$$\begin{aligned}\int_0^\xi \mathcal{F}f(\eta)\,d\eta&=\int_0^\xi d\eta\int_{\boldsymbol{R}}f(x)e^{-ix\eta}dx\\&=\int_{\boldsymbol{R}}f(x)\,dx\int_0^\xi e^{-ix\eta}d\eta=\int_{\boldsymbol{R}}f(x)\frac{e^{-ix\xi}-1}{-ix}dx.\end{aligned}$$

$f\in L^2(\boldsymbol{R})$ のときは (3.34) により

$$\int_0^\xi \mathcal{F}f(\eta)\,d\eta=2\pi\int_{\boldsymbol{R}}\mathcal{F}f(\eta)\overline{\chi_{[0,\xi]}(\eta)}\,d\!\!{}^-\eta$$

$$= 2\pi \int_{\boldsymbol{R}} f(x)\overline{\mathcal{F}^{-1}\chi_{[0,\xi]}(x)}dx.$$

ただし $\chi_{[0,\xi]}$ は $[0,\xi]$ の定義関数である．

$$\mathcal{F}^{-1}\chi_{[0,\xi]}(x) = \int_0^\xi e^{ix\eta}d\eta = \frac{1}{2\pi}\frac{e^{ix\xi}-1}{ix}$$

ゆえ，

$$\int_0^\xi \mathcal{F}f(\eta)d\eta = \int_{\boldsymbol{R}} f(x)\frac{e^{-ix\xi}-1}{-ix}dx.$$

$f\in L^1(\boldsymbol{R})+L^2(\boldsymbol{R})$ のときは上二つの結果をたし合せればよい．

(ii) の証明も同様である．▌

§2.2, 2.3 の結果はほとんどそのまま $f\in L^1(\boldsymbol{R})+L^2(\boldsymbol{R})$ の Fourier 積分に対してもなりたつことが示される．はじめに収束定理を考える．

定理 3.9　$f\in L^1(\boldsymbol{R})+L^2(\boldsymbol{R})$ のとき，1 点 $x\in\boldsymbol{R}$ において

$$f(x) = \lim_{N\to\infty}\int_{-N}^{N}\mathcal{F}f(\xi)e^{ix\xi}d\xi \tag{3.38}$$

がなりたつための必要十分条件は，ある $\delta>0$ に対して

$$\int_0^\delta \varphi_x(y)\frac{\sin Ny}{y}dy \longrightarrow 0, \qquad N\to\infty, \tag{3.39}$$

となることである．ただし

$$\varphi_x(y) = f(x+y)+f(x-y)-2f(x).$$

証明　(3.36) と部分積分により

$$\int_{-N}^{N}\mathcal{F}f(\xi)e^{ix\xi}d\xi = \int_{-N}^{N}e^{ix\xi}d\xi\frac{d}{d\xi}\int_{\boldsymbol{R}}f(y)\frac{e^{-iy\xi}-1}{-iy}dy$$

$$= \frac{1}{2\pi}\left[e^{ix\xi}\int_{\boldsymbol{R}}f(y)\frac{e^{-iy\xi}-1}{-iy}dy\right]_{\xi=-N}^{N} - \int_{-N}^{N}ixe^{ix\xi}d\xi\int_{\boldsymbol{R}}f(y)\frac{e^{-iy\xi}-1}{-iy}dy$$

$$= \frac{1}{2\pi}\int_{\boldsymbol{R}}f(y)\left\{\frac{e^{i(x-y)N}-e^{ixN}+e^{-ixN}-e^{-i(x-y)N}}{-iy}\right.$$

$$\left.-\frac{ix}{-iy}\left(\frac{e^{i(x-y)N}-e^{-i(x-y)N}}{i(x-y)}-\frac{e^{ixN}-e^{-ixN}}{ix}\right)\right\}dy$$

$$= \frac{1}{\pi}\int_{\boldsymbol{R}}f(y)\frac{\sin N(x-y)}{x-y}dy.$$

したがって次の定理に帰着される．▌

定理 3.10 (Fourier 単一積分公式) $f(x)/(1+|x|)\in L^1(\boldsymbol{R})$ のとき，

$$f(x)=\lim_{N\to\infty}\frac{1}{\pi}\int_{\boldsymbol{R}}f(y)\frac{\sin N(x-y)}{x-y}dy \tag{3.40}$$

となるための必要十分条件は，ある $\delta>0$ に対して (3.39) がなりたつことである．

証明 任意の $\delta>0$ に対し

$$\int_{|x-y|>\delta}f(y)\frac{\sin N(x-y)}{x-y}dy=\int_{|y|>\delta}\frac{f(x-y)}{y}\sin Ny\,dy$$

は Riemann-Lebesgue の定理により $N\to\infty$ のとき 0 に収束する．

一方，

$$\int_{|x-y|\leqq\delta}f(x)\frac{\sin N(x-y)}{x-y}dy=2f(x)\int_0^\delta\frac{\sin Ny}{y}dy\longrightarrow\pi f(x)$$

ゆえ，(3.40) がなりたつための必要十分条件は

$$\int_{|x-y|\leqq\delta}(f(y)-f(x))\frac{\sin N(x-y)}{x-y}dy=\int_0^\delta\varphi_x(y)\frac{\sin Ny}{y}dy$$

が 0 に収束することである．∎

定理 3.9, 3.10 の収束条件 (3.39) は §2.2 定理 2.10 の収束条件 (2.36) と同じであるから，f が x の近傍で Fourier 級数の収束条件をみたせば，(3.38) および (3.40) がなりたつ．特に Dini の条件

$$\int_0^\delta\frac{|\varphi_x(y)|}{y}dy<\infty$$

の下で (3.38) および (3.40) がなりたつ．また f が x の近傍で有界変動ならば，$f(x)$ を $(f(x+0)+f(x-0))/2$ におきかえて (3.38) および (3.40) がなりたつ．

同様に Fourier 積分の Cesàro 和および Abel 和について次の定理を得る．

定理 3.11 $f(x)/(1+|x|^2)\in L^1(\boldsymbol{R})$ のとき，f の Lebesgue 集合に属する x に対して

$$f(x)=\lim_{N\to\infty}\frac{1}{\pi}\int_{\boldsymbol{R}}f(y)\frac{\sin^2 N(x-y)}{N(x-y)^2}dy. \tag{3.41}$$

特に，$f\in L^1(\boldsymbol{R})+L^2(\boldsymbol{R})$ のとき，ほとんどすべての $x\in\boldsymbol{R}$ に対して

$$f(x)=\lim_{N\to\infty}\int_{-N}^N\left(1-\frac{|\xi|}{N}\right)\mathcal{F}f(\xi)e^{ix\xi}d\!\!{}^-\xi. \tag{3.42}$$

定理 3.12　$f(x)/(1+|x|^2)\in L^1(\boldsymbol{R})$ のとき，f の Lebesgue 集合に属する x に対して

$$f(x)=\lim_{t\searrow 0}\frac{1}{\pi}\int_{\boldsymbol{R}}f(y)\frac{t}{t^2+(x-y)^2}dy. \tag{3.43}$$

特に，$f\in L^1(\boldsymbol{R})+L^2(\boldsymbol{R})$ のとき，ほとんどすべての $x\in\boldsymbol{R}$ に対して

$$f(x)=\lim_{t\searrow 0}\int_{\boldsymbol{R}}\mathcal{F}f(\xi)e^{ix\xi-t|\xi|}d\!\!{}^-\xi. \tag{3.44}$$

証明　$f\in L^1(\boldsymbol{R})+L^2(\boldsymbol{R})$ に対して (3.42) および (3.44) の右辺がそれぞれ (3.41), (3.43) の右辺に等しいことは定理 3.9 と同様に証明することができる．あるいは $f\in L^1(\boldsymbol{R})$ ならば積分の順序変更によって証明できるから，$L^1(\boldsymbol{R})+L^2(\boldsymbol{R})$ において $L^1(\boldsymbol{R})$ が稠密であることおよび積分の連続性を用いて証明することもできる．

(3.41), (3.43) の証明も定理 3.10 と同様である．任意の $\delta>0$ に対して

$$\int_{|x-y|>\delta}f(y)\frac{\sin^2 N(x-y)}{N(x-y)^2}dy \quad および \quad \int_{|x-y|>\delta}f(y)\frac{t}{t^2+(x-y)^2}dy$$

は Lebesgue の収束定理により 0 に収束する．$f(y)$ を $f(x)$ におきかえても同じである．§2.3 定理 2.20 の証明と同じ計算で

$$\int_{|x-y|\leqq\delta}(f(y)-f(x))\frac{\sin^2 N(x-y)}{N(x-y)^2}dy=\int_0^\delta\varphi_x(y)\frac{\sin^2 Ny}{Ny^2}dy\longrightarrow 0$$

が示される．それより易しい計算で

$$\int_{|x-y|\leqq\delta}(f(y)-f(x))\frac{t}{t^2+(x-y)^2}dy=\int_0^\delta\varphi_x(y)\frac{t}{t^2+y^2}dy\longrightarrow 0$$

もわかる．あとは

$$\int_{\boldsymbol{R}}\frac{\sin^2 Ny}{Ny^2}dy=\int_{\boldsymbol{R}}\frac{\sin^2 y}{y^2}dy=\pi, \tag{3.45}$$

$$\int_{\boldsymbol{R}}\frac{t}{t^2+y^2}dy=\int_{\boldsymbol{R}}\frac{1}{1+y^2}dy=\pi \tag{3.46}$$

に注意すればよい．これらは留数計算で直接証明することもできるし，Fourier 級数の場合の Fejér 核および Poisson 核との差が $(-\delta,\delta)$ 上一様に 0 に収束することから証明することもできる．▮

(3.40), (3.41) の右辺の積分核

$$\frac{1}{\pi}\frac{\sin Nx}{x},\qquad \frac{1}{\pi}\frac{\sin^2 Nx}{Nx^2}$$

もまたそれぞれ **Dirichlet 核**および **Fejér 核**とよばれる．

Poisson 積分については，§2.3 の Fatou の定理と同様，次の収束定理がなりたつ．

定理 3.13 $f(x)/(1+|x|^2)\in L^1(\boldsymbol{R})$ ならば，f の Poisson 積分

$$f(x,y)=\frac{1}{\pi}\int_{\boldsymbol{R}}f(t)\frac{y}{y^2+(x-t)^2}dt \tag{3.47}$$

は上半平面 $\{(x,y)\in\boldsymbol{R}^2\mid y>0\}$ 上の調和関数であって，f の狭義の Lebesgue 集合に属する任意の点 x において $f(x)$ に等しい非接極限をもつ．

証明 (3.47) の右辺の被積分関数を (x,y) に関して任意の階数で偏微分したものは (x,y) がコンパクト集合にあるとき一様に t の可積分関数で絶対値をおさえることができる．したがって (3.47) は積分記号下で何回でも微分することができ，特に

$$\triangle f(x,y)=\frac{1}{\pi}\int_{\boldsymbol{R}}f(t)\,\triangle\frac{y}{y^2+(x-t)^2}dt=0$$

を得る．

非接極限の存在およびそれが $f(x)$ に等しいことを示すには，一般性を失うことなく $f\in L^1(\boldsymbol{R})$ としてよい．実際，f を x の近傍で与えられた関数 f に等しく，十分遠くでは 0 に等しい関数 $f_1\in L^1(\boldsymbol{R})$ とそれらの差 f_0 の和と表わしたとき，Poisson 積分についても

$$f(x,y)=f_0(x,y)+f_1(x,y)$$

となるが，$f_0(x)$ が x の近傍上恒等的に 0 ゆえ

$$f_0(x,y)=\frac{1}{\pi}\int_{\boldsymbol{R}}f_0(t)\frac{y}{y^2+(x-t)^2}dt$$

は $y\to 0$ のとき x の近傍上一様に 0 に収束するからである．

したがって §2.3 の Fatou の定理の場合と同様，定理は次の定理に帰着させることができる．∎

定理 3.14 $f(x)\in L^1(\boldsymbol{R})$ の Poisson 積分を $f(x,y)$ とするとき，任意の $0\leqq\alpha<\pi/2$ に対し，α のみによる定数 A が存在して

(3.48) $$\sup\left\{|f(x,y)|\;\middle|\;\left|\frac{x-x^0}{y}\right|\leqq\tan\alpha\right\}\leqq A\Theta f(x^0).$$

証明 $|x-x^0|\leqq y\tan\alpha$ とする.

$$\frac{y}{y^2+(x-t)^2}\leqq A\frac{y}{y^2+(x^0-t)^2},\qquad -\infty<t<\infty,$$

となる α のみによる定数 $A<\infty$ が存在することは直ちに証明でき,

(3.49) $$|f(x,y)|\leqq A\frac{1}{\pi}\int_{\boldsymbol{R}}|f(t)|\frac{y}{y^2+(x^0-t)^2}dt$$

と評価される. ここで

(3.50) $$F(t)=\int_{-t}^{t}|f(x^0+y)|dy$$

とおけば,

(3.51) $$\frac{1}{\pi}\int_{\boldsymbol{R}}|f(t)|\frac{y}{y^2+(x^0-t)^2}dt=\frac{1}{\pi}\int_{\boldsymbol{R}}|f(x^0+t)|\frac{y}{y^2+t^2}dt$$
$$=\frac{1}{\pi}\int_0^{\infty}\frac{y}{y^2+t^2}dF(t)=\frac{1}{\pi}\int_0^{\infty}\frac{4yt^2}{(y^2+t^2)^2}\frac{1}{2t}F(t)\,dt$$
$$\leqq\Theta f(x^0)\frac{1}{\pi}\int_0^{\infty}\frac{4yt^2}{(y^2+t^2)^2}dt=\Theta f(x^0).$$ ▮

なお, Gauss 総和法について次の定理がなりたつ. 証明は定理 3.11, 3.12 の場合と同じであるから省略する.

定理 3.15 f がある $N>0$ に対して

(3.52) $$f(x)e^{-Nx^2}\in L^1(\boldsymbol{R})$$

となる可測関数であるならば, f の Lebesgue 集合に属する x に対して

(3.53) $$f(x)=\lim_{t\searrow 0}\frac{1}{\sqrt{4\pi t}}\int_{\boldsymbol{R}}f(y)e^{-|x-y|^2/4t}dy.$$

特に, $f\in L^1(\boldsymbol{R})+L^2(\boldsymbol{R})$ のとき, ほとんどすべての $x\in\boldsymbol{R}$ に対して

(3.54) $$f(x)=\lim_{t\searrow 0}\int_{\boldsymbol{R}}e^{-t|\xi|^2}\mathcal{F}f(\xi)e^{ix\xi}d\xi.$$ ——

$1/\sqrt{4\pi t}\cdot e^{-|x|^2/4t}$ を **Gauss-Weierstrass 核**, (3.53) の右辺の積分を **Gauss-Weierstrass 積分**という.

§3.2 Cauchy 変換と Hardy 空間

この節では§2.4, 2.5の結果が $\boldsymbol{R}$ 上の関数の場合どうなるかを調べる.

定義 3.4 $f(x)/(1+|x|)\in L^1(\boldsymbol{R})$ となる $\boldsymbol{R}$ 上の可測関数 $f(x)$ に対して

$$F(x+iy)=\frac{-1}{2\pi i}\int_{\boldsymbol{R}}f(t)\frac{1}{(x-t)+iy}dt \tag{3.55}$$

で定義される $\boldsymbol{C}\setminus\boldsymbol{R}$ 上の整型関数 $F(x+iy)$ を f の **Cauchy 変換**という. ——

f の Fourier 変換が定義されている場合には $\boldsymbol{T}$ 上の関数のときと同様 F の各成分は $\mathcal{F}f(\xi)$ の $\xi\gtrless 0$ の部分の逆 Fourier 変換で与えられる. すなわち

定理 3.16 $f\in L^1(\boldsymbol{R})+L^2(\boldsymbol{R})$ ならば, f の Cauchy 変換 $F(z)$ はそれぞれ $\mathrm{Im}\,z\gtrless 0$ のとき絶対収束する積分によって

$$F(z)=\int_0^\infty \mathcal{F}f(\xi)e^{iz\xi}d\xi,\qquad \mathrm{Im}\,z>0, \tag{3.56}$$

$$F(z)=-\int_{-\infty}^0 \mathcal{F}f(\xi)e^{iz\xi}d\xi,\qquad \mathrm{Im}\,z<0, \tag{3.57}$$

と表わされる.

証明 $f\in L^1(\boldsymbol{R})$ とする. $\mathrm{Im}\,z>0$ ならば, Fubini の定理により

$$\begin{aligned}\int_0^\infty \mathcal{F}f(\xi)e^{iz\xi}d\xi &= \int_{\boldsymbol{R}}f(t)\,dt\int_0^\infty e^{i(z-t)\xi}d\xi \\ &= \frac{-1}{2\pi i}\int_{\boldsymbol{R}}f(t)\frac{1}{z-t}dt.\end{aligned} \tag{3.58}$$

$\mathrm{Im}\,z<0$ のときも同様である.

$f\in L^2(\boldsymbol{R})$ のときは, (3.58) の両辺が f のノルムに関して連続であることを用い, $L^1(\boldsymbol{R})\cap L^2(\boldsymbol{R})$ の関数列で近似することによって証明することができる. ∎

$y>0$ のとき

$$\begin{aligned}F(x+iy)-F(x-iy) &= \frac{-1}{2\pi i}\int_{\boldsymbol{R}}f(t)\left(\frac{1}{(x-t)+iy}-\frac{1}{(x-t)-iy}\right)dt \\ &= \frac{1}{\pi}\int_{\boldsymbol{R}}f(t)\frac{y}{(x-t)^2+y^2}dt\end{aligned}$$

は $f(x)$ の Poisson 積分 $P_yf(x)$ に等しい. ゆえに定理3.3および3.12により $f\in L^p(\boldsymbol{R})$, $1\leqq p<\infty$, に対して

$$f(x)=\operatorname*{s-lim}_{y\searrow 0}\,(F(x+iy)-F(x-iy)) \tag{3.59}$$

かつ

$$f(x) = \lim_{y\searrow 0}(F(x+iy)-F(x-iy)), \qquad \text{a.e. } x, \tag{3.60}$$

がなりたつ.

$$\tilde{P}_y f(x) = -i(F(x+iy)+F(x-iy)) = \frac{1}{\pi}\int_{\boldsymbol{R}} f(t)\frac{x-t}{(x-t)^2+y^2}dt \tag{3.61}$$

の $y\searrow 0$ のときの形式的極限

$$Hf(x) = \frac{1}{\pi}\int_{\boldsymbol{R}} f(t)\frac{1}{x-t}dt \tag{3.62}$$

を $\boldsymbol{T}$ 上の関数の場合と同様 f の Hilbert 変換という. この特異積分は (3.61) で与えられる積分 $\tilde{P}_y f(x)$ または

$$H_\varepsilon f(x) = \frac{1}{\pi}\int_{|x-t|\geqq\varepsilon} f(t)\frac{1}{x-t}dt \tag{3.63}$$

の極限として定義する. §2.4 定理 2.30 と同様に証明される次の定理によりこの二つの定義は一致する.

定理 3.17 $1\leqq p<\infty$ ならば, 任意の $f\in L^p(\boldsymbol{R})$ に対して $\varepsilon\searrow 0$ のとき

$$\|\tilde{P}_\varepsilon f-H_\varepsilon f\|_{L^p(\boldsymbol{R})} \longrightarrow 0 \tag{3.64}$$

かつ f の狭義の Lebesgue 集合に属する x に対して

$$\tilde{P}_\varepsilon f(x)-H_\varepsilon f(x) \longrightarrow 0. \tag{3.65}$$

——

定義 3.5 $f(x)/(1+|x|)\in L^1(\boldsymbol{R})$ となる $\boldsymbol{R}$ 上の可測関数 $f(x)$ に対して

$$Hf(x) = \lim_{\varepsilon\searrow 0}\frac{1}{\pi}\int_{|x-t|\geqq\varepsilon} f(t)\frac{1}{x-t}dt, \qquad \text{a.e. } x, \tag{3.66}$$

が存在するとき, これを f の **Hilbert 変換**という. ——

定理 3.16 により $f\in L^1(\boldsymbol{R})+L^2(\boldsymbol{R})$ ならば

$$\tilde{P}_y f(x) = \int_{\boldsymbol{R}} -i\,\mathrm{sign}\,\xi\cdot\mathscr{F}f(\xi)\,e^{ix\xi-y|\xi|}d\xi \tag{3.67}$$

と表わされる. 特に $f\in L^2(\boldsymbol{R})$ ならば, これは $g=\mathscr{F}^{-1}(-i\,\mathrm{sign}\,\xi\cdot\mathscr{F}f(\xi))\in L^2(\boldsymbol{R})$ の Poisson 積分 $P_y g$ に等しい. $y\searrow 0$ のとき, $P_y g$ は g に強収束かつ概収束するから, 定理 3.17 により, すべての $f\in L^2(\boldsymbol{R})$ は Hilbert 変換の定義域 $D(H)$ に属し,

$$Hf(x) = \mathscr{F}^{-1}(-i\,\mathrm{sign}\,\xi\cdot\mathscr{F}f(\xi)) \tag{3.68}$$

となることがわかる．さらに

$$\tilde{P}_y f(x) = P_y Hf(x), \quad y>0, \tag{3.69}$$

がなりたつ．

特にすべての $f \in \mathrm{Simp}(\boldsymbol{R})$ は $D(H)$ に属し，(3.68) および (3.69) をみたす．

次の補題は§2.4補題2.7とほぼ同様に，それより幾分簡単に証明できる．

補題 3.2 (**Stein-Weiss**) E が $\boldsymbol{R}$ における有限個の有限区間の和として表わされる集合であるとき，

$$m(H\chi_E, s) = \frac{2m(E)}{\sinh \pi s}. \tag{3.70}$$ ——

§2.4の場合と同様これより次の二つの定理が導かれる．

定理 3.18 (**Stein-Weiss**) E を $\boldsymbol{R}$ における有限測度の可測集合とするとき，Hilbert 変換 $H\chi_E(x)$ の再配列は次式で与えられる：

$$(H\chi_E)^*(t) = \frac{1}{\pi}\sinh^{-1}\frac{2m(E)}{t}. \tag{3.71}$$

定理 3.19 (**O'Neil-Weiss**) $f \in \mathrm{Simp}(\boldsymbol{R})$ が実数値関数ならば，Hilbert 変換 Hf の平均関数は f の再配列あるいは平均関数を用いて次のように評価される：

$$\begin{aligned}(Hf)^{**}(t) &\leqq \frac{2}{\pi}\frac{1}{t}\int_0^\infty f^*(s)\sinh^{-1}\left(\frac{t}{s}\right)ds \\ &= \frac{2}{\pi}\int_0^\infty \frac{f^{**}(s)}{\sqrt{s^2+t^2}}ds.\end{aligned} \tag{3.72}$$

$f \in \mathrm{Simp}(\boldsymbol{R})$ が複素数値関数ならば，係数 $2/\pi$ を 1 におきかえて同じ不等式がなりたつ．——

これより Hilbert 変換 H は，$\mathrm{Simp}(\boldsymbol{R})$ 上任意の $1<p<\infty$ に対して強 (p,p) 型であることがわかる．連続性により $L^p(\boldsymbol{R})$ から $L^p(\boldsymbol{R})$ への有界線型作用素に拡張したものを同じ H で表わす．これが定義3.5の Hilbert 変換の部分作用素であることは次のようにして証明される．定理1.21により $y>0$ を固定したとき，$\tilde{P}_y$ および P_y は $L^p(\boldsymbol{R})$ から $C_0(\boldsymbol{R})$ の中への有界線型作用素である．$f \in \mathrm{Simp}(\boldsymbol{R})$ に対しては (3.69) がなりたっているから，$L^p(\boldsymbol{R})$ の元に収束する近似列に作用させ両辺の極限をとれば，任意の $f \in L^p(\boldsymbol{R})$, $1<p<\infty$, に対して (3.69) がなりたつことがわかる．定理3.12により $P_y Hf(x)$ は $y \searrow 0$ のとき $Hf(x)$ に概収束するから，$\tilde{P}_y f(x)$ も $Hf(x)$ に概収束する．したがって定理3.17により

$H_\varepsilon f(x)$ も $\varepsilon \searrow 0$ のとき $Hf(x)$ に概収束する．こうして次の定理が得られた．

定理 3.20 (**M. Riesz**) $1<p<\infty$ ならば，すべての $f \in L^p(\boldsymbol{R})$ は Hilbert 変換の定義域に属し，p のみによって定まる定数 A_p が存在して

$$\|Hf\|_{L^p(\boldsymbol{R})} \leqq A_p \|f\|_{L^p(\boldsymbol{R})} \tag{3.73}$$

と評価される．さらに $\tilde{P}_y = P_y H$ および H_y も $L^p(\boldsymbol{R})$ における線型作用素として $y>0$ において一様有界であり，任意の $f \in L^p(\boldsymbol{R})$ に対して $y \searrow 0$ のとき

$$\|\tilde{P}_y f - Hf\|_{L^p(\boldsymbol{R})} \longrightarrow 0, \tag{3.74}$$

$$\|H_y f - Hf\|_{L^p(\boldsymbol{R})} \longrightarrow 0, \tag{3.75}$$

かつ

$$\tilde{P}_y f(x) \longrightarrow Hf(x), \quad \text{a.e. } x. \tag{3.76}$$

——

また $f \in L^p(\boldsymbol{R})$ の Hilbert 変換が O'Neil-Weiss の評価 (3.72) をみたすことも容易に証明できる．ただし，$\boldsymbol{R}$ は無限測度の空間であるから，Zygmund 空間から L^1 への有界性に相当する事実はそのままではなりたたない．

定義 3.5 は f の属する空間とは無関係な定義であるから，$f \in L^p(\boldsymbol{R}) \cap L^q(\boldsymbol{R})$，$1<p, q<\infty$，のとき，$f$ の Hilbert 変換 Hf は f を $L^p(\boldsymbol{R})$ の元とみなしても $L^q(\boldsymbol{R})$ の元とみなしても同じものになる．これから Hilbert 変換 H は $L^p(\boldsymbol{R})+L^q(\boldsymbol{R})$ からそれ自身への有界線型作用素になることがわかる．

Fourier 級数の場合と同様 Hilbert 変換の有界性から Fourier 積分の平均収束が従う．はじめに次の定理を用意する．

定理 3.21 $1<p\leqq 2$ ならば，任意の $f \in L^p(\boldsymbol{R})+L^2(\boldsymbol{R})$ に対して

$$\mathscr{F}(Hf)(\xi) = -i\,\mathrm{sign}\,\xi \cdot \mathscr{F}f(\xi), \quad \text{a.e. } \xi \in \boldsymbol{R}. \tag{3.77}$$

証明 $y>0$ のとき，$\tilde{P}_y f \in L^p(\boldsymbol{R})+L^2(\boldsymbol{R})$ かつ $-i\,\mathrm{sign}\,\xi \cdot \mathscr{F}f(\xi) e^{-y|\xi|} \in \text{Ł}^1(\boldsymbol{R})$ ゆえ，(3.67) および $\mathscr{F}^{-1}$ に対する定理 3.5 より

$$\mathscr{F}(\tilde{P}_y f)(\xi) = -i\,\mathrm{sign}\,\xi \cdot \mathscr{F}f(\xi) e^{-y|\xi|}, \quad \text{a.e. } \xi \in \boldsymbol{R},$$

を得る．ここで $y \searrow 0$ とすれば，左辺は $\text{Ł}^{p'}(\boldsymbol{R})+\text{Ł}^2(\boldsymbol{R})$ において $\mathscr{F}(Hf)(\xi)$ に強収束し，右辺は $-i\,\mathrm{sign}\,\xi \cdot \mathscr{F}f(\xi)$ に概収束する．左辺も概収束するよう部分列をとれば，(3.77) がなりたつことがわかる．∎

定理 3.22 (**Hille-Tamarkin**) $1<p\leqq 2$ ならば，任意の $f \in L^p(\boldsymbol{R})$ に対して

$$f(x) = \operatorname*{s\text{-}lim}_{\substack{M\to-\infty \\ N\to\infty}} \int_M^N \mathscr{F}f(\xi) e^{ix\xi} d\xi. \tag{3.78}$$

証明 $\chi_{[M,N]}(\xi)\mathcal{F}f(\xi)\in \mathit{Ł}^1(\boldsymbol{R})$ ゆえ，定理 3.21 により

$$\int_M^N \mathcal{F}f(\xi)e^{ix\xi}d\xi = \mathcal{F}^{-1}(\chi_{[M,N]}(\xi)\mathcal{F}f(\xi))$$

$$= e^{iNx}\frac{1-iH}{2}e^{i(M-N)x}\frac{1+iH}{2}e^{-iMx}f(x)$$

と表わされる．ここで e^{iNx} は e^{iNx} を掛ける作用素である．$\|e^{iNx}\|=1$ ゆえ，$f\in L^p(\boldsymbol{R})$ に

(3.79) $$\int_M^N \mathcal{F}f(\xi)e^{ix\xi}d\xi$$

を対応させる作用素は M, N によらず一様に有界である．

$f\in L^p(\boldsymbol{R})$ の Fourier 変換 $\mathcal{F}f(\xi)$ が有限区間 $[M,N]$ の外で消えているならば，$\mathcal{F}f$ は $\mathit{Ł}^1(\boldsymbol{R})$ に属し，定理 3.5 により (3.79) の積分は $f(x)$ に等しい．特に (3.78) がなりたつ．このような f が $L^p(\boldsymbol{R})$ の中で稠密であることを示せば，Banach-Steinhaus の論法により任意の $f\in L^p(\boldsymbol{R})$ に対して (3.78) がなりたつことがわかる．

そのため定理 3.11 の Fejér 積分を用いる．この定理の証明で述べたように，任意の $f\in L^p(\boldsymbol{R})$ に対し

(3.80) $$\frac{1}{\pi}\int_{\boldsymbol{R}} f(y)\frac{\sin^2 N(x-y)}{N(x-y)^2}dy = \int_{-N}^N\left(1-\frac{|\xi|}{N}\right)\mathcal{F}f(\xi)e^{ix\xi}d\xi$$

がなりたつが，定理 3.5 によれば，これは左辺の Fourier 変換が

$$\chi_{[-N,N]}(\xi)\left(1-\frac{|\xi|}{N}\right)\mathcal{F}f(\xi)$$

になることを意味する．Fejér 核は Poisson 核と同様の性質をもつから，定理 3.3 と同様に (3.80) の左辺は $N\to\infty$ のとき $f(x)$ に強収束することが示される．∎

定義 3.6 $0<p\leqq\infty$ とする．上半平面 $\{x+iy\in\boldsymbol{C}\mid y>0\}$ 上の整型関数 $F(x+iy)$ であって

(3.81) $$\|F\|_{H^p(\boldsymbol{R})} = \sup_{y>0}\|F(\cdot+iy)\|_{L^p(\boldsymbol{R})}$$

が有限なもの全体を $H^p(\boldsymbol{R})$ と書き，$\boldsymbol{R}$ 上の **Hardy 空間**という．(3.81) を F のノルムという．——

$\boldsymbol{R}$ 上の Hardy 空間に対しても $\boldsymbol{T}$ 上の Hardy 空間と大体同じ結果がなりたつ．変換

$$w=\frac{z-i}{z+i},\qquad z=-i\frac{w+1}{w-1}\tag{3.82}$$

により上半平面 $\operatorname{Im} z>0$ は単位円板 $|w|<1$ に等角写像される．これを用いて $H^p(\boldsymbol{R})$ と $H^p(\boldsymbol{T})$ を関係づけることもできるが (例えば Hoffman [3] を見よ)，ここでは直接の証明を与える．まず次の補題からはじめる．

補題 3.3　閉上半平面 $\{x+iy\in\boldsymbol{C}\mid y\geqq 0\}$ 上有界な連続関数 $f(x+iy)$ が上半平面で調和であるならば，$f(x+iy)$ は境界値 $f(x)$ の Poisson 積分 $P_yf(x)$ に等しい．

証明　$a=x+iy$, $y>0$, とおき，

$$w=\frac{z-a}{z-\bar{a}},\qquad z=\frac{\bar{a}w-a}{w-1}\tag{3.83}$$

によって $\operatorname{Im} z>0$ を $|w|<1$ に等角写像する．この写像によって，a は 0 にうつされる．$0<r<1$ ならば，調和関数の平均値の定理により

$$f(x+iy)=\frac{1}{2\pi}\int_0^{2\pi}f\left(\frac{\bar{a}re^{i\theta}-a}{re^{i\theta}-1}\right)d\theta$$

と表わされる．$\tan(\theta/2)=y/(x-t)$ とおいて t を新しく変数とする．

$$d\theta=\frac{2ydt}{(x-t)^2+y^2}$$

かつ $r\nearrow 1$ のとき

$$\begin{aligned}f\left(\frac{\bar{a}re^{i\theta}-a}{re^{i\theta}-1}\right)&\longrightarrow f\left(\frac{\bar{a}e^{i\theta/2}-ae^{-i\theta/2}}{e^{i\theta/2}-e^{-i\theta/2}}\right)\\&=f\left(x-y\cot\frac{\theta}{2}\right)=f(t)\end{aligned}$$

ゆえ，Lebesgue の収束定理により

$$f(x+iy)=\frac{1}{\pi}\int_{-\infty}^{\infty}f(t)\frac{y}{(x-t)^2+y^2}dt\tag{3.84}$$

がなりたつ．▌

定理 3.23　$f(x+iy)$ を上半平面上の調和関数とする．$1<p\leqq\infty$ のとき

$$\sup_{y>0}\|f(\cdot+iy)\|_{L^p(\boldsymbol{R})}<\infty\tag{3.85}$$

ならば，ただ一つの $f(x) \in L^p(\boldsymbol{R})$ が存在し $f(x+iy)$ は $f(x)$ の Poisson 積分 $P_y f(x)$ に等しい．

$p=1$ に対して (3.85) がなりたつとき，$\boldsymbol{R}$ 上の有界複素正則測度 μ がただ一つ存在し，$f(x+iy)$ は μ の Poisson 積分に等しい．——

証明は次の定理を用いて補題 3.3 に帰着させる．

定理 3.24 上半平面上の調和関数 $f(x+iy)$ が条件 (3.85) をみたすとき，$1 \leqq p \leqq \infty$ のみによる定数 A が存在して

$$\|f(\cdot+iy)\|_{L^\infty(\boldsymbol{R})} \leqq Ay^{-1/p} \sup_{t>0} \|f(\cdot+it)\|_{L^p(\boldsymbol{R})}. \tag{3.86}$$

特に，任意の $y_1>0$ に対し $f(x+iy)$ は半平面 $\{x+iy \in \boldsymbol{C} \mid y \geqq y_1\}$ 上一様有界である．

$1 \leqq p < \infty$ の場合は，さらに $f(x+iy)$ は，任意の $y_1>0$ に対し半平面 $\{x+iy \in \boldsymbol{C} \mid y \geqq y_1\}$ において $|x+iy| \to \infty$ となるとき 0 に収束する．特に各 $y>0$ に対して $f(x+iy)$ は x の関数として $C_0(\boldsymbol{R})$ に属する．

証明 各点 $x+iy$ を中心に半径 $y/2$ までの円周に対して調和関数の平均値の定理を適用し，半径 r に関して r の重みのついた平均をとれば，

$$2\pi f(x+iy) \int_0^{y/2} r\,dr = \int_{|(u,v)| \leqq y/2} f(x+u+i(y+v))\,du\,dv. \tag{3.87}$$

ゆえに Hölder の不等式により

$$\begin{aligned}
|f(x+iy)| &\leqq \frac{4}{\pi y^2} \int_{|(u,v)| \leqq y/2} |f(x+u+i(y+v))|\,du\,dv \\
&\leqq \frac{4}{\pi y^2} \left(\int_{|(u,v)| \leqq y/2} |f(x+u+i(y+v))|^p\,du\,dv \right)^{1/p} \left(\frac{\pi y^2}{4} \right)^{1-(1/p)} \\
&\leqq \left(\frac{4}{\pi y^2} \right)^{1/p} \left(\int_{y/2}^{3y/2} dv \int_{\boldsymbol{R}} |f(u+iv)|^p\,du \right)^{1/p} \\
&\leqq \left(\frac{4}{\pi y} \right)^{1/p} \sup_{t>0} \|f(\cdot+it)\|_{L^p(\boldsymbol{R})}.
\end{aligned}$$

これで (3.86) が証明された．

$1 \leqq p < \infty$ のとき，(3.86) により $y \to \infty$ ならば $f(x+iy)$ は 0 に収束する．したがって $0<y_1<y_2<\infty$ のとき，$y_1 \leqq y \leqq y_2$ に関して一様に

$$f(x+iy) \longrightarrow 0, \qquad |x| \to \infty,$$

となることが示されれば証明が終る．上の不等式と同様の計算により $y_1 \leqq y \leqq y_2$

ならば

$$|f(x+iy)| \leqq \left(\frac{4}{\pi {y_1}^2}\right)^{1/p}\left(\int_{y_1/2}^{y_2+y_1/2} dv \int_{|u-x|\leqq y_1/2} |f(u+iv)|^p du\right)^{1/p}$$

となることがわかる．$|f(u+iv)|^p$ は $\boldsymbol{R}\times[y_1/2, y_2+y_1/2]$ 上可積分であるから，右辺は $|x|\to\infty$ のとき0に収束する．∎

定理 3.23 の証明　定理 3.24 と補題 3.3 により $t, y>0$ ならば

$$f(x+i(t+y)) = \int_{\boldsymbol{R}} P_y(x-u) f(u+it)\, du \tag{3.88}$$

と表わされる．$f(\cdot+it)$ の $t\searrow 0$ となるときの汎弱位相に関する集積点の一つを $f\in L^p(\boldsymbol{R})$ ($1<p\leqq\infty$ のとき) または $\mu\in(C_0(\boldsymbol{R}))'$ ($p=1$ のとき) とする．ここで $x+iy$ を固定し $t\searrow 0$ とする．$P_y(x-\cdot)$ は $L^{p'}(\boldsymbol{R})$ および $C_0(\boldsymbol{R})$ に属するから，(3.88) の右辺は

$$\int_{\boldsymbol{R}} P_y(x-u) f(u)\, du \quad \text{または} \quad \int_{\boldsymbol{R}} P_y(x-u)\, \mu(du)$$

に集積する．一方，左辺は明らかに $f(x+iy)$ に収束する．したがって，

$$f(x+iy) = \int_{\boldsymbol{R}} P_y(x-u) f(u)\, du \quad \text{または} \quad \int_{\boldsymbol{R}} P_y(x-u)\, \mu(du). \tag{3.89}$$

$f(x)$ の一意性は定理 3.12 より従う．測度の場合も μ の Poisson 積分 $f(x+iy)$ は $y\searrow 0$ のとき μ に汎弱収束するから，(3.89) をみたす測度は一つしかない．∎

定理 3.3 および定理 3.13 により定理 3.23 の $f(x)$ は $y\searrow 0$ のときの $f(x+iy)$ の平均収束かつ非接概収束の意味の極限である．これを y が上から 0 に近づくときの極限という意味で $f(x+i0)$ と書く．

$1<p\leqq\infty$ ならば，この定理によって Hardy 空間 $H^p(\boldsymbol{R})$ を Lebesgue 空間 $L^p(\boldsymbol{R})$ の線型部分空間と同一視することができる．$0<p\leqq 1$ の場合も同様であることを示すには F. Riesz の定理に相当する次の定理が必要である．

定理 3.25 (**Hille-Tamarkin-Kawata**)　$F(x+iy)\in H^p(\boldsymbol{R})$，$0<p\leqq\infty$，の零点全体を $\{z_j\}$ とするとき，

$$\sum_j \frac{\operatorname{Im} z_j}{1+|z_j|^2} < \infty \tag{3.90}$$

がなりたち，F の **Blaschke 積**

(3.91) $$B(z)=\left(\frac{z-i}{z+i}\right)^k\prod_{z_j\neq i}\frac{z-z_j}{z-\bar{z}_j}\frac{|z_j-i|}{z_j-i}\frac{|z_j+i|}{z_j+i}$$

は $\operatorname{Im} z>0$ で絶対収束する．ただし k は $z_j=i$ の個数とする．$B(z)$ は

(3.92) $$|B(z)|\leqq 1,\qquad \operatorname{Im} z>0,$$

をみたす整型関数であり，ほとんどすべての $x\in\boldsymbol{R}$ において非接極限 $B(x)$ をもち

(3.93) $$|B(x)|=1,\qquad \text{a.e. } x\in\boldsymbol{R},$$

がなりたつ．

さらに

(3.94) $$F(z)=G(z)B(z)$$

と因数分解したとき，$G(z)$ は $\operatorname{Im} z>0$ で零点を持たない整型関数であり，$H^p(\boldsymbol{R})$ に属し，かつ

(3.95) $$\|G\|_{H^p(\boldsymbol{R})}=\|F\|_{H^p(\boldsymbol{R})}.$$ ——

証明に先立ち次の定理を準備する．

定理 3.26 $0<p\leqq\infty$ のみによる定数 A_p が存在して，任意の $F(x+iy)\in H^p(\boldsymbol{R})$ および $y>0$ に対し

(3.96) $$\|F(\cdot+iy)\|_{L^\infty(\boldsymbol{R})}\leqq A_p y^{-1/p}\|F\|_{H^p(\boldsymbol{R})}.$$

証明 $p=\infty$ のときは明らかであるから，$0<p<\infty$ とする．

定理 3.24 は調和関数に対して証明したが，同じ定理は正値劣調和関数に対してもなりたつ．ここで $f(x+iy)$ が**劣調和**であるとは，$-\infty\leqq f(x+iy)<\infty$，$f(x+iy)\not\equiv-\infty$ をみたす上半連続関数であって z_0 を中心とする半径 r の閉円板が定義域に含まれるならば

(3.97) $$f(z_0)\leqq\frac{1}{2\pi}\int_0^{2\pi}f(z_0+re^{i\theta})\,d\theta$$

がなりたつことと定義する．(3.87) の等式が (3.97) により不等式におきかわるだけで全く同じ証明がなりたつ．

Jensen の不等式 §2.5 (2.171) は $\log|F(x+iy)|$ が劣調和関数であることを示している．$f(x+iy)$ が劣調和関数であって $\phi(t)$ が実数値単調増加連続凸関数ならば $\phi(f(x+iy))$ は劣調和関数になることが容易に証明されるから，$\phi(t)=e^{pt}$，$p>0$，とすることにより，$|F(x+iy)|^p$ が劣調和であることがわかる．そこで p

$=1$, $f(x+iy)=|F(x+iy)|^p$ に対する定理3.24より

$$|F(x+iy)|^p \leqq Ay^{-1}\|F\|_{H^p(\boldsymbol{R})}{}^p$$

を得る．両辺の p 乗根をとれば (3.96) になる．▮

補題 3.4 $F(x+iy)\in H^\infty(\boldsymbol{R})$ かつ $F(x)$ を定理3.23で存在が保証された $F(x+iy)$ の非接極限とする．$\{z_j\}$ を F の零点全体とするならば，

$$\text{(3.98)}\qquad \log|F(x+iy)| \leqq \log\prod_j\left|\frac{x+iy-z_j}{x+iy-\bar{z}_j}\right| + \frac{1}{\pi}\int_{\boldsymbol{R}}\log|F(t)|\frac{y}{(x-t)^2+y^2}dt.$$

証明 等角写像 (3.82) によって上半平面を単位円板 U にうつす．$f(w)=F(z(w))\in H^\infty(\boldsymbol{T})$ に対して F. Riesz の定理 (§2.5 定理2.39) を適用すれば，

$$f(w) = g(w)b(w)$$

と零点をもたない $g(w)\in H^\infty(\boldsymbol{T})$ と Blaschke 積

$$b(w) = w^k\prod_{w_j\neq 0}\frac{|w_j|(w_j-w)}{w_j(1-\bar{w}_jw)}$$

の積に分解できる．$G(z)=g(w(z))$, $B(z)=b(w(z))$ とすれば，

$$F(z) = G(z)B(z),$$

かつ簡単な計算により $B(z)$ は Blaschke 積 (3.91) に等しいことが示される．特に

$$|B(z)| = \prod_j\left|\frac{z-z_j}{z-\bar{z}_j}\right|.$$

§2.5 定理2.40および等角写像が角度を保つことから $B(z)$ はほとんどすべての $x\in\boldsymbol{R}$ において非接極限 $B(x)$ をもち，$|B(x)|=1$ をみたす．

したがって，$\log|G(z)|$ はほとんどすべての $x\in\boldsymbol{R}$ において $\log|F(x)|$ に等しい非接極限をもつ．一方，$\log|G(z)|$ は $\operatorname{Im} z>0$ において上に有界な調和関数であるから，補題3.3と同じ証明で Lebesgue の収束定理を用いたところを Fatou の補題にかえることにより

$$\log|G(x+iy)| \leqq \frac{1}{\pi}\int_{\boldsymbol{R}}\log|F(t)|\frac{y}{(x-t)^2+y^2}dt$$

を得る．▮

(3.98) の右辺第1項 $\log|B(z)|$ は真に正になることがないから **Jensen の不等**

式

$$\log|F(x+iy)| \leqq \frac{1}{\pi}\int_{\boldsymbol{R}} \log|F(t)| \frac{y}{(x-t)^2+y^2}dt \tag{3.99}$$

が成立する．したがって§2.5 補題 2.10 から (2.174) を導いたのと同じ論法で次の定理が得られる．

定理 3.27 $F(x+iy)$ は上半平面上の整型関数であって，任意の $t>0$ に対して

$$\sup_{y\geqq t} \|F(\cdot+iy)\|_{L^\infty(\boldsymbol{R})} < \infty \tag{3.100}$$

をみたすとする．このとき，任意の $0<p\leqq\infty$ に対して $\|F(\cdot+iy)\|_{L^p(\boldsymbol{R})}$ は y の減少関数である．

特に，$F(x+iy)\in H^p(\boldsymbol{R})$ に対して

$$\|F\|_{H^p(\boldsymbol{R})} = \lim_{y\searrow 0} \|F(\cdot+iy)\|_{L^p(\boldsymbol{R})}. \tag{3.101}$$

——

定理 3.25 の証明 はじめに $F(i)\neq 0$ と仮定する．任意の $t>0$ に対し $F(x+iy+it)$ は定理 3.26 により補題 3.4 の仮定をみたす．そこで $x+iy=i$ に対する (3.98) により

$$\log\prod_{\mathrm{Im}\, z_j>t}\left|\frac{z_j-it-i}{\bar{z}_j+it-i}\right| \geqq \log|F(it+i)| - \frac{1}{\pi}\int_{\boldsymbol{R}} \log|F(s+it)|\frac{1}{s^2+1}ds$$

を得る．$z_j=x_j+iy_j$ とするとき

$$\left|\frac{z_j-i}{\bar{z}_j-i}\right|^2 = 1-\frac{4y_j}{x_j^2+(y_j+1)^2}$$

ゆえ

$$2\sum_{y_j>t}\frac{y_j-t}{x_j^2+(y_j-t+1)^2} \leqq -\log|F(it+i)| + \frac{1}{\pi}\int_{\boldsymbol{R}}\log|F(s+it)|\frac{1}{s^2+1}ds. \tag{3.102}$$

$p<\infty$ のとき§2.5 の不等式 (2.175) を用いれば，右辺第 2 項は

$$\frac{1}{\pi p}\int_{\boldsymbol{R}}|F(s+it)|^p\frac{1}{s^2+1}ds \leqq \frac{1}{\pi p}\|F(\cdot+it)\|_{L^p(\boldsymbol{R})}{}^p$$

でおさえられ，$p=\infty$ のときは $\log\|F(\cdot+it)\|_{L^\infty(\boldsymbol{R})}$ でおさえられる．いずれにせよ $t\searrow 0$ のとき (3.102) の右辺は有界である．それゆえ (3.90) が従う．

$F(i)=0$ の場合は座標をとりかえるか，あるいは $F(x+iy)$ を $(z-i)^k/(z+i)^k$ で割ったものを考えることにより上の場合に帰着できる．

(3.90) の下で Blaschke 積 (3.91) が $\mathrm{Im}\,z>0$ において絶対収束することは容易に証明できる．このとき，$B(z)$ が (3.92) をみたすことは明らかである．

$B(z)$ の非接極限 $B(x)$ の存在および (3.93) は，等角写像 (3.82) により §2.5 定理 2.40 に帰着させることができる．

最後に (3.95) の証明は F. Riesz の定理の場合と同様である．$p=\infty$ のときは変数変換により F. Riesz の定理に帰着できるから $0<p<\infty$ とする．(3.91) の最初の m 項までの部分積を $B_m(z)$ としたとき，$F(z)/B_m(z)$ は定理 3.27 の仮定をみたし，かつ $|B_m(x+iy)|$ は $y\to 0$ のとき一様に 1 に収束する．したがって，定理 3.27 により任意の $y>0$ に対して

$$\int_{\boldsymbol{R}}\left|\frac{F(x+iy)}{B_m(x+iy)}\right|^p dx \leqq \|F\|_{H^p(\boldsymbol{R})}{}^p$$

が成立する．$m\to\infty$ のとき左辺の被積分関数は単調に増加して $|G(x+iy)|^p$ に収束するから，Beppo Levi の定理により

$$\|G(\cdot+iy)\|_{L^p(\boldsymbol{R})} \leqq \|F\|_{H^p(\boldsymbol{R})}$$

が従う．左辺の上限をとって

$$\|G\|_{H^p(\boldsymbol{R})} \leqq \|F\|_{H^p(\boldsymbol{R})}$$

を得る．(3.92) より逆むきの不等式は明らかである．▌

§2.5 定理 2.41 と同様，定理 3.25，$p=2$ に対する定理 3.23，定理 3.13 および定理 3.14 より次の定理が導かれる．

定理 3.28 (Hille-Tamarkin-Kawata)　$F(x+iy)\in H^p(\boldsymbol{R})$，$0<p\leqq\infty$，はほとんどすべての $x\in\boldsymbol{R}$ に対して非接極限をもち，極限関数 $F(x+i0)$ は $L^p(\boldsymbol{R})$ に属する．かつ任意の $0\leqq\alpha<\pi/2$ に対して α と p のみによる定数 A が存在して

$$M_\alpha F(x) = \sup\left\{|F(u+iv)| \;\middle|\; \left|\frac{u-x}{v}\right| \leqq \tan\alpha\right\} \tag{3.103}$$

の $L^p(\boldsymbol{R})$ ノルムは $A\|F\|_{H^p(\boldsymbol{R})}$ をこえない．特に $0<p<\infty$ の場合は $y\to 0$ のとき

$$\|F(\cdot+iy)-F(\cdot+i0)\|_{L^p(\boldsymbol{R})} \longrightarrow 0. \tag{3.104}$$

——

(3.101) および (3.104) より

(3.105) $$\|F(\cdot+i0)\|_{L^p(\boldsymbol{R})}=\|F\|_{H^p(\boldsymbol{R})}$$

が従う．それゆえ，境界値 $F(x+i0)$ をとる写像の下で $H^p(\boldsymbol{R})$ を $L^p(\boldsymbol{R})$ の線型部分空間と同一視することができる．$H^p(\boldsymbol{T})\subset L^p(\boldsymbol{T})$ を特徴づける条件§2.5 (2.165) 式に相当するのは次の定理である．

定理 3.29 (i) (**Hille-Tamarkin**) $1\leqq p<\infty$ のとき，$f(x)\in L^p(\boldsymbol{R})$ が $F(x+iy)\in H^p(\boldsymbol{R})$ の境界値であるための必要十分条件は $f(x)$ の Cauchy 変換が下半平面で 0 になることであり，このとき $F(x+iy)$ は $f(x)$ の Cauchy 変換の上半平面での部分に等しい．

(ii) (**Paley-Wiener**) $1\leqq p\leqq 2$ のとき，$f(x)\in L^p(\boldsymbol{R})$ が $F(x+iy)\in H^p(\boldsymbol{R})$ の境界値であるための必要十分条件は $f(x)$ の Fourier 変換 $\mathscr{F}f(\xi)$ がほとんどすべての $\xi<0$ に対して 0 になることである．このとき $F(x+iy)$, $y>0$, は絶対収束する積分によって

(3.106) $$F(x+iy)=\int_0^\infty \mathscr{F}f(\xi)e^{i(x+iy)\xi}d\xi$$

と表わされる．この意味で $\mathscr{F}f(\xi)$ の逆 Fourier 変換に等しい．

証明 (i) $f(x)$ を $F(x+iy)\in H^p(\boldsymbol{R})$ の境界値とする．$y>0$ のとき，$0<y_1<y<y_2$ となるよう y_1, y_2 を選び，図のような積分路 Γ をとれば，Cauchy の積分公式により

$$F(x+iy)=\frac{1}{2\pi i}\int_\Gamma \frac{F(w)}{w-(x+iy)}dw.$$

ここで縦の積分路の上の積分は，定理 3.24 により $N\to\infty$ のとき 0 に収束す

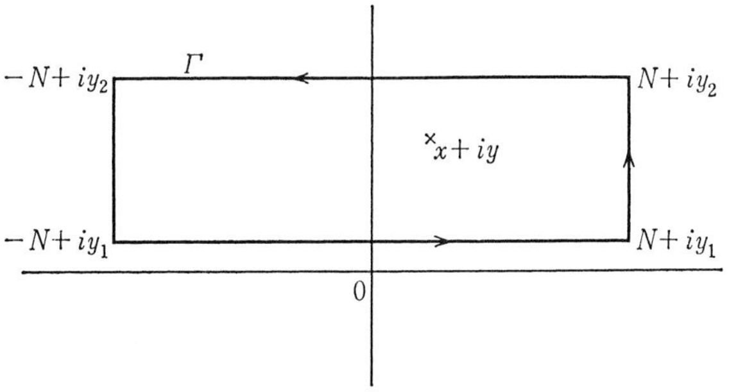

図 3.1

ることがわかる．したがって

$$(3.107)\qquad F(x+iy) = \frac{-1}{2\pi i}\int_{-\infty}^{\infty}\frac{F(t+iy_1)}{x+iy-(t+iy_1)}dt + \frac{1}{2\pi i}\int_{-\infty}^{\infty}\frac{F(t+iy_2)}{x+iy-(t+iy_2)}dt$$

と表わされる．$y_1\searrow 0$ のとき，$F(t+iy_1)$ は $L^p(\boldsymbol{R})$ において $f(t)$ に強収束し，$1/(x+iy-(t+iy_1))$ は $L^{p'}(\boldsymbol{R})$ において $1/(x-t+iy)$ に強収束する．それゆえ，Hölder の不等式により (3.107) の右辺第1項は $f(x)$ の Cauchy 変換に収束する．

一方，$y_2\to\infty$ とすれば，同じく Hölder の不等式により

$$\left|\int_{-\infty}^{\infty}\frac{F(t+iy_2)}{x+iy-(t+iy_2)}dt\right| \leqq \|F(\cdot+iy_2)\|_{L^p(\boldsymbol{R})}\left\|\frac{1}{x-\cdot+i(y-y_2)}\right\|_{L^{p'}(\boldsymbol{R})} \longrightarrow 0.$$

これで $F(x+iy)$，$y>0$，は $f(x)$ の Cauchy 変換に等しいことが証明できた．

$y<0$ のときは

$$0 = \frac{1}{2\pi i}\int_{\Gamma}\frac{F(w)}{w-(x+iy)}dw$$

から出発して同じ計算で $f(x)$ の Cauchy 変換が 0 に等しいことが示される．

逆に $f(x)$ の Cauchy 変換が下半平面で 0 に等しいと仮定する．Poisson 核は Cauchy 核を用いて

$$\frac{1}{\pi}\frac{y}{x^2+y^2} = \frac{-1}{2\pi i}\left(\frac{1}{x+iy}-\frac{1}{x-iy}\right)$$

と表わされるから，$f(x)$ の Cauchy 変換を $F(x+iy)$ かつ $y>0$ とするとき

$$P_y f(x) = F(x+iy)-F(x-iy) = F(x+iy).$$

すなわち f の Poisson 積分は整型関数 $F(x+iy)$ に等しい．したがって定理 3.3 により $F(x+iy)$ は $H^p(\boldsymbol{R})$ に属し，$y\searrow 0$ のとき $L^p(\boldsymbol{R})$ において $f(x)$ に強収束する．

(ii)　$f(x)$ を $F(x+iy)\in H^p(\boldsymbol{R})$ の境界値とする．$y>0$ とし，$F(x+iy)\in L^p(\boldsymbol{R})$ の Fourier 変換を $\hat{f}_y(\xi)$ と書く．(3.20) により $L^{p'}(\boldsymbol{R})$ における強収束の意味で

$$(3.108)\qquad \hat{f}_y(\xi) = \operatorname*{s-lim}_{N\to\infty}\int_{-N}^{N}F(x+iy)e^{-ix\xi}dx$$

と表わされる．$0<y_1<y_2$ とすれば，(i) の場合と同様 $N\to\infty$ のとき

$$\int_{-N}^{N} F(x+iy_1)e^{-i(x+iy_1)\xi}dx - \int_{-N}^{N} F(x+iy_2)e^{-i(x+iy_2)\xi}dx \longrightarrow 0$$

となる．ここで $y=y_1, y_2$ に対して (3.108) の右辺が概収束するように共通の数列 $N_j\to\infty$ をとれば，

$$e^{\xi y_1}\hat{f}_{y_1}(\xi) = e^{\xi y_2}\hat{f}_{y_2}(\xi), \qquad \text{a.e. } \xi,$$

を得る．これよりほとんどすべての y および ξ に対して

$$\hat{f}_y(\xi) = e^{-y\xi}\varphi(\xi)$$

となる可測関数 $\varphi(\xi)$ が存在することがわかる．

$$\|e^{-y\xi}\varphi(\xi)\|_{L^{p'}(\boldsymbol{R})} \leqq M$$

となる $y>0$ によらない定数 M がとれることから

$$\varphi(\xi) = 0, \qquad \text{a.e. } \xi < 0,$$

および $\varphi(\xi) \in L^{p'}(\boldsymbol{R})$ が従う．

$y\searrow 0$ のとき，$F(x+iy)$ は $L^p(\boldsymbol{R})$ において $f(x)$ に強収束し，$e^{-y\xi}\varphi(\xi)$ は $L^{p'}(\boldsymbol{R})$ において $\varphi(\xi)$ に強収束するから，$\varphi(\xi)$ は $f(x)$ の Fourier 変換に等しい．

逆に $f(x) \in L^p(\boldsymbol{R})$ の Fourier 変換 $\hat{f}(\xi)$ がほとんどすべての $\xi<0$ に対して 0 であると仮定する．このとき

$$F(x+iy) = \int_0^\infty \hat{f}(\xi)e^{i(x+iy)\xi}d\!\!\bar{}\,\xi \tag{3.109}$$

が上半平面 $y>0$ 上の整型関数になることは積分記号下の微分によって容易にたしかめることができる．$\xi\geqq 0$ で $e^{i(x+iy)\xi}$ に等しく，$\xi<0$ で 0 に等しい関数は $\bar{L}^p(\boldsymbol{R})$ に属するから，(3.20) により

$$\begin{aligned} F(x+iy) &= \lim_{N\to\infty}\int_0^\infty e^{i(x+iy)\xi}d\!\!\bar{}\,\xi\int_{-N}^{N} f(t)e^{-it\xi}dt \\ &= \lim_{N\to\infty}\int_{-N}^{N} f(t)\frac{-1}{2\pi i(x+iy-t)}dt \\ &= \frac{-1}{2\pi i}\int_{\boldsymbol{R}}\frac{f(t)}{x+iy-t}dt. \end{aligned} \tag{3.110}$$

すなわち $F(x+iy)$，$y>0$，は $f(x)$ の Cauchy 変換に等しい．一方，同様の計算で $y>0$ に対し

$$\frac{1}{2\pi i}\int_{\boldsymbol{R}}\frac{f(t)}{x-iy-t}dt = \lim_{N\to\infty}\int_{-\infty}^{0} e^{i(x-iy)\xi}d\!\!\bar{}\,\xi\int_{-N}^{N} f(t)e^{-it\xi}dt = 0.$$

したがって (i) により $f(x)$ は $F(x+iy)\in H^p(\boldsymbol{R})$ の境界値に等しい. ∎

次に $f(x)\in L^p(\boldsymbol{R})$, $1\leqq p<\infty$, がある関数 $\varphi(\xi)$ の逆 Fourier 変換で与えられている場合を考える. 逆 Fourier 変換の定義としてなるべく一般のものをとるため, $\varphi(\xi)$ は任意の $\varepsilon>0$ に対して

$$\varphi(\xi)e^{-\varepsilon|\xi|}\in \mathcal{L}^1(\boldsymbol{R}) \tag{3.111}$$

をみたす可測関数であり, $L^p(\boldsymbol{R})$ における強収束の意味で

$$f(x)=\operatorname*{s\text{-}lim}_{\varepsilon\searrow 0}\int_{\boldsymbol{R}}\varphi(\xi)e^{ix\xi-\varepsilon|\xi|}d\xi \tag{3.112}$$

であると仮定する.

定理 3.30　以上の仮定の下で $f(x)$ が $H^p(\boldsymbol{R})$ の元の境界値であるための必要十分条件はほとんどすべての $\xi<0$ に対し $\varphi(\xi)=0$ となることである.

証明　はじめに $\varphi(\xi)\in \mathcal{L}^1(\boldsymbol{R})$ を仮定して $f(x)$ の Cauchy 変換を計算する. $\operatorname{Im} z\neq 0$ のとき, $(z-t)^{-1}$ は t の関数として $L^{p'}(\boldsymbol{R})$ に属するから

$$\begin{aligned}\frac{-1}{2\pi i}\int_{\boldsymbol{R}}f(t)\frac{1}{z-t}dt &= \frac{-1}{2\pi i}\lim_{N\to\infty}\int_{-N}^{N}f(t)\frac{1}{z-t}dt \\ &= \frac{-1}{2\pi i}\lim_{N\to\infty}\int_{\boldsymbol{R}}\varphi(\xi)d\xi\int_{-N}^{N}\frac{e^{it\xi}}{z-t}dt.\end{aligned} \tag{3.113}$$

ここで $z\in \boldsymbol{C}\setminus\boldsymbol{R}$ を固定したとき, $\xi\in\boldsymbol{R}$, $N>0$ によらない定数 M が存在し

$$\left|\frac{-1}{2\pi i}\int_{-N}^{N}\frac{e^{it\xi}}{z-t}dt\right|\leqq M, \tag{3.114}$$

かつ

$$\lim_{N\to\infty}\frac{-1}{2\pi i}\int_{-N}^{N}\frac{e^{it\xi}}{z-t}dt=\begin{cases}e^{iz\xi}, & \operatorname{Im} z>0,\ \ \xi>0,\\ -e^{iz\xi}, & \operatorname{Im} z<0,\ \ \xi<0,\\ 0, & \operatorname{Im} z\cdot\xi<0,\end{cases} \tag{3.115}$$

となることを証明しよう. まず $\xi>0$, $\operatorname{Im} z>0$ の場合, N を十分大にし, Γ として線分 $[-N,N]$ と原点を中心とする半径 N の上半円弧 C からなる閉曲線をとれば, Cauchy の積分公式により

$$\frac{-1}{2\pi i}\int_{\Gamma}\frac{e^{it\xi}}{z-t}dt=e^{iz\xi}. \tag{3.116}$$

一方

(3.117) $$\left|\frac{-1}{2\pi i}\int_C \frac{e^{it\xi}}{z-t}dt\right| \leqq \frac{N}{2\pi(N-|z|)}\int_0^\pi e^{-N\xi\sin\theta}d\theta \leqq \frac{N}{2(N-|z|)}$$

は N が十分大のとき一様有界ゆえ，(3.114) がなりたつ．(3.117) の積分に対して Lebesgue の収束定理を適用すれば (3.115) の最初の極限が得られる．

$\xi>0$, $\mathrm{Im}\, z<0$ の場合は (3.116) の右辺が 0 になるだけで同じ証明がなりたつ．$\xi<0$ の場合は上半円弧を下半円弧にかえればよい．

以上により (3.113) の右辺は積分記号と極限を交換することができ

(3.118) $$\frac{-1}{2\pi i}\int_{\boldsymbol{R}} f(t)\frac{1}{z-t}dt = \begin{cases} \displaystyle\int_0^\infty \varphi(\xi)e^{iz\xi}d\xi, & \mathrm{Im}\, z>0, \\ \displaystyle -\int_{-\infty}^0 \varphi(\xi)e^{iz\xi}d\xi, & \mathrm{Im}\, z<0, \end{cases}$$

がなりたつ．

$\varphi(\xi)$ が (3.111) をみたすにすぎないときも，$\varphi(\xi)e^{-\varepsilon|\xi|}$ に対して上の結果を適用し $\varepsilon\searrow 0$ のときの両辺の極限をとれば，同じく (3.118) が成立することがわかる．

したがって，定理 3.29 (i) により f が $H^p(\boldsymbol{R})$ の元の境界値であるための必要十分条件は

$$\int_{-\infty}^0 \varphi(\xi)e^{iz\xi}d\xi = 0, \quad \mathrm{Im}\, z<0,$$

となる．これは，$\xi>0$ で 0，$\xi<0$ で $\varphi(\xi)e^{-y\xi}$ に等しい可積分関数の逆 Fourier 変換が 0 ということであるから，ほとんどすべての $\xi<0$ に対して $\varphi(\xi)=0$ となることと同等である．∎

$f(x)$ が $L^p(\boldsymbol{R})$, $1<p<\infty$, に属するとき，$f(x)$ の Cauchy 変換 $F(x+iy)$ の上半平面上の成分は，(3.61), (3.69) からわかるように，

$$\frac{1}{2}(P_y f(x)+i\tilde{P}_y f(x)) = \frac{1}{2}P_y(1+iH)f(x)$$

に等しく，$H^p(\boldsymbol{R})$ に属する．したがって $L^p(\boldsymbol{R})$ における強収束および非接極限の意味での境界値 $F(x+i0)\in L^p(\boldsymbol{R})$ をもつ．$F(x+iy)$ の下半平面上の成分も原点に関する対称点をとる座標変換をすれば同様の理由により $H^p(\boldsymbol{R})$ に属する．それゆえ $L^p(\boldsymbol{R})$ における強収束および非接極限の意味での境界値 $F(x-i0)\in L^p(\boldsymbol{R})$ が存在し，かつ

(3.119) $$f(x) = F(x+i0)-F(x-i0)$$

となる．

$f(x)$ が定理 3.30 の意味で $\varphi(\xi)$ の逆 Fourier 変換に等しいとき，$f(x)$ の Cauchy 変換は (3.118) で与えられるが，この右辺は $\varphi(\xi)$ が (3.111) をみたすだけで定義可能であり，これを $F(x+iy)$ としたとき，定理の証明からわかるように

$$F(x+i\varepsilon)-F(x-i\varepsilon) = \int_{\boldsymbol{R}} \varphi(\xi)\, e^{ix\xi-\varepsilon|\xi|} d\xi$$

がなりたつ．したがって，$1<p<\infty$ のとき $L^p(\boldsymbol{R})$ において (3.112) がなりたつためには，このように定義された $F(x+iy)$ の上半平面上の成分および下半平面上の成分のおりかえしが共に $H^p(\boldsymbol{R})$ に属することが必要十分になる．

同じことは Fourier 変換に対してもなりたつ．すなわち，$f(x)$ を任意の $\varepsilon>0$ に対して

$$f(x)\, e^{-\varepsilon|x|} \in L^1(\boldsymbol{R}) \tag{3.120}$$

をみたす可測関数とすれば，

$$\Phi(\zeta) = \begin{cases} \displaystyle\int_{-\infty}^{0} f(x)\, e^{-ix\zeta} dx, & \operatorname{Im}\zeta > 0, \\ \displaystyle -\int_{0}^{\infty} f(x)\, e^{-ix\zeta} dx, & \operatorname{Im}\zeta < 0, \end{cases} \tag{3.121}$$

で定義される関数 $\Phi(\zeta)=\Phi(\xi+i\eta)$ は $\boldsymbol{C}\setminus\boldsymbol{R}$ 上の整型関数である．さらに $1<q<\infty$ とするとき，$L^q(\boldsymbol{R})$ における Abel 和の意味の Fourier 変換

$$\varphi(\xi) = \operatorname*{s\text{-}lim}_{\varepsilon\searrow 0} \int_{\boldsymbol{R}} f(x)\, e^{-ix\xi-\varepsilon|x|} dx \tag{3.122}$$

が存在するための必要十分条件は $\Phi(\xi+i\eta)$ の上，下半平面の成分が共に $H^q(\boldsymbol{R})$ に属することである．このとき

$$\varphi(\xi) = \Phi(\xi+i0)-\Phi(\xi-i0) \tag{3.123}$$

と表わされる．

$f(x)$ が $L^\infty(\boldsymbol{R})+L^1(\boldsymbol{R})$ に属すれば，(3.120) はみたされる．したがって，$\Phi(\zeta)$ は定義可能である．しかし後の条件はいかなる q に対してもみたされるとは限らない．われわれは前節で $f(x)\in L^1(\boldsymbol{R})+L^2(\boldsymbol{R})$ に対してのみ Fourier 変換 $\mathcal{F}f(\xi)$ を定義したが，Fourier 像を関数とするかぎり，これはやむを得ない制限であった．というのは $f\in L^p(\boldsymbol{R})$，$2<p\leqq\infty$，に対しても Fourier 変換

$\mathcal{F}f(\xi)$ を定義することはできるが，これらは一般にもはや関数にはならないからである．

T. Carleman [1] は (3.121) で定義される $\boldsymbol{C}\setminus\boldsymbol{R}$ 上の整型関数 $\Phi(\zeta)$ が抽象的な意味で (3.123) で表わされる一般の関数 $\varphi(\xi)$ を表わすとして，必ずしも関数にならない Fourier 変換の一般論を建設した．これは佐藤の超関数 (hyperfunction) の先駆といえる．

後に L. Schwartz [41] は実関数的な方法で超関数 (distribution) を導入し，別の立場から超関数の Fourier 変換を論じた．Schwartz の超関数は局所可積分関数を含み，何回でも微分できる．$f\in L^p(\boldsymbol{R})$，$1\leqq p<\infty$，に対して Fourier 変換の公式 (3.36) の積分は絶対収束し，ξ の連続関数になる．これが通常の意味で可微分でないときも超関数としては微分でき (3.36) がなりたつ．

なお F. & M. Riesz の定理，Szegö-F. Riesz の定理および Hardy の定理 (§2.5 定理 2.42-2.44) に相当することもなりたつが，それについては読者にまかせることにしよう．

§3.3　可換 Lie 群における Fourier 解析

これまで，単位円周 $\boldsymbol{T}$ および実直線 $\boldsymbol{R}$ 上の関数について得られた結果のうち最も簡単な部分を有限生成の可換 Lie 群上の関数の場合に拡張しよう．

$\boldsymbol{T}$ 上の関数には $\boldsymbol{Z}$ 上の関数である Fourier 係数が対応し，$\boldsymbol{R}$ 上の関数には同じ $\boldsymbol{R}$ 上の関数である Fourier 変換が対応した．一般の有限生成可換 Lie 群 X の場合，X 上の関数の Fourier 変換が定義されるべき空間 $\hat{X}$ をまず定めておかなければならない．

定義 3.7　X を有限生成の可換 Lie 群とするとき，次の二つの性質をもつ X 上の複素数値連続関数 $\chi(x)$ を X の**指標** (character) という：

(i)　$$\chi(x-y)=\chi(x)\chi(y)^{-1},\qquad x,y\in X;$$

(ii)　$$|\chi(x)|=1,\qquad x\in X.$$

X の指標全体 $\hat{X}$ は，$\chi_1,\chi_2\in\hat{X}$ に対し

(3.124)　$$(\chi_1+\chi_2)(x)=\chi_1(x)\chi_2(x)$$

によって和 $\chi_1+\chi_2$ を定義することにより可換群をなす．これを X の**指標群**または**双対群**という．——

$X=\boldsymbol{R}$ のとき，(i) をみたす連続関数はある複素数 a を用いて e^{ax} と表わされることが容易に証明できる．(ii) をみたすためには a は純虚数 $i\xi$ でなければならない．$\xi_1, \xi_2 \in \boldsymbol{R}$ のとき

$$e^{i\xi_1 x} \cdot e^{i\xi_2 x} = e^{i(\xi_1+\xi_2)x}, \qquad x \in \boldsymbol{R},$$

かつ $\xi_1 \neq \xi_2$ ならば関数として $e^{i\xi_1 x} \neq e^{i\xi_2 x}$．こうして $\boldsymbol{R}$ の指標群は $\boldsymbol{R}$ と同型であることが示された．

$X=\boldsymbol{T}=\boldsymbol{R}/2\pi\boldsymbol{Z}$ のときは，2π を周期とする $e^{i\xi x}$ のみが許される．これは $\xi \in \boldsymbol{Z}$ ということであり，$\hat{\boldsymbol{T}}$ は $\boldsymbol{Z}$ と同型である．

$X=\boldsymbol{Z}$ のときは，$|\chi(1)|=1$ を任意にきめることによって指標がただ一つ定まり，指標の和には積が対応する．$\chi(1)=e^{i\xi}$ の形に書けば，$\hat{\boldsymbol{Z}}$ は $\boldsymbol{T}$ と同型であることがわかる．

X が有限巡回群 $\boldsymbol{Z}/m\boldsymbol{Z}$ の場合は $e^{im\xi}=1$ となる $\xi \in \boldsymbol{T}$ のみが許される．すなわち $\boldsymbol{T}$ の周期 2π の m 分点全体のなす位数 m の有限巡回群が指標群になる．

最後に X が直積 $X_1 \times X_2$ に分解される場合，$\hat{X}$ は直積 $\hat{X}_1 \times \hat{X}_2$ と同型になることに注意する．実際，$\chi_1 \in \hat{X}_1$，$\chi_2 \in \hat{X}_2$ のとき，

$$\chi(x_1 \oplus x_2) = \chi_1(x_1)\chi_2(x_2), \qquad x_1 \in X_1,\quad x_2 \in X_2, \tag{3.125}$$

で定義される χ は $X_1 \times X_2$ 上の指標であり，逆に χ が $X_1 \times X_2$ の指標ならば，$\chi_1(x_1)=\chi(x_1 \oplus 0)$，$\chi_2(x_2)=\chi(0 \oplus x_2)$ はそれぞれ X_1, X_2 の指標であり，(3.125) をみたす．この対応が群の同型を与えることは容易に示される．

任意の有限生成可換 Lie 群 X は $\boldsymbol{R}^{n_1} \times \boldsymbol{T}^{n_2} \times \boldsymbol{Z}^{n_3} \times \Phi$ と直積分解されるから，

$$(\boldsymbol{R}^{n_1} \times \boldsymbol{T}^{n_2} \times \boldsymbol{Z}^{n_3} \times \Phi)\hat{} \cong \boldsymbol{R}^{n_1} \times \boldsymbol{Z}^{n_2} \times \boldsymbol{T}^{n_3} \times \Phi \tag{3.126}$$

によってその指標群を計算することができる．ここで Φ は有限可換群を表わす．

以下，X の元を x，$\hat{X}$ の元を ξ と表わし，指標を $e^{ix\xi}$ と書くことにする．例えば，$X=\boldsymbol{R}^n$ のときは $x=(x_1, \cdots, x_n)$，$\xi=(\xi_1, \cdots, \xi_n)$，$x_i, \xi_i \in \boldsymbol{R}$，であり，

$$e^{ix\xi} = e^{i(x_1\xi_1+\cdots+x_n\xi_n)} \tag{3.127}$$

を意味する．この記法は X が $\boldsymbol{T}$ または $\boldsymbol{Z}$ の成分を含むときも，x_i, ξ_i を $\boldsymbol{R}/2\pi\boldsymbol{Z}$ の同値類の $\boldsymbol{R}$ における代表，あるいは $\boldsymbol{R}$ の部分集合 $\boldsymbol{Z}$ の元とみなせばつじつまがあっている．ただし有限巡回群 $\boldsymbol{Z}/m\boldsymbol{Z}$ の成分をもつときは，x_i を $\boldsymbol{Z}/m\boldsymbol{Z}$ の同値類の $\boldsymbol{Z}$ における代表と考えるならば，ξ_i は $\boldsymbol{T}$ の部分集合 $(2\pi/m)\boldsymbol{Z}/2\pi\boldsymbol{Z}$ の同値類の $(2\pi/m)\boldsymbol{Z}$ における代表とみなさなければならない．

いずれにせよ，有限生成可換 Lie 群 X の指標は実解析的であり，X の各点の近傍の座標関数として指標をとることができる．反対に各指標 $e^{ix\xi}$ を指標群 $\hat{X}$ 上の関数とみなし，$\hat{X}$ の各点の近傍の座標関数とすることによって $\hat{X}$ に実解析多様体の構造を与えることができる．これは $\hat{X}$ の可換群の構造と両立し，$\hat{X}$ は再び有限生成の可換 Lie 群になる．(3.126) は可換 Lie 群としての同型でもある．これから，$\hat{X}$ の指標群は X と同型になることがわかる．

以上の事実は局所コンパクト可換位相群の場合に拡張されている．すなわち，X を局所コンパクト可換位相群，$\hat{X}$ をその指標群としたとき，指標 χ_ν が χ に収束するとは X 上の連続関数 $\chi_\nu(x)$ が X の各コンパクト集合上一様に $\chi(x)$ に収束することであると定義して $\hat{X}$ に位相を入れれば，$\hat{X}$ は局所コンパクト可換位相群になり，X は $\hat{X}$ の指標群と可換位相群として同型である (**Pontrjagin の双対定理**)．そして以下に述べる有限生成可換 Lie 群上の関数に対する Fourier 解析も局所コンパクト可換位相群にまで拡張することができるのであるが，これらの理論についてはその建設者である L. S. Pontrjagin と A. Weil の著書 [7], [11] によって学ばれたい．

さて，X と $\hat{X}$ を有限生成の可換 Lie 群とその指標群とする．X と $\hat{X}$ の Haar 測度を次のように定め，それぞれ dx および $đ\xi$ と書く：

$X=\boldsymbol{R}$ のとき，dx は Lebesgue 測度，$\hat{X}=\boldsymbol{R}$ のとき $đ\xi$ は Lebesgue 測度を 2π で割ったものとする；X または $\hat{X}$ が $\boldsymbol{T}$ のとき，$dx, đ\xi$ は共に Lebesgue 測度を 2π で割ったもの，X または $\hat{X}$ が $\boldsymbol{Z}$ のとき，$dx, đ\xi$ は共に各点の測度を 1 として定まる離散測度とする；X または $\hat{X}$ が位数 m の有限巡回群のとき，dx は各点の測度が 1 に等しい離散測度，$đ\xi$ は各点の測度が $1/m$ に等しい離散測度とする；最後に以上の群の直積に対しては各成分に対し上で定めた Haar 測度の直積をとる．

この Haar 測度 $dx, đ\xi$ に関する Lebesgue 空間を $L^p(X)$ および $Ł^p(\hat{X})$ と書く．また連続関数の空間 $C_c(X), C_0(X)$ および $C(X)$ は §1.2 と同じ意味をもつものとする．

定義 3.8 $f(x)\in L^1(X)$ に対して

$$\mathcal{F}f(\xi)=\int_X f(x)e^{-ix\xi}dx \tag{3.128}$$

を $f(x)$ の **Fourier 積分**または **Fourier 変換**といい，$g(\xi)\in \text{Ł}^1(\hat{X})$ に対して

$$\mathscr{F}^{-1}g(x)=\int_{\hat{X}}g(\xi)e^{ix\xi}d\xi \tag{3.129}$$

を $g(\xi)$ の**逆 Fourier 積分**または**逆 Fourier 変換**という．——

はじめに Riemann-Lebesgue の定理のやさしい部分を証明しておく．

命題 3.2　$f\in L^1(X)$ の Fourier 変換は $\hat{X}$ 上の有界連続関数であり

$$\|\mathscr{F}f\|_{\text{Ł}^\infty(\hat{X})}\leqq\|f\|_{L^1(X)}. \tag{3.130}$$

証明　不等式 (3.130) がなりたつことは明らかである．

$f\in C_c(X)$ とする．$\operatorname{supp} f$ はコンパクトであるから，任意の $\varepsilon>0$ に対し $\hat{X}$ の 0 の近傍 V が存在し

$$|e^{-ix\xi}-1|\leqq\varepsilon,\qquad x\in\operatorname{supp} f,\quad \xi\in V, \tag{3.131}$$

となる．$\xi-\eta\in V$ ならば，

$$|\mathscr{F}f(\xi)-\mathscr{F}f(\eta)|\leqq\int|f(x)||e^{-ix(\xi-\eta)}-1|dx\leqq\varepsilon\|f\|_{L^1(X)}.$$

すなわち $\mathscr{F}f$ は一様連続である．

f が $L^1(X)$ の一般の元のときは，§1.2 定理 1.22 により $L^1(X)$ において $f_n\to f$ となる列 $f_n\in C_c(X)$ をとることができる．したがって，$\mathscr{F}f$ は連続関数列 $\mathscr{F}f_n$ の一様収束極限として連続である．▌

次は Plancherel の定理の主要部分である．

命題 3.3　$f\in L^1(X)\cap L^2(X)$ の Fourier 変換は $\text{Ł}^2(\hat{X})$ に属し

$$\|\mathscr{F}f\|_{\text{Ł}^2(\hat{X})}=\|f\|_{L^2(X)}. \tag{3.132}$$

証明　$X=\boldsymbol{T}$ または $\boldsymbol{Z}$ のときは Riesz-Fischer の定理 (§2.1 定理 2.7)，$X=\boldsymbol{R}$ のときは Plancherel の定理 (§3.1 命題 3.1) である．

$X=\boldsymbol{Z}/m\boldsymbol{Z}$ のときは指標の完全正規直交性

$$\frac{1}{m}\sum_{\nu=0}^{m-1}e^{2\pi ik\nu/m}\overline{e^{2\pi il\nu/m}}=\delta_{kl},\qquad k,l=0,1,\cdots,m-1, \tag{3.133}$$

を用いれば Riesz-Fischer の定理と同様に証明できる．(3.133) の証明は容易であるから略そう．

以上により，二つの有限生成可換 Lie 群 X, Y に対して命題がなりたつとき，直積 $X\times Y$ に対してもなりたつことを示せば証明が終る．

はじめに $f(x,y)\in C_c(X\times Y)$ と仮定する.

$$\mathscr{F}f(\xi,\eta)=\int\int f(x,y)e^{-i(x\xi+y\eta)}dxdy$$
$$=\int e^{-iy\eta}dy\int f(x,y)e^{-ix\xi}dx$$

の中の積分を

$$g(\xi,y)=\int f(x,y)e^{-ix\xi}dx$$

とおく. 命題3.2により $g(\xi,y)$ は $\hat{X}\times Y$ 上の有界連続関数であり, y に関してコンパクトな台をもつ. X, Y に対して命題がなりたつことにより

$$\int|f(x,y)|^2dx=\int|g(\xi,y)|^2d\xi,\qquad y\in Y,$$
$$\int|g(\xi,y)|^2dy=\int|\mathscr{F}f(\xi,\eta)|^2d\eta,\qquad \xi\in\hat{X}.$$

$|g(\xi,y)|^2$ は正値可測関数であるから, Fubini の定理により

$$\int\int|f(x,y)|^2dxdy=\int\int|\mathscr{F}f(\xi,\eta)|^2d\xi d\eta$$

を得る.

$f(x,y)\in L^1(X\times Y)\cap L^2(X\times Y)$ が一般の元のときは, 命題3.2の証明と同様 $L^1(X\times Y)\cap L^2(X\times Y)$ の位相で $f_n\to f$ となる列 $f_n\in C_c(X\times Y)$ をとる. $\mathscr{F}f_n$ は $L^2(\hat{X}\times\hat{Y})$ における Cauchy 列をなすから, ある $h\in L^2(\hat{X}\times\hat{Y})$ に収束する. 部分列をとれば, ほとんどすべての (ξ,η) に対して $\mathscr{F}f_{n'}(\xi,\eta)$ は $h(\xi,\eta)$ に収束する. 一方, 命題3.2により $\mathscr{F}f_n(\xi,\eta)$ は $\mathscr{F}f(\xi,\eta)$ に一様収束するから, ほとんどすべての (ξ,η) に対し $h(\xi,\eta)=\mathscr{F}f(\xi,\eta)$ がなりたつ. したがって f_n に対する (3.132) の両辺は (3.132) の両辺に収束し, (3.132) がなりたつ. ∎

これまで同様, 命題3.2と命題3.3を補間して次の定理を得る.

定理3.31 (Hausdorff-Young の不等式) $1\leqq p\leqq 2$ とし, p' を p と共役な指数とする. $f\in L^1(X)\cap L^p(X)$ ならば, Fourier 変換 $\mathscr{F}f$ は $L^{p'}(\hat{X})$ に属し

$$\|\mathscr{F}f\|_{L^{p'}(\hat{X})}\leqq\|f\|_{L^p(X)}. \tag{3.134}$$

——

これにより Fourier 変換 $\mathscr{F}$ を, 同じく Fourier 変換とよばれ同じ記号で表わされる有界線型作用素 $\mathscr{F}:L^p(X)\to L^{p'}(\hat{X})$ に拡張することができ, 拡張された

Fourier 変換に対しても (3.132), (3.134) が成立する．特に，次の定理がなりたつ．

定理 3.32　$f, g \in L^2(X)$ ならば

(3.135)
$$\int_X f(x)\overline{g(x)}\,dx = \int_{\hat{X}} \mathscr{F}f(\xi)\overline{\mathscr{F}g(\xi)}\,d\xi. \qquad \text{——}$$

Fourier 変換が畳み込みを積に，積を畳み込みにうつすことを示す次の定理も $X=\boldsymbol{T}$ または $\boldsymbol{R}$ の場合と同様に証明できる．

定理 3.33　(i)　$f, g \in L^1(X)$ ならば，

(3.136)
$$\mathscr{F}(f*g)(\xi) = \mathscr{F}f(\xi)\mathscr{F}g(\xi).$$

(ii)　$f, g \in L^2(X)$ ならば，

(3.137)
$$\mathscr{F}(fg)(\xi) = \mathscr{F}f*\mathscr{F}g(\xi). \qquad \text{——}$$

定理 3.34 (Riemann-Lebesgue)　$f \in L^1(X)$ の Fourier 変換 $\mathscr{F}f$ は $C_0(\hat{X})$ に属し

(3.138)
$$\|\mathscr{F}f\|_{C_0(\hat{X})} \leqq \|f\|_{L^1(X)}.$$

証明　$f(x)=|f(x)|^{1/2}(f(x)/|f(x)|^{1/2})$ と分解することにより二つの $L^2(X)$ に属する関数 g, h の積に表わすことができる．したがって，上の定理の (ii) により

$$\mathscr{F}f(\xi) = \mathscr{F}g*\mathscr{F}h(\xi).$$

この右辺は §1.2 定理 1.21 により $C_0(\hat{X})$ に属する．(3.138) は (3.130) と同じである．∎

これまで Fourier 変換 $\mathscr{F}$ に対して述べてきたことは，必要な変更を加えるならばすべて逆 Fourier 変換 $\mathscr{F}^{-1}$ に対してもなりたつ．特に，$1 \leqq q \leqq 2$ に対して $\mathscr{F}^{-1}: \bar{L}^q(\hat{X}) \to L^{q'}(X)$ は高々ノルム 1 の有界線型作用素である．次の定理は $\mathscr{F}^{-1}$ が実際 $\mathscr{F}$ の逆であることを示している．

定理 3.35　$f \in L^1(X)+L^2(X)$ かつ $\mathscr{F}f \in \bar{L}^1(\hat{X})+\bar{L}^2(\hat{X})$ ならば，

(3.139)
$$\mathscr{F}^{-1}\mathscr{F}f(x) = f(x), \qquad \text{a.e. } x.$$

証明　$f_n \in C_c(X)$ を $L^1(X)+L^2(X)$ のノルムに関して f に収束する関数列，g を $C_c(X)$ に属する二つの関数の畳み込みとして表わされる任意の関数とする．$f_n, g \in L^2(X)$ ゆえ，定理 3.32 により

(3.140)
$$\int_X f_n(x)\overline{g(x)}\,dx = \int_{\hat{X}} \mathscr{F}f_n(\xi)\overline{\mathscr{F}g(\xi)}\,d\xi.$$

$\mathcal{F}f_n$ は $C_0(\hat{X})+\mathit{Ł}^2(\hat{X})$ のノルムに関して $\mathcal{F}f$ に収束する．g は $C_0(X)\cap L^2(X)$ に属し，$\mathcal{F}g$ は $\mathit{Ł}^2(\hat{X})$ の二つの関数の積として $\mathit{Ł}^1(\hat{X})$ に属すると共に $\mathit{Ł}^2(\hat{X})$ にも属する．したがって，(3.140) の両辺の極限をとって

$$\int_X f(x)\overline{g(x)}\,dx = \int_{\hat{X}} \mathcal{F}f(\xi)\overline{\mathcal{F}g(\xi)}\,d\xi \tag{3.141}$$

を得る．次に，$h_n\in C_c(\hat{X})$ を $\mathit{Ł}^1(\hat{X})+\mathit{Ł}^2(\hat{X})$ において $\mathcal{F}f$ に収束する関数列とすれば，Fubini の定理により

$$\int_{\hat{X}} h_n(\xi)\overline{\mathcal{F}g(\xi)}\,d\xi = \int_X \mathcal{F}^{-1}h_n(x)\overline{g(x)}\,dx.$$

$\mathcal{F}g\in C_0(\hat{X})\cap \mathit{Ł}^2(\hat{X})$，$g\in L^1(X)\cap L^2(X)$ かつ $\mathcal{F}^{-1}h_n$ は $C_0(X)+L^2(X)$ において $\mathcal{F}^{-1}\mathcal{F}f$ に収束するから，両辺の極限をとって

$$\int \mathcal{F}f(\xi)\overline{\mathcal{F}g(\xi)}\,d\xi = \int \mathcal{F}^{-1}\mathcal{F}f(x)\overline{g(x)}\,dx$$

を得る．(3.141) と合せて

$$\int_X (f(x)-\mathcal{F}^{-1}\mathcal{F}f(x))\overline{g(x)}\,dx = 0 \tag{3.142}$$

が証明できた．これがすべての $g\in C_c(X)*C_c(X)$ に対してなりたつのであるから，変分学の基本補題(付録定理 A.4)により (3.139) が結論される．∎

X と $\hat{X}$ の役割をとりかえることにより，$g\in \mathit{Ł}^1(\hat{X})+\mathit{Ł}^2(\hat{X})$ かつ $\mathcal{F}^{-1}g\in L^1(X)+L^2(X)$ ならば，$\mathcal{F}\mathcal{F}^{-1}g(\xi)=g(\xi)$，a.e. ξ，となることもわかる．それゆえ，定理 3.32 と合せて，次の定理がなりたつ．

定理 3.36 (Plancherel)　Fourier 変換 $\mathcal{F}: L^2(X)\to \mathit{Ł}^2(\hat{X})$ は Hilbert 空間の同型であり，逆 Fourier 変換 $\mathcal{F}^{-1}: \mathit{Ł}^2(\hat{X})\to L^2(X)$ がその逆を与える．特に任意の $f\in L^2(X)$，$g\in \mathit{Ł}^2(\hat{X})$ に対して

$$\|\mathcal{F}f\|_{\mathit{Ł}^2(\hat{X})} = \|f\|_{L^2(X)}, \tag{3.143}$$

$$\|\mathcal{F}^{-1}g\|_{L^2(X)} = \|g\|_{\mathit{Ł}^2(\hat{X})}. \tag{3.144}$$

また定理 3.35 は Fourier 変換 $\mathcal{F}$ が

$$A(X) = \{f\in L^1(X) \mid \mathcal{F}f\in \mathit{Ł}^1(\hat{X})\} \tag{3.145}$$

から

$$A(\hat{X}) = \{g\in \mathit{Ł}^1(\hat{X}) \mid \mathcal{F}^{-1}g\in L^1(X)\} \tag{3.146}$$

への線型全単射であって，その逆が逆 Fourier 変換 $\mathscr{F}^{-1}$ に等しいことも示している．このとき (3.128), (3.129) は共に絶対収束する Lebesgue 積分である．Riemann-Lebesgue の定理により $A(X)$ の元は $C_0(X)$ に属する．それゆえ任意の $L^p(X)$，$1 \leqq p \leqq \infty$，にも属する．

$A(X)$ の元でコンパクト台をもつもの全体の集合を $A_c(X)$ と書く．定理 3.35 の証明中に示したように

$$C_c(X) * C_c(X) \subset A_c(X). \tag{3.147}$$

§1.2 定理 1.22 により $C_c(X)$ は $C_0(X)$ および $L^p(X)$，$1 \leqq p < \infty$，において稠密である．また，§1.2 補題 1.1 の関数 $j_V \in C_c(X)$ を用いれば，0 の近傍 V が小さくなるとき，任意の $f \in C_c(X)$ に対して $L^1(X)$ および $C_0(X)$ のノルムに関して $j_V * f \to f$ となることがわかる．したがって，$C_c(X) * C_c(X)$ は $C_0(X)$ および $L^p(X)$，$1 \leqq p < \infty$，において稠密である．これから $A_c(X)$ および $A(X)$ もこれらの空間において稠密であることがわかる．

§3.4　Fourier-Stieltjes 積分

この節でも $X, \hat{X}$ は有限生成の可換 Lie 群およびその指標群を表わす．これまで関数の Fourier 変換を論じてきたが，この節では測度の Fourier 変換を考える．

定義 3.9　μ が X 上の有界複素正則測度であるとき

$$\mathscr{F}\mu(\xi) = \int_X e^{-ix\xi}\mu(dx) \tag{3.148}$$

によって定義される $\hat{X}$ 上の関数を μ の **Fourier 変換**または **Fourier-Stieltjes 積分**という．——

このうち正値測度に対応するものを特徴づけることがこの節の目的である．そのため次の概念を導入する．

定義 3.10　指標群 $\hat{X}$ 上の複素数値関数 $\varphi(\xi)$ は次の性質をもつとき**正定符号関数**という：

(i)　$\varphi(\xi)$ は $\xi=0$ において連続である；

(ii)　任意に有限個の点 $\xi_1, \cdots, \xi_n \in \hat{X}$ および複素数 $\alpha_1, \cdots, \alpha_n$ をとったとき

(3.149) $$\sum_{i=1}^{n}\sum_{j=1}^{n}\alpha_i\bar{\alpha}_j\varphi(\xi_i-\xi_j) \geqq 0.$$

定理 3.37 X 上の有界正値正則測度 μ の Fourier-Stieltjes 積分は $\hat{X}$ 上の正定符号関数である.

証明 各 ξ に対し積分 (3.148) が存在することは明らかである.

μ は有界な正則測度であるから, 任意の $\varepsilon>0$ に対してコンパクト集合 $K\subset X$ が存在し, $\mu(X\setminus K)\leqq\varepsilon$ となる. したがって

$$|\mathscr{F}\mu(\xi)-\mathscr{F}\mu(0)| \leqq \int_K|e^{-ix\xi}-1|\mu(dx)+2\int_{X\setminus K}\mu(dx)$$
$$\leqq \sup_{x\in K}|e^{-ix\xi}-1|\mu(K)+2\varepsilon.$$

$\hat{X}$ において $\xi\to 0$ のとき, $e^{-ix\xi}$ はコンパクト集合 K 上一様に 1 に収束する. したがって, $\mathscr{F}\mu(\xi)$ は $\mathscr{F}\mu(0)$ に収束する.

最後に μ が正値測度であることにより

$$\sum_i\sum_j\alpha_i\bar{\alpha}_j\mathscr{F}\mu(\xi_i-\xi_j) = \sum_i\sum_j\int\alpha_ie^{-ix\xi_i}\overline{\alpha_je^{-ix\xi_j}}\mu(dx)$$
$$=\int\left|\sum_i\alpha_ie^{-ix\xi_i}\right|^2\mu(dx) \geqq 0.$$ ∎

この定理の逆である一般 Bochner 定理を証明する前に, 準備として正定符号関数の性質を調べておく.

定理 3.38 $\hat{X}$ 上の正定符号関数 φ は次の性質をもつ:

(i) $\check{\varphi}(\xi)=\overline{\varphi(-\xi)}$ とするとき

(3.150) $$\varphi(\xi) = \check{\varphi}(\xi);$$

(ii) $$|\varphi(\xi)| \leqq \varphi(0), \quad \xi\in\hat{X};$$

(iii) $\varphi(\xi)$ は $\hat{X}$ 上一様連続である.

証明 $n=1$ の場合の (3.149) から

(3.151) $$\varphi(0) \geqq 0$$

がわかる.

次に $n=2$, $\xi_1=\xi$, $\xi_2=0$ とすれば, $\alpha,\beta\in\boldsymbol{C}$ に対して

(3.152) $$(\alpha\bar{\alpha}+\beta\bar{\beta})\varphi(0)+\alpha\bar{\beta}\varphi(\xi)+\bar{\alpha}\beta\varphi(-\xi) \geqq 0.$$

ここで $\alpha=\beta=1$ とすれば

$$\mathrm{Im}\,(\varphi(\xi)+\varphi(-\xi))=0,$$

$\alpha=i$, $\beta=1$ とすれば

$$\mathrm{Re}\,(\varphi(\xi)-\varphi(-\xi))=0$$

を得る．この二つから (i) が得られる．

(3.152) において $\alpha=\beta e^{i\theta}$ として

$$\varphi(0)+\mathrm{Re}\,(\varphi(\xi)e^{i\theta})\geqq 0 \tag{3.153}$$

を得る．偏角 θ を適当にとれば，(ii) が得られる．

最後に $n=3$, $\xi_1=0$, $\xi_2=\xi$, $\xi_3=\eta$, $\alpha_1=1$, $\alpha_2=\alpha$, $\alpha_3=-\alpha$ とすれば

$$\varphi(0)+\bar{\alpha}\varphi(-\xi)-\bar{\alpha}\varphi(-\eta)+\alpha\varphi(\xi)+\alpha\bar{\alpha}\varphi(0)$$
$$-\alpha\bar{\alpha}\varphi(\xi-\eta)-\alpha\varphi(\eta)-\alpha\bar{\alpha}\varphi(\eta-\xi)+\alpha\bar{\alpha}\varphi(0)\geqq 0$$

がなりたつことがわかる．したがって，(i), (ii) により

$$\varphi(0)+2\,\mathrm{Re}\,(\alpha(\varphi(\xi)-\varphi(\eta)))+2\alpha\bar{\alpha}[\varphi(0)-\mathrm{Re}\,\varphi(\xi-\eta)]\geqq 0$$

を得る．ここで

$$\mathrm{Re}(\alpha(\varphi(\xi)-\varphi(\eta)))=\pm|\alpha||\varphi(\xi)-\varphi(\eta)|$$

となるよう α の偏角を選び，そうして得られる $\pm|\alpha|$ の2次式が正値であることを用いると，判別式の条件として

$$|\varphi(\xi)-\varphi(\eta)|^2\leqq 2\varphi(0)(\varphi(0)-\mathrm{Re}\,\varphi(\xi-\eta))$$

を得る．$\xi-\eta\to 0$ のとき右辺は0に収束するから $\varphi(\xi)$ は $\hat{X}$ 上一様連続である．▌

定理 3.39　$\varphi(\xi)$ が $\hat{X}$ 上の正定符号関数ならば，任意の $v\in Ł^1(\hat{X})$ に対して

$$\iint v(\xi)\overline{v(\eta)}\varphi(\xi-\eta)\,d\xi d\eta\geqq 0. \tag{3.154}$$

証明　任意に $\varepsilon>0$ をとる．コンパクト集合 K を十分大きくとれば，$\hat{X}\times\hat{X}$ 上の積分 (3.154) のうち $K\times K$ の余集合上の積分の絶対値を ε 以下にすることができる．$\varphi(\xi)$ は一様連続であるから，0の近傍 V を十分小さくとれば，$\xi-\eta\in V$ より $|\varphi(\xi)-\varphi(\eta)|\leqq\varepsilon$ が従う．そこで，K を V の大きさの有限個の可測集合 K_1, …, K_n の直和に分割する．すなわち，$\xi,\eta\in K_i$ ならば $\xi-\eta\in V$ とする．K_i より一つずつ元 ξ_i を選び，$K\times K$ 上の関数 $\psi(\xi,\eta)$ を，$\xi\in K_i$, $\eta\in K_j$ ならば $\varphi(\xi_i-\xi_j)$ に等しいとして定義する．このとき $|\varphi(\xi-\eta)-\psi(\xi,\eta)|\leqq 2\varepsilon$. 一方，$v(\xi)\cdot\overline{v(\eta)}\psi(\xi,\eta)$ の $K\times K$ 上の積分は (3.149) により正値であるから，(3.154) の積分は $-(1+2\|v\|_{Ł^1(\hat{X})}{}^2)\varepsilon$ より大きい．▌

定理 3.40 (**Bochner**) $\hat{X}$ 上の正定符号関数 $\varphi(\xi)$ に対して，ただ一つ X 上の有界正値正則測度 μ が存在し，$\varphi(\xi)$ は μ の Fourier-Stieltjes 積分 $\mathscr{F}\mu(\xi)$ に等しい．

証明 はじめに φ は正定符号かつ $Ł^1(\hat{X})$ に属するとしよう．φ は一様有界ゆえ，$Ł^2(\hat{X})$ にも属し，φ の逆 Fourier 変換

$$m(x) = \mathscr{F}^{-1}\varphi(x) = \int_{\hat{X}} \varphi(\xi) e^{ix\xi} d\xi \tag{3.155}$$

は $C_0(X) \cap L^2(X)$ に属する．

$$\overline{m(x)} = \mathscr{F}^{-1}\check{\bar{\varphi}}(x) = \mathscr{F}^{-1}\varphi(x) = m(x)$$

ゆえ，$m(x)$ は実数値関数である．

いま任意に $u \in \Lambda(X) = L^1(X) \cap \mathscr{F}^{-1}Ł^1(\hat{X})$ をとり $v = \mathscr{F}u$ とおく．$v(\xi), \varphi(\xi), \check{v}(\xi) = \overline{v(-\xi)}$ は $Ł^1(\hat{X})$ に属するから，定理 3.33 により

$$\mathscr{F}^{-1}(v * \varphi * \check{v})(x) = |u(x)|^2 m(x)$$

がなりたつ．右辺は $L^1(X)$ に属するから，$v * \varphi * \check{v} \in \Lambda(\hat{X})$．ゆえに定理 3.35 により

$$v * \varphi * \check{v}(\xi) = \mathscr{F}(|u|^2 m)(\xi)$$

が成立する．特に $\xi = 0$ とおき，定理 3.39 を用いれば

$$\int |u(x)|^2 m(x)\, dx = v * \varphi * \check{v}(0) \tag{3.156}$$

$$= \iint v(-\xi)\varphi(\xi-\eta)\overline{v(-\eta)} d\xi d\eta \geqq 0$$

を得る．$C_c(X) * C_c(X) \subset \Lambda(X)$ ゆえ，変分学の基本補題により

$$m(x) \geqq 0 \tag{3.157}$$

が従う．特に

$$m(0) = \int_{\hat{X}} \varphi(\xi) d\xi \geqq 0. \tag{3.158}$$

また (3.156) より

$$\int_X |u(x)|^2 m(x)\, dx \leqq \varphi(0) \|v(\xi)\|_{Ł^1(\hat{X})}{}^2 \tag{3.159}$$

もわかる．v として §1.2 補題 1.1 の j_V (ただし測度は Haar 測度 $d\xi$ に改める) と裏がえしとの畳み込み $j_V * \check{j}_V$ をとれば，$\|v\|_{Ł^1(\hat{X})} = 1$，$|u(x)| \leqq 1$，かつ $\hat{X}$ の 0

の近傍 V が 0 に近づくとき，X の任意のコンパクト集合上一様に $u(x)$ は 1 に収束する．ゆえに (3.159) の極限として

$$\int_X m(x)\,dx \leqq \varphi(0)$$

を得る．こうして $\varphi \in \Lambda(\hat{X})$ がわかった．したがって

$$\varphi(\xi) = \mathscr{F}m(\xi). \tag{3.160}$$

これは $\varphi(\xi)$ が測度 $\mu(dx)=m(x)\,dx$ の Fourier-Stieltjes 積分であることを示している．これで $\varphi \in \mathcal{L}^1(\hat{X})$ の場合の証明ができた．

次に，$\varphi(\xi)$ を $\hat{X}$ 上の一般の正定符号関数とする．$f \in \Lambda(X)$ に対して

$$I(f) = \int_{\hat{X}} \mathscr{F}f(-\xi)\varphi(\xi)\,d\xi \tag{3.161}$$

とおく．まず

$$f(x) \geqq 0 \implies I(f) \geqq 0 \tag{3.162}$$

を証明しよう．明らかに $\mathscr{F}f(-\xi)\varphi(\xi)$ は $\mathcal{L}^1(\hat{X})$ に属する連続関数であって，任意の $\alpha_i \in \boldsymbol{C}$, $\xi_i \in \hat{X}$, $i=1, \cdots, n$, に対して

$$\begin{aligned}&\sum_{i=1}^{n}\sum_{j=1}^{n}\alpha_i\bar{\alpha}_j\mathscr{F}f(\xi_j-\xi_i)\varphi(\xi_i-\xi_j)\\&= \int\Bigl(\sum_i\sum_j\alpha_i\bar{\alpha}_j e^{i(\xi_i-\xi_j)x}\varphi(\xi_i-\xi_j)\Bigr)f(x)\,dx \geqq 0\end{aligned}$$

がなりたつ．それゆえ $\mathscr{F}f(-\xi)\varphi(\xi)$ に対して (3.158) を適用することができて，(3.162) を得る．

次に

$$|I(f)| \leqq \varphi(0)\|f\|_{C_0(X)}, \qquad f \in \Lambda_c(X), \tag{3.163}$$

を証明する．f が実数値関数ならば，任意の $\varepsilon>0$ に対して，$\hat{X}$ の 0 の近傍 V を十分小さくとり，$u(x)=\mathscr{F}^{-1}(j_V * \check{j}_V)(x)=|\mathscr{F}^{-1}j_V(x)|^2$ とおけば，X 上

$$-(1+\varepsilon)\|f\|_{C_0(X)}u(x) \leqq f(x) \leqq (1+\varepsilon)\|f\|_{C_0(X)}u(x)$$

がなりたつ．ゆえに (3.162) により

$$\begin{aligned}|I(f)| &\leqq (1+\varepsilon)\|f\|_{C_0(X)}I(u)\\&= (1+\varepsilon)\|f\|_{C_0(X)}\int_{\hat{X}}(j_V * \check{j}_V)(-\xi)\varphi(\xi)\,d\xi\\&\leqq (1+\varepsilon)\varphi(0)\|f\|_{C_0(X)}.\end{aligned}$$

$\varepsilon>0$ は任意であるから (3.163) が成立する.

f が複素数値関数のときは, I が実数値関数を実数にうつす作用素であることに注意して, $\theta=-\arg I(f)$ にとると,

$$|I(f)| = \mathrm{Re}\,(e^{i\theta}I(f)) = \mathrm{Re}\,(I(e^{i\theta}f))$$
$$= I(\mathrm{Re}\,(e^{i\theta}f)) \leqq \varphi(0)\|\mathrm{Re}\,(e^{i\theta}f)\|_{C_0(X)} \leqq \varphi(0)\|f\|_{C_0(X)}.$$

$\Lambda_c(X)$ は $C_0(X)$ の中で稠密であるから, $I(f)$ を連続性によって拡張し, $C_0(X)$ 上の有界線型汎関数にすることができる. しかも (3.162) により, 拡張された $I(f)$ も同じ性質をもつ. したがって, Riesz-Markov-角谷の定理 (付録定理 A.1) により有界正値正則測度 μ が存在して

$$I(f) = \int_X f(x)\mu(dx), \qquad f\in \Lambda_c(X), \tag{3.164}$$

と表わされる.

$f\in \Lambda_c(X)$ ならば, $f=\mathcal{F}^{-1}\mathcal{F}f$ ゆえ, Fubini の定理により

$$\int_{\hat{X}} \mathcal{F}f(-\xi)\,\mathcal{F}\mu(\xi)\,d\xi = \int_{\hat{X}} \mathcal{F}f(-\xi)\,d\xi \int_X e^{-ix\xi}\mu(dx)$$
$$= \int_X \mu(dx)\int_{\hat{X}} \mathcal{F}f(-\xi)\,e^{-ix\xi}d\xi = \int_X f(x)\,\mu(dx)$$
$$= I(f) = \int_{\hat{X}} \mathcal{F}f(-\xi)\,\varphi(\xi)\,d\xi.$$

特に, $f\in C_c(X) * C_c(X)$ とすれば, 任意の $g, h\in C_c(X)$ に対し

$$\int_{\hat{X}} \mathcal{F}g(-\xi)\,\mathcal{F}h(-\xi)(\mathcal{F}\mu(\xi)-\varphi(\xi))\,d\xi = 0$$

となることがわかる. $\mathcal{F}h(-\xi)(\mathcal{F}\mu(\xi)-\varphi(\xi))\in L^2(\hat{X})$ かつ Plancherel の定理により $\mathcal{F}C_c(X)$ は $L^2(\hat{X})$ の稠密部分集合をなすから, $\mathcal{F}h(-\xi)(\mathcal{F}\mu(\xi)-\varphi(\xi)) =0$, a.e. ξ, がわかる. 次に h として§1.2補題1.1の j_V をとり X の0の近傍 V を小さくしてゆけば, $\mathcal{F}h(-\xi)$ を $\hat{X}$ の任意のコンパクト集合上で0にならないようにすることができる. $\mathcal{F}\mu(\xi)-\varphi(\xi)$ は連続関数であるから, すべての $\xi\in \hat{X}$ に対し $\varphi(\xi)=\mathcal{F}\mu(\xi)$ でなければならない.

測度 μ の一意性は次の定理により保証される. ∎

定理 3.41 X 上の有界複素正則測度 μ の Fourier-Stieltjes 積分 $\mathcal{F}\mu(\xi)$ が恒等的に0ならば, μ も0である.

証明　任意の $f\in A(X)$ は絶対収束する積分

$$f(x)=\int_{\hat{X}}\mathcal{F}f(\xi)e^{ix\xi}d\xi$$

に表わされるから，Fubini の定理により

$$\int_X f(x)\mu(dx)=\int_{\hat{X}}\mathcal{F}f(\xi)d\xi\int_X e^{ix\xi}\mu(dx)$$
$$=\int_{\hat{X}}\mathcal{F}f(\xi)\mathcal{F}\mu(-\xi)d\xi=0.$$

§3.3 の最後に注意したように $A(X)$ は $C_0(X)$ において稠密であるから，これより $\mu=0$ が従う．∎

$X=\boldsymbol{R}$ のとき，X 上の有界正則測度 $\mu(dx)$ は有界変動関数 $\mu(x)$ の定める Lebesgue-Stieltjes 測度 $d\mu(x)$ に等しい（付録定理 A.2 の後を見よ）．$\mu(x)$ を不連続点では

$$\mu(x)=\frac{1}{2}(\mu(x+0)+\mu(x-0)) \tag{3.165}$$

によって正規化しておく．このとき，定理 3.8 と類似の次の定理がなりたつ．

定理 3.42（Lévy の反転公式）　$\mu(x)$ は $\boldsymbol{R}$ 上の有界変動関数であって (3.165) をみたすとする．$\varphi(\xi)$ を Lebesgue-Stieltjes 測度 $d\mu(x)$ の Fourier-Stieltjes 積分とすれば

$$\mu(x)-\mu(0)=\lim_{N\to\infty}\int_{-N}^{N}\varphi(\xi)\frac{e^{ix\xi}-1}{i\xi}d\xi. \tag{3.166}$$

証明　一般の $\mu(x)$ は有界単調増加関数の1次結合として表わされるから，一般性を失うことなく $\mu(x)$ は有界単調増加関数であると仮定してよい．このとき

$$f(y)=\mu(y+x)-\mu(y)$$

は $\boldsymbol{R}$ 上可積分である．実際 $x\geqq 0$ ならば $f(y)\geqq 0$ かつ任意の $-\infty<a\leqq b<\infty$ に対し

$$\int_a^b f(y)dy=\int_a^b(\mu(y+x)-\mu(y))dy$$
$$=\int_0^x(\mu(b+y)-\mu(a+y))dy$$

は a,b によらない上限をもつ．$x<0$ の場合も $f(y)\leqq 0$ となるだけで同様である．

また，明らかに $f(y)$ は $y\to\pm\infty$ のとき 0 に収束する．さて

$$\begin{aligned}\varphi(\xi)(e^{ix\xi}-1) &= \int_{\boldsymbol{R}} e^{i(x-y)\xi}d\mu(y)-\int_{\boldsymbol{R}} e^{-iy\xi}d\mu(y)\\ &= \int_{\boldsymbol{R}} e^{-iy\xi}df(y)\\ &= \lim_{N\to\infty}\left[e^{-iN\xi}f(N)-e^{iN\xi}f(-N)+\int_{-N}^{N} i\xi e^{-iy\xi}f(y)\,dy\right]\\ &= i\xi\int_{\boldsymbol{R}} e^{-iy\xi}f(y)\,dy\end{aligned}$$

ゆえ

$$\mathcal{F}f(\xi)=\varphi(\xi)\frac{e^{ix\xi}-1}{i\xi}.$$

$f(y)$ は可積分かつ有界変動であるから，Fourier 積分に対する Dirichlet-Jordan の収束定理により

$$\mu(x)-\mu(0)=f(0)=\lim_{N\to\infty}\int_{-N}^{N}\varphi(\xi)\frac{e^{ix\xi}-1}{i\xi}d\!\!\!{}^{-}\xi. \qquad \blacksquare$$

付　　録

§A.1 Radon 測度

X をコンパクト Hausdorff 空間または局所コンパクト Hausdorff 空間とし，後の場合は簡単のため σ コンパクト，すなわち X が可算個のコンパクト部分集合の合併として表わされることを仮定する[1]．このとき，X のコンパクト集合(または開集合)全体で生成される σ 集合代数 $\mathfrak{B}$ を **Borel 集合族**という．$\mathfrak{B}$ で定義された正値完全加法測度 μ は任意のコンパクト集合 $K\subset X$ に対して $\mu(K)<\infty$ となるとき，X 上の **Borel 測度**という．さらに，任意の Borel 集合 $E\subset X$ に対し

$$\mu(E) = \inf\{\mu(O)\,|\,O\supset E,\ O \text{ は開集合}\}, \tag{A.1}$$

$$\mu(E) = \sup\{\mu(K)\,|\,K\subset E,\ K \text{ はコンパクト集合}\} \tag{A.2}$$

がなりたつとき，**正則**であるという．正則な Borel 測度を **Radon 測度**ともいう．

連続関数は明らかに Borel 可測であるから，μ が Borel 測度ならば

$$I(f) = \int_X f(x)\,\mu(dx) \tag{A.3}$$

はすべての $f\in C_c(X)$ に対して定義され，$C_c(X)$ 上の線型汎関数になる．かつ次の意味で**正値**である：

$$f(x)\geqq 0,\quad x\in X,\quad \Longrightarrow\quad I(f)\geqq 0. \tag{A.4}$$

さらに，μ が**有界**，すなわち $\mu(X)<\infty$ をみたすときは，$I(f)$ は $f\in C_0(X)$ に対して定義された正値線型汎関数になる．かつ I は Banach 空間 $C_0(X)$ 上の線型汎関数として有界であり，ノルム

$$\|I\| = \mu(X) \tag{A.5}$$

をもつことが容易に示される．

逆に次の定理が成立する．

定理 A.1 (Riesz-Markov-角谷)　X を σ コンパクト局所コンパクト Haus-

---

1) σ コンパクトを仮定しないときも必要な修正を加えるならば，すべての結果は正しい．これについては，中西シヅ：積分論，共立出版，1973年，第10章を見よ．

dorff 空間とする．このとき，$C_c(X)$ 上の任意の正値線型汎関数 I に対してただ一つの正則 Borel 測度 μ が存在して I は (A. 3) の形に表わされる．

また，$C_0(X)$ 上の任意の正値線型汎関数 I は有界であり，ただ一つの有界正則 Borel 測度 μ が存在して (A. 3) の形に表わされる．

証明　I を $C_c(X)$ 上の正値線型汎関数とし，(A. 3) をみたす正則 Borel 測度 μ の存在を 6 段階にわけて証明する．

第 1 段　χ_K を K の定義関数とし，X のコンパクト集合族上の集合関数 μ^* を

(A. 6)
$$\mu^*(K) = \inf\{I(f) \mid f \geqq \chi_K\}$$

で定義する．このとき μ^* は次の性質をもつ：

(i)
$$0 \leqq \mu^*(K) < \infty, \quad \mu^*(\phi) = 0;$$

(ii)
$$K_1 \subset K_2 \implies \mu^*(K_1) \leqq \mu^*(K_2);$$

(iii)
$$\mu^*(K_1 \cup K_2) \leqq \mu^*(K_1) + \mu^*(K_2);$$

(iv)
$$K_1 \cap K_2 = \phi \implies \mu^*(K_1 \cup K_2) = \mu^*(K_1) + \mu^*(K_2).$$

(i), (ii), (iii) は明らかである．$K_1 \cap K_2 = \phi$ とする．本講座“集合と位相 II”定理 3. 11 により K_1 上で 0，K_2 上で 1 の値をとり，その他で $0 \leqq s(x) \leqq 1$ をみたす X 上の連続関数 s が存在する．$f \geqq \chi_{K_1 \cup K_2}$ のとき，$f_1 = (1-s)f$, $f_2 = sf$ とおけば，$f_1 \geqq \chi_{K_1}$, $f_2 \geqq \chi_{K_2}$ をみたす．したがって，$\mu^*(K_1 \cup K_2) \geqq \mu^*(K_1) + \mu^*(K_2)$. (iii) と合せて (iv) を得る．

第 2 段　X の開集合族上の集合関数 μ_* を

(A. 7)
$$\mu_*(O) = \sup\{\mu^*(K) \mid K \subset O,\ K \text{ はコンパクト集合}\}$$

によって定義すれば，μ_* は次の性質をもつ：

(i)′
$$0 \leqq \mu_*(O) \leqq \infty, \quad \mu_*(\phi) = 0;$$

(ii)′
$$O_1 \subset O_2 \implies \mu_*(O_1) \leqq \mu_*(O_2);$$

(iii)′
$$\mu_*\left(\bigcup_{n=1}^{\infty} O_n\right) \leqq \sum_{n=1}^{\infty} \mu_*(O_n).$$

(i)′, (ii)′ は明らかである．(iii)′ を示すためコンパクト集合 K が $\bigcup_{n=1}^{\infty} O_n$ に含まれるとする．コンパクトの定義により $K \subset O_1 \cup \cdots \cup O_m$ となる有限の m が存在する．K は $K_i \subset O_i$ となるコンパクト集合 K_i の合併 $K_1 \cup \cdots \cup K_m$ と表わされるから，(iii) によって

$$\mu^*(K) \leqq \sum_{n=1}^{m} \mu^*(K_n) \leqq \sum_{n=1}^{\infty} \mu_*(O_n).$$

左辺の上限をとって，(iii)′ を得る．

第3段　任意の集合 $A \subset X$ に対して

(A.8) $$\mu^*(A) = \inf\{\mu_*(O) \mid O \supset A,\ O \text{ は開集合}\}$$

と定義すれば，μ^* は Carathéodory の外測度であり，A がコンパクトの場合は第1段の $\mu^*(A)$ と一致する．すなわち，次の四つの命題が成立する：

(v)　コンパクト集合 K に対し，左辺を (A.6) の意味の $\mu^*(K)$ として

$$\mu^*(K) = \inf\{\mu_*(O) \mid O \supset K,\ O \text{ は開集合}\};$$

(i)″ $$0 \leqq \mu^*(A) \leqq \infty, \qquad \mu^*(\phi) = 0;$$

(ii)″ $$A_1 \subset A_2 \implies \mu^*(A_1) \leqq \mu^*(A_2);$$

(iii)″ $$\mu^*\left(\bigcup_{n=1}^{\infty} A_n\right) \leqq \sum_{n=1}^{\infty} \mu^*(A_n).$$

K をコンパクト集合とする．任意の $\varepsilon > 0$ に対して，$f \geqq \chi_K$ かつ $I(f) \leqq \mu^*(K) + \varepsilon$ をみたす $f \in C_c(X)$ が存在する．このとき，$O = \{x \in X \mid f(x) > 1-\varepsilon\}$ は K を含む開集合であり，任意のコンパクト集合 $L \subset O$ に対して $(1-\varepsilon)^{-1} f \geqq \chi_L$ が成立する．したがって

$$\mu^*(L) \leqq (1-\varepsilon)^{-1} I(f) \leqq (1-\varepsilon)^{-1}(\mu^*(K) + \varepsilon).$$

左辺の上限をとって $\mu_*(O) \leqq (1-\varepsilon)^{-1}(\mu^*(K)+\varepsilon)$ を得る．$\varepsilon > 0$ は任意であったから，

$$\mu^*(K) \geqq \inf\{\mu_*(O) \mid O \supset K,\ O \text{ は開集合}\}.$$

逆むきの不等式は明らかである．

(i)″, (ii)″, (iii)″ はそれぞれ (i)′, (ii)′, (iii)′ より従う．

第4段　$\hat{\mathfrak{B}}$ を外測度 μ^* に関して可測な集合のなす σ 集合代数，$\hat{\mu}$ を μ^* の $\hat{\mathfrak{B}}$ への制限である完全加法測度とする (本講座“測度と積分”§2.2を見よ)．このとき，

(vi) $$\hat{\mathfrak{B}} \supset \mathfrak{B}.$$

これを証明するには，任意のコンパクト集合 K が $\hat{\mathfrak{B}}$ に属すること，すなわち，任意の集合 $A \subset X$ に対し

(A.9) $$\mu^*(A) \geqq \mu^*(A \cap K) + \mu^*(A \cap K^c)$$

がなりたつことを示せばよい．まず (A.9) は A が開集合のときに証明すれば十分であることに注意する．実際，B が任意の集合であるとき，任意の $\varepsilon>0$ に対して $\mu^*(A)\leqq\mu^*(B)+\varepsilon$ となる開集合 $A\supset B$ が存在する．A に対して (A.9) が成立すると仮定すれば

$$\mu^*(B)+\varepsilon \geqq \mu^*(A\cap K)+\mu^*(A\cap K^c) \geqq \mu^*(B\cap K)+\mu^*(B\cap K^c).$$

したがって $\varepsilon>0$ が任意であることにより，B に対しても (A.9) が成立する．

A を開集合とする．$\mu^*(A)=\infty$ ならば明らかに (A.9) が成立するから，$\mu^*(A)<\infty$ としてよい．任意の $\varepsilon>0$ に対し，$\mu^*(K_1)+\varepsilon\geqq\mu_*(A\cap K^c)=\mu^*(A\cap K^c)$ となるコンパクト集合 $K_1\subset A\cap K^c$ が存在する．$A\cap K_1{}^c$ は $A\cap K$ を含む開集合であるから，$\mu^*(A\cap K)\leqq\mu^*(A\cap K_1{}^c)$．ここで，$\mu^*(K_2)+\varepsilon\geqq\mu^*(A\cap K_1{}^c)$ となるコンパクト集合 $K_2\subset A\cap K_1{}^c$ をとれば，$K_1\cap K_2=\phi$ ゆえ (iv) により

$$\mu^*(K_1\cup K_2) = \mu^*(K_1)+\mu^*(K_2) \geqq \mu^*(A\cap K^c)+\mu^*(A\cap K)-2\varepsilon.$$

$K_1\cup K_2$ は A に含まれるコンパクト集合であるから，

$$\mu^*(A) \geqq \mu^*(K_1\cup K_2) \geqq \mu^*(A\cap K^c)+\mu^*(A\cap K)-2\varepsilon.$$

$\varepsilon>0$ は任意ゆえ，(A.9) が成立する．

第5段　第4段で得られた測度 $\hat{\mu}$ を $\mathfrak{B}$ に制限したものを μ とすれば，μ は正則 Borel 測度である．

任意のコンパクト集合 K に対し $\mu(K)=\mu^*(K)<\infty$ ゆえ，μ は Borel 測度である．開集合 $O\subset X$ は Borel 集合であり $\mu(O)=\mu^*(O)=\mu_*(O)$ がなりたつから，E を Borel 集合とするとき，(A.8) により $\mu(E)=\mu^*(E)$ は (A.1) をみたす．

Borel 集合 E に対して (A.2) を証明するため，はじめ E があるコンパクト集合 L に含まれる場合を考える．このとき，L を含む相対コンパクト開集合 G をとれば，$\mu(E)=\mu(G)-\mu(G\setminus E)$．$G\setminus E$ を含む開集合の基底として，K が E に含まれるコンパクト集合を動くときの $G\setminus K$ 全体がとれる．したがって，$G\setminus E$ に対する (A.1) より

$$\mu(E) = \mu(G)-\inf\{\mu(G\setminus K)\,|\,K\subset E,\ K\text{ はコンパクト集合}\}$$
$$= \sup\{\mu(K)\,|\,K\subset E,\ K\text{ はコンパクト集合}\}$$

を得る．E が一般のときは，X が σ コンパクトという仮定により，$L_1\Subset L_2\Subset\cdots$ かつ $X=\bigcup_{n=1}^{\infty}L_n$ をみたすコンパクト集合列 L_n がとれるから，

$$\mu(E)=\sup_n \mu(E\cap L_n)$$
$$=\sup_n \sup\{\mu(K)\,|\,K\subset E\cap L_n,\ K \text{はコンパクト集合}\}$$
$$=\sup\{\mu(K)\,|\,K\subset E,\ K \text{はコンパクト集合}\}.$$

第6段　任意の $f\in C_c(X)$ に対して (A.3) がなりたつ.

f は正値関数 $f_+, f_-, f_i, f_{-i}\in C_c(X)$ を用いて $f=f_+-f_-+if_i-if_{-i}$ と表わされるから，正値関数 $f\in C_c(X)$ に対してのみ証明すれば十分である．Lebesgue 積分の定義により

$$\int_X f(x)\mu(dx)=\lim_{n\to\infty}\sum_{k=0}^{\infty}2^{-n}\mu(\{x\in \operatorname{supp} f\,|\,f(x)\geqq 2^{-n}k\}).$$

コンパクト集合 $K_k=\{x\in \operatorname{supp} f\,|\,f(x)\geqq 2^{-n}k\}$ に対して $f_k\geqq \chi_{K_k}$ かつ $I(f_k)\leqq \mu(K_k)+2^{-k}$ となる $f_k\in C_c(X)$ をとれば，$f(x)\leqq 2^{-n}\sum_{k=0}^{\infty}f_k(x)$．$k$ が十分大ならば $K_k=\phi$ ゆえ，$f_k=0$ がとれる．したがって，右辺も $C_c(X)$ に属し

$$I(f)\leqq I(2^{-n}\sum f_k)\leqq \sum 2^{-n}\mu(K_k)+2^{-n+1}.$$

n に関する極限をとって

$$I(f)\leqq \int f(x)\mu(dx)$$

を得る．次に，$f_k\in C_c(X)$，$k=0,1,2,\cdots$，を K_{k+1} の中に台をもち，K_{k+2} の上で恒等的に 1 に等しく，かつ $0\leqq f_k(x)\leqq 1$ をみたす関数とすれば，同様の計算で逆むきの不等式が得られる．

以上により (A.3) をみたす正則 Borel 測度の存在が証明された．

次に，(A.3) をみたす正則 Borel 測度の一意性を証明するため，μ,ν を任意の $f\in C_c(X)$ に対して

$$\int f(x)\mu(dx)=\int f(x)\nu(dx)$$

となる二つの正則 Borel 測度とする．$K\subset X$ を任意のコンパクト集合とする．μ の正則性により任意の $\varepsilon>0$ に対し $\mu(O)\leqq \mu(K)+\varepsilon$ をみたす開集合 $O\supset K$ が存在する．$f\geqq \chi_K$ および $0\leqq f(x)\leqq 1$ をみたし，$\operatorname{supp} f\subset O$ となる $f\in C_c(X)$ をとれば，

$$\nu(K)\leqq \int f(x)\nu(dx)=\int f(x)\mu(dx)\leqq \mu(O)\leqq \mu(K)+\varepsilon.$$

これより $\nu(K) \leqq \mu(K)$ がわかる．同様に逆むきの不等式も証明される．μ, ν の正則性 (A. 2) を用いれば，任意の Borel 集合 E に対し $\mu(E)=\nu(E)$ となることがわかる．

最後に X はコンパクトでないとし，I を $C_0(X)$ 上の正値線型汎関数とする．I を $C_c(X)$ に制限したものは明らかに $C_c(X)$ 上の正値線型汎関数であるから，$f \in C_c(X)$ に対して (A. 3) がなりたつ正則 Borel 測度 μ がただ一つ存在する．μ の有界性を証明するため，反対に $\mu(X)=\infty$ と仮定する．$L_1 \Subset L_2 \Subset \cdots$ かつ $\bigcup L_n = X$ をみたすコンパクト集合列 L_n，および $\chi_n \geqq \chi_{L_n}$ かつ $0 \leqq \chi_n(x) \leqq 1$ をみたし，L_{n+1} の中にコンパクトな台をもつ関数列 $\chi_n \in C_c(X)$ をとれば，

$$\mu(L_n) \leqq \int \chi_n(x)\mu(dx) = I(\chi_n) \nearrow \infty.$$

$\psi_1=\chi_1$，$\psi_n=\chi_n-\chi_{n-1}$，$n \geqq 2$，によって $\psi_n \in C_c(X)$ を定義する．ψ_n は正値関数であって

$$\sum_{n=1}^{\infty} I(\psi_n) = \infty$$

をみたすから，$\sum_{n=1}^{\infty} \varepsilon_n I(\psi_n)=\infty$ となる単調減少列 $\varepsilon_n \to 0$ がとれる．このとき

$$\psi(x) = \sum_{n=1}^{\infty} \varepsilon_n \psi_n(x) \in C_0(X). \tag{A. 10}$$

しかし，$I(\psi) \geqq \sum_{n=1}^{m} \varepsilon_n I(\psi_n) \to \infty$．これは矛盾である．したがって $\mu(X)<\infty$ でなければならない．

$f \in C_0(X)$ に対して (A. 3) がなりたつことを証明するには上と同じ理由で正値関数 $f \in C_0(X)$ に対してのみ証明すればよい．χ_n, ψ_n を上で定義した関数列とする．$f_n=\chi_n f$ とおけば，f_n は $C_c(X)$ に属し f に単調に収束する．したがって Beppo Levi の定理により

$$\int f(x)\mu(dx) = \sup \int f_n(x)\mu(dx) = \sup I(f_n) \leqq I(f). \tag{A. 11}$$

一方，$\varepsilon_n=(\sup\{f(x) \mid x \in X \setminus L_{n-1}\})^{1/2}$ とし，(A. 10) によって $\psi(x)$ を定義すれば，これは $C_0(X)$ に属する正値関数であり，任意の $\varepsilon>0$ に対し，$\varepsilon_m<\varepsilon$ となるよう m を十分大にとれば

$$f(x) \leqq \varepsilon\psi(x), \qquad x \in L_m \setminus L_{m-1},$$

が成立する．したがって，n を十分大にとれば

$$f(x) \leqq f_n(x) + \varepsilon\psi(x), \qquad x \in X.$$

これより (A.11) の前半と合せて

$$I(f) \leqq \sup I(f_n) + \varepsilon I(\psi) = \int f(x)\mu(dx) + \varepsilon I(\psi)$$

を得る．$\varepsilon>0$ は任意であったから，これで一般の $f \in C_0(X)$ に対して (A.3) が証明された．

(A.5) により I は有界線型汎関数である．▮

以上により，X が (σ コンパクト) 局所コンパクト Hausdorff 空間であるとき，$C_c(X)$ 上の正値線型汎関数 I と Radon 測度すなわち正則 Borel 測度 μ は (A.3) の関係で 1 対 1 の対応がつくことがわかった．N. Bourbaki は Radon 測度のみを測度とよんでいる．

X がコンパクトであるときも Borel 測度は必ずしも正則ではない．しかし次の定理が示すように，実用上現われる多くの空間ではすべての Borel 測度が Radon 測度になる．

定理 A.2 X が第 2 可算公理をみたす局所コンパクト Hausdorff 空間ならば，すべての Borel 測度は正則である．

証明 このとき X は距離空間になることに注意する（“集合と位相 II” 定理 3.13 系 2. X がコンパクトのときは逆に距離づけできるならば X は第 2 可算公理をみたす．同上定理 3.19 系）．したがって，任意の閉集合 F は開集合の単調減少列 O_n の共通部分として表わされる．O_n として F からの距離が $1/n$ より小さい点全体の集合をとればよいからである．

はじめ Borel 測度 μ は有界であると仮定して証明する．$L_1 \Subset L_2 \Subset \cdots$ を $\bigcup_{n=1}^{\infty} L_n = X$ をみたすコンパクト集合列とすれば，任意の閉集合 F はコンパクト集合の増大列 $F \cap L_n$ の合併集合として表わされる．したがって，μ の完全加法性により X の任意の閉集合 E に対して (A.1), (A.2) が成立する．

(A.1), (A.2) をみたす Borel 集合全体を $\mathfrak{B}_0$ とする．$\mathfrak{B}_0$ が σ 集合代数であることを示せば，$\mathfrak{B}_0$ は Borel 集合族 $\mathfrak{B}$ と一致することがわかる．

閉集合 ϕ, X は $\mathfrak{B}_0$ に属する．$E \in \mathfrak{B}_0$ とする．任意の $\varepsilon>0$ に対し $K \subset E \subset O$ かつ $\mu(O \setminus K) < \varepsilon$ をみたすコンパクト集合 K および開集合 O が存在する．この

とき $O^c \subset E^c \subset K^c$ であり，$K^c \setminus O^c = O \setminus K$ の測度は ε より小さい．n を十分大にすれば $\mu(K^c \setminus (O^c \cap L_n)) < 2\varepsilon$ となる．したがって E^c も $\mathfrak{B}_0$ に属する．

次に $E_1, E_2, \cdots$ を $\mathfrak{B}_0$ に属する集合の列とする．ε を任意の正の数とし，これを $\varepsilon_n > 0$ の和 $\varepsilon = \sum \varepsilon_n$ に分割する．各 n に対し $K_n \subset E_n \subset O_n$ かつ $\mu(O_n \setminus K_n) < \varepsilon_n$ をみたすコンパクト集合 K_n および開集合 O_n がとれる．このとき $\bigcup_{n=1}^{\infty} K_n \subset \bigcup_{n=1}^{\infty} E_n \subset \bigcup_{n=1}^{\infty} O_n$ かつ $\mu\left(\bigcup_{n=1}^{\infty} O_n \setminus \bigcup_{n=1}^{\infty} K_n\right) \leqq \sum_{n=1}^{\infty} \mu(O_n \setminus K_n) < \varepsilon$ がなりたつ．$\bigcup O_n$ は開集合である．m を十分大にすれば $\mu\left(\bigcup_{n=1}^{\infty} K_n \setminus \bigcup_{n=1}^{m} K_n\right) < \varepsilon$ にできる．このとき $\mu\left(\bigcup_{n=1}^{\infty} O_n \setminus \bigcup_{n=1}^{m} K_n\right) < 2\varepsilon$ かつ $\bigcup_{n=1}^{m} K_n$ はコンパクト集合である．こうして $\bigcup_{n=1}^{\infty} E_n$ も $\mathfrak{B}_0$ に属することが証明された．以上により $\mathfrak{B}_0$ は σ 集合代数をなすことが証明された．

μ が有界でないときは，L_n をこれまで同様のコンパクト集合列とし，$\mu_n(A) = \mu(A \cap L_{n+1})$ によって μ_n を定義すれば，これは有界な Borel 測度になる．E を任意の Borel 集合，$\varepsilon = \sum \varepsilon_n$ を任意の正の数とする．$E_n = E \cap L_n$ に対し μ_n に対する上の結果を適用すれば，$K_n \subset E_n \subset O_n \Subset L_{n+1}$ かつ $\mu(O_n \setminus K_n) = \mu_n(O_n \setminus K_n) < \varepsilon_n$ をみたすコンパクト集合 K_n と開集合 O_n が存在することがわかる．このとき，$\bigcup_{n=1}^{\infty} K_n \subset E \subset \bigcup_{n=1}^{\infty} O_n$ かつ $\mu\left(\bigcup_{n=1}^{\infty} O_n \setminus \bigcup_{n=1}^{\infty} K_n\right) < \varepsilon$ がなりたつ．$\mu(E) < \infty$ のときは，m を十分大にすれば $\mu\left(\bigcup_{n=1}^{\infty} K_n \setminus \bigcup_{n=1}^{m} K_n\right) < \varepsilon$ となる．したがって $\mu\left(\bigcup_{n=1}^{\infty} O_n \setminus \bigcup_{n=1}^{m} K_n\right) < 2\varepsilon$ を得る．$\mu(E) = \infty$ のときは $\mu\left(\bigcup_{n=1}^{m} K_n\right) \to \infty$．いずれにせよ，任意の Borel 集合 E に対し (A. 1), (A. 2) が成立する．∎

Euclid 空間 $\boldsymbol{R}^n$ あるいはもっと一般に有限生成の可換 Lie 群，その開部分集合などは定理 A. 2 の仮定をみたす．

特に X が区間 (a, b), $-\infty \leqq a < b \leqq \infty$, $(a, b]$ 等のときは，X 上の Radon 測度と X 上の右連続単調増加関数によって定まる Lebesgue-Stieltjes 測度を $\mathfrak{B}$ に制限したものは同じになる．

右連続単調増加関数 g が定める Lebesgue-Stieltjes 測度は，半開区間の有限和として表わされる集合全体のなす集合代数 $\mathfrak{F}$ 上の有限加法測度

$$\mu\left(\sum_{i=1}^{n} (a_i, b_i]\right) = \sum_{i=1}^{n} (g(b_i) - g(a_i)) \tag{A. 12}$$

を Hopf の拡張定理により完全加法測度に拡張したものであるから，すべての

Borel 集合は可測であり，コンパクト集合の測度は有限である．

逆に μ が Radon 測度であるとき，$c\in X$ をとり

$$g(x)=\begin{cases}\mu((c,x]), & x\geqq c,\\ -\mu((x,c]), & x<c,\end{cases}$$

と定義すれば，$g(x)$ は明らかに右連続単調増加関数であり (A.12) がなりたつ．Hopf の拡張の一意性により，$\mathfrak{B}$ 上 μ と g の定める Lebesgue-Stieltjes 測度は一致する．

特に，$C_c(X)$ 上の正値線型汎関数 I は右連続単調増加関数 g を用いて

$$I(f)=\int_X f(x)\,dg(x),\qquad f\in C_c(X), \tag{A.13}$$

と表わされる．F. Riesz は $X=[0,1]$ の場合にこの形で定理 A.2 を証明した．

μ が Radon 測度であるとき，μ-可測関数と連続関数の間には密接な関係がある．

定理 A.3 (Lusin)　X を σ コンパクト局所コンパクト Hausdorff 空間，μ を X 上の Radon 測度を完備化したものとする．このとき X 上ほとんどいたるところ有限の値をとる関数 f に対して次の三つの条件は同等である：

(a)　f は μ-可測である；

(b)　任意の有限測度の部分集合 E と正の数 ε に対して，$\mu(E\setminus K)<\varepsilon$ となるコンパクト集合 $K\subset E$ が存在し，f を K に制限したものは連続である；

(b)′　任意のコンパクト部分集合 E に対して (b) がなりたつ；

(c)　X 上の連続関数列 f_n が存在し，測度 μ に関するほとんどすべての $x\in X$ に対して $f_n(x)$ は $f(x)$ に収束する．

証明　(c) $\Longrightarrow$ (a)　連続関数は μ-可測であるから，連続関数列の概収束極限も μ-可測である．

(a) $\Longrightarrow$ (b)　μ-可測集合は Borel 集合と零集合の差しかないのであるから，μ-可測集合 E に対しても正則性の条件 (A.1), (A.2) がなりたつことに注意する．

はじめ f は E 上有界とする．このとき f は E 上の単関数列 g_n の一様収束極限として表わされる．各 g_n は可測集合 $A\subset E$ の定義関数 χ_A の有限1次結合であるが，μ の正則性により各 A と $\delta>0$ に対し $\mu(A\setminus L_1)<\delta/2$, $\mu((E\setminus A)\setminus L_0)<\delta/2$ をみたすコンパクト集合 $L_1\subset A$ と $L_0\subset E\setminus A$ がとれる．明らかに χ_A をコ

ンパクト集合 $L=L_1\cup L_0$ に制限したものは連続であり $\mu(E\setminus L)<\delta$ となる．g_n を表わすのに必要な可測集合 A に対するコンパクト集合 L の共通部分をとることにより，各 n に対し $\mu(E\setminus K_n)<\varepsilon/2^n$ をみたすコンパクト集合 $K_n\subset E$ が存在し g_n を K_n に制限したものは連続になることがわかる．$K=\bigcap K_n$ とすれば，$\mu(E\setminus K)\leqq\sum\mu(E\setminus K_n)<\varepsilon$ かつ f を K に制限したものは連続関数列 $g_n|_K$ の一様収束極限として連続である．

f が E 上有界でないときも，f はほとんどいたるところ有限の値をとるのであるから，$\mu(E\setminus E_0)<\varepsilon/2$ となる可測集合 $E_0\subset E$ が存在し，f は E_0 上有界になる．したがって $\mu(E_0\setminus K)<\varepsilon/2$ をみたすコンパクト集合 $K\subset E_0$ が存在し，f を K に制限したものは連続になる．

(b)′ ⟹ (c)　$L_1\Subset L_2\Subset\cdots$ かつ $X=\bigcup_{n=1}^{\infty}L_n$ をみたすコンパクト集合列 L_n をとる．仮定により $\mu(L_n\setminus K_n)<1/2^n$ となるコンパクト集合 $K_n\subset L_n$ があり，f を各 K_n に制限したものは連続である．σ コンパクト局所コンパクト空間はパラコンパクトであり（“集合と位相II” 定理 3.13 を少し改良せよ），パラコンパクト Hausdorff 空間は正規空間であるから（同上定理 3.9），Tietze の拡張定理（同上定理 2.8）により $f|_{K_n}$ を X 上の連続関数 f_n に拡張することができる．$x\in\liminf K_n=\bigcup_{k=1}^{\infty}\bigcap_{n=k}^{\infty}K_n$ ならば明らかに $f_n(x)\to f(x)$．一方，任意のコンパクト集合 $L\subset X$ はある L_m に含まれるから $\mu(L\setminus\liminf K_n)=\mu(\limsup(L\setminus K_n))\leqq\inf_k\sum_{n=k}^{\infty}\mu(L\setminus K_n)=0$．したがって $\mu(X\setminus\liminf K_n)=\lim_m\mu(L_m\setminus\liminf K_n)=0$．∎

$(X,\mathcal{M},\mu)$ を σ コンパクト局所コンパクト Hausdorff 空間 X，X 上の Radon 測度の完備化 μ および μ-可測集合族 $\mathcal{M}$ からなる測度空間とするとき，$L_{\mathrm{loc}}{}^p(X,\mathcal{M},\mu)=L_{\mathrm{loc}}{}^p(X)$ でもって任意のコンパクト集合 $L\subset X$ への制限が p 乗可積分となる X 上の可測関数全体を表わし，その元を**局所 p 乗可積分関数**という．$p=1$ のときは**局所可積分関数**という．$p\geqq1$ ならば，局所 p 乗可積分関数は局所可積分である．次の定理を**変分学の基本補題**という．

定理 A.4　$\mathcal{G}$ は次の条件をみたす $C_{\mathrm{c}}(X)$ の部分族であるとする：

K,O を $K\subset O\subset X$ をみたす任意のコンパクト集合および開集合とするとき，K の上で恒等的に 1 の値をとり，その他では $0\leqq g(x)\leqq1$ をみたし，かつ $\mathrm{supp}\,g\subset O$ となる $g\in\mathcal{G}$ が存在する．

このとき，$f \in L_{\mathrm{loc}}{}^{1}(X)$ が

$$\int f(x)g(x)\mu(dx) = 0, \qquad g \in \mathcal{G}, \tag{A. 14}$$

をみたすならば，$f(x)$ はほとんどいたるところ 0 である．

証明　実部，虚部がそれぞれ 0 になることを示せばよいのであるから，一般性を失うことなく f は実数値関数であるとしてよい．もし定理の結論がなりたたないのであれば，$\{x \in X \mid f(x)>0\}$ または $\{x \in X \mid f(x)<0\}$ の測度が 0 でない．$\{x \mid f(x)>0\}$ の測度が正であると仮定する．この集合は可算個の集合 $\{x \mid f(x)>1/n\}$ の合併集合であるから，$\varepsilon>0$ が存在し $\mu(\{x \mid f(x)>\varepsilon\})>0$ となる．同様の理由で相対コンパクト開集合 $V \subset X$ が存在し

$$\delta = \mu(\{x \in V \mid f(x)>\varepsilon\}) > 0$$

となる．積分の絶対連続性により

$$E \subset V, \quad \mu(E) < \delta_1 \quad \Longrightarrow \quad \int_E |f(x)|\mu(dx) < \frac{\delta\varepsilon}{3}$$

となる δ_1 が存在する．一般性を失うことなく $\delta_1<\delta/3$ としてよい．μ の正則性により

$$K \subset \{x \in V \mid f(x)>\varepsilon\} \subset O \subset V \quad \text{かつ} \quad \mu(O \setminus K) < \delta_1$$

をみたすコンパクト集合 K と開集合 O が存在する．この組 $K \subset O$ に対し定理の仮定にあった $g \in \mathcal{G}$ をもってくれば

$$\begin{aligned}\int_X f(x)g(x)\mu(dx) &\geqq \int_K f(x)\mu(dx) - \int_{O\setminus K}|f(x)|\mu(dx) \\ &\geqq (\delta-\delta_1)\varepsilon - \delta\varepsilon/3 > \delta\varepsilon/3 > 0.\end{aligned}$$

これは (A. 14) に反する．▌

§A. 2　局所凸空間と双対空間

F を複素または実線型空間とするとき，次の三つの性質をもつ F 上の関数 p を**半ノルム**という：

(i)　$p(f) \geqq 0, \quad f \in F;$

(ii)　$p(f+g) \leqq p(f)+p(g), \quad f, g \in F;$

(iii)　$p(af) = |a|p(f), \quad a \in \boldsymbol{C}$ または $\boldsymbol{R}, \ f \in F.$

これはノルムの公理より

(iv) $$p(f)=0 \implies f=0$$

を除いたものである．

線型空間 F に半ノルムの族 $\mathfrak{S}$ を与えれば，有向点族 f_ν が f に収束するのがすべての $p\in\mathfrak{S}$ に対して $p(f_\nu-f)\to 0$ となることと同等になるような位相がただ一つ定まり，この位相の下で線型空間としての演算，すなわち加法 $(f,g)\mapsto f+g$ およびスカラーとの乗法 $(a,f)\mapsto af$ が連続になる．このような位相をもつ線型空間を**局所凸線型位相空間**または略して**局所凸空間**という．

局所凸空間 F が Hausdorff 空間となるのは，F の位相を定める半ノルムの族 $\mathfrak{S}$ が次の意味で集団的にノルムの条件 (iv) をみたすとき，そのときに限る：

(iv)′ $$p(f)=0,\quad p\in\mathfrak{S},\quad\implies\quad f=0.$$

ノルム空間は $\mathfrak{S}$ をそのノルム一つからなる半ノルムの族として定まる局所凸空間になる．

局所 p 乗可積分関数の空間 $L_{\mathrm{loc}}{}^p(X)$ は，$\mathfrak{S}$ として L が X のコンパクト集合を動くときの半ノルム

$$p_L(f)=\left(\int_L|f(x)|^p\mu(dx)\right)^{1/p}$$

の族をとることにより局所凸空間になる．L_n が $L_1\Subset L_2\Subset\cdots$ および $\bigcup_{n=1}^{\infty}L_n=X$ をみたすコンパクト集合列ならば，$\{p_{L_n}\}$ のみをとっても同じ局所凸位相が定まる．

このように可算個の半ノルムの族 $\{p_n\}$ で定まる位相をもつ局所凸空間は

(A. 15) $$d(f,g)=\sum_{n=1}^{\infty}\frac{1}{2^n}\frac{p_n(f-g)}{1+p_n(f-g)}$$

を距離とする距離空間になる．

距離づけできる局所凸空間は，その距離に関して完備であるとき **Fréchet 空間**という．$L_{\mathrm{loc}}{}^p(X)$ はその例になっている．Banach 空間はもちろん Fréchet 空間である．

F が半ノルムの族 $\mathfrak{S}$ で定まる位相をもつ局所凸空間であるとき，F 上の半ノルム q が連続であるための必要十分条件は有限個の $p_1,\cdots,p_m\in\mathfrak{S}$ および正の数 $M_1,\cdots,M_m$ が存在して

(A. 16)　$$q(f) \leqq M_1 p_1(f) + \cdots + M_m p_m(f), \quad f \in F,$$

となることである．特に F がノルム $\|f\|$ をもつノルム空間のとき，この条件は有界条件

(A. 17)　$$q(f) \leqq M\|f\|, \quad f \in F,$$

となる．

F, G が局所凸空間であるとき，線型作用素 $T: F \to G$ が連続であるための必要十分条件は G の位相を定める半ノルムの族 $\mathfrak{T}$ に属する任意の半ノルム q に対して $q(Tf)$ が F 上の連続半ノルムになることである．

以上二つの命題はノルム空間における連続性と有界性の同等を拡張したものでありほぼ同様に証明できる．詳しくは本講末の参考書 [16] の第3章を参照されたい．

次は Banach 空間における一様有界性の原理の一般化である．

定理 A.5　Fréchet 空間における下半連続半ノルムは連続である．

証明　p を Fréchet 空間 F における下半連続半ノルムとする．仮定により p に関する単位球

$$V = \{f \in F \mid p(f) \leqq 1\}$$

は閉集合であり，この整数倍 nV もそうである．完備な距離空間 F が可算個の閉集合の合併 $\bigcup_{n=1}^{\infty} nV$ と表わされるのであるから，少なくとも一つの nV は内点をもつ．$1/n$ を掛ける写像は同相写像であるから，V が内点 f を含む．したがって $f+U \subset V$ となる 0 の近傍 U がある．V は $-f$ も含む凸集合であるから $(f+U-f)/2 = (1/2)U$ を含む．これより任意の $\varepsilon > 0$ に対して εV は $(\varepsilon/2)U$ を含むことがわかるから，p は原点において連続である．半ノルムの性質をつかえば，p はいたるところ連続であることが導かれる．▌

局所凸空間の著しい性質は十分多くの連続線型汎関数をもつことである．$\boldsymbol{C}$ または $\boldsymbol{R}$ の位相は絶対値 $|a|$ によって定まる局所凸位相であるから，線型汎関数 l が連続であるための必要十分条件は

(A. 18)　$$|l(f)| \leqq p(f), \quad f \in F,$$

となる連続な半ノルム p が存在することである．Hahn-Banach の定理（"関数解析" 定理 8. 2）によれば，F の線型部分空間において (A. 18) をみたす線型汎関数はこの関係を保ちながら F 全体に拡張することができる．したがって，局所

凸 Hausdorff 空間においては，任意の $f_0 \neq 0$ に対して，f_0 で生成される1次元の線型部分空間上の線型汎関数から出発することにより，$l(f_0) \neq 0$ となる F 上の連続線型汎関数 l が存在することがわかる．

F 上の連続線型汎関数全体の集合 F' は線型空間をなす．これを F の**双対空間**または**共役空間**という．局所凸空間 F とその双対空間 F' は対称的に取り扱い，$l \in F'$ の $f \in F$ における値 $l(f)$ も $\langle f, l \rangle$ と書き表わすことが多い．f を固定すれば，これは F' 上の線型汎関数になる．

双対空間には種々の局所凸位相を入れることができる．F がノルム空間のときは

$$\|l\|_{F'} = \sup_{\|f\| \leqq 1} |l(f)| \tag{A.19}$$

が F' 上のノルムになり，通常 F' はこのノルムをもつノルム空間とみなす．

半ノルムの族 $\{|l(f)| \mid f \in F\}$ で定義される局所凸位相を**汎弱位相**という．有向点族 $l_\nu \in F'$ が汎弱位相の下で $l \in F'$ に収束するとはすべての $f \in F$ に対し $l_\nu(f) \to l(f)$ となることである．

定理 A.6 (**Alaoglu-角谷**)　p を F 上の連続半ノルムとするとき，(A.18) をみたす $l \in F'$ 全体の集合は汎弱位相に関してコンパクトである．

証明　F' を F 上の任意の関数全体の空間 $\boldsymbol{C}^F$ (または $\boldsymbol{R}^F$) に埋込んだとき，F' の汎弱位相は $\boldsymbol{C}^F$ の直積位相を F' に制限したものになっている．E を (A. 18) をみたす $l \in F'$ 全体の集合とするとき，E を $\boldsymbol{C}^F$ の部分集合とみなせば，(A. 18) により各座標の成分はコンパクト集合 $\{a \in \boldsymbol{C} \mid |a| \leqq p(f)\}$ に含まれる．したがって Tychonoff の定理（"集合と位相 II" 定理 3. 3）により E は $\boldsymbol{C}^F$ において相対コンパクトである．E が $\boldsymbol{C}^F$ において閉集合であることを示すため，$l \in \boldsymbol{C}^F$ を E の触点とする．l が関数として (A. 18) をみたすことは明らかである．それゆえ，l が線型であることさえ示せば，$l \in E$ がわかる．f, g を F の任意の元，ε を任意の正の数とするとき，$|l(f)-m(f)|<\varepsilon$，$|l(g)-m(g)|<\varepsilon$ および $|l(f+g)-m(f+g)|<\varepsilon$ をみたす $m \in E$ がある．$m(f+g)=m(f)+m(g)$ ゆえ，$|l(f+g)-(l(f)+l(g))|<3\varepsilon$．$\varepsilon>0$ は任意であったから

$$l(f+g) = l(f) + l(g).$$

同様に

$$l(af) = al(f), \qquad a \in \boldsymbol{C}, \quad f \in F,$$

が示される．■

与えられた局所凸空間の双対空間を具体的に決定することは一般に困難な問題である．X が σ 有限の測度空間であるとき，$1 \leqq p < \infty$ ならば $L^p(X)$ の双対空間は $L^{p'}(X)$ と同型である．ただし p' は p と共役な指数とする．

X が σ コンパクト局所コンパクト Hausdorff 空間であるとき，Banach 空間 $C_0(X)$ の双対空間を決定するため，次の定義からはじめる．X 上の Radon 測度の複素係数の1次結合で表わされる Borel 集合族 $\mathfrak{B}$ 上の完全加法的集合関数を**複素正則測度** (complex regular measure)，実係数の1次結合を**符号つき正則測度** (signed regular measure) という．Radon 測度の正数係数の1次結合は再び Radon 測度になるから，複素正則測度 μ とは Radon 測度 $\mu_+, \mu_-, \mu_i, \mu_{-i}$ を用いて

$$\mu(E) = \mu_+(E) - \mu_-(E) + i\mu_i(E) - i\mu_{-i}(E) \tag{A.20}$$

と表わされる集合関数であり，符号つき正則測度とは

$$\mu(E) = \mu_+(E) - \mu_-(E) \tag{A.21}$$

と表わされる集合関数である．あるいは，$\mu_\pm, \mu_{\pm i}$ が絶対連続になるような Radon 測度 ν (例えば $\nu = \mu_+ + \mu_- + \mu_i + \mu_{-i}$) をとれば，

$$w(x) = \frac{\mu(dx)}{\nu(dx)} = \frac{\mu_+(dx)}{\nu(dx)} - \frac{\mu_-(dx)}{\nu(dx)} + i\frac{\mu_i(dx)}{\nu(dx)} - i\frac{\mu_{-i}(dx)}{\nu(dx)} \tag{A.22}$$

が ν に関する局所可積分関数になり

$$\mu(E) = \int_E w(x)\nu(dx) \tag{A.23}$$

と表わされる．ただし $\mu_+(dx)/\nu(dx)$ 等は Radon-Nikodym の密度関数である．

(A.20), (A.21) の分解における $\mu_\pm, \mu_{\pm i}$ がいずれも有界にとれるとき，あるいは同じことであるが (A.22) の密度関数 $w(x)$ が ν に関して可積分であるとき，μ は**有界**であるという．

μ が (A.20), (A.23) の表示をもつ複素正則測度，f が $C_c(X)$ の元のとき

$$\int f(x)\mu(dx) = \int f(x)\mu_+(dx) - \int f(x)\mu_-(dx) + i\int f(x)\mu_i(dx) - i\int f(x)\mu_{-i}(dx) \tag{A.24}$$

$$= \int f(x)\,w(x)\,\nu(dx)$$

によって μ に関する積分を定義する．μ が有界のときは，同じ式によって $f\in C_0(X)$ の積分も定義できる．

定理 A.7 X を σ コンパクト局所コンパクト Hausdorff 空間とするとき，有界複素正則測度 μ に関する積分は Banach 空間 $C_0(X)$ 上の連続線型汎関数であり，逆に $C_0(X)$ 上の任意の連続線型汎関数 l に対してただ一つの有界複素正則測度 μ が存在し

$$l(f) = \int f(x)\,\mu(dx), \qquad f\in C_0(X), \tag{A. 25}$$

と表わされる．さらに μ を (A. 23) の形に表わしたとき，

$$\|l\| = \int |w(x)|\,\nu(dx) = \int \left|\frac{\mu(dx)}{\nu(dx)}\right| \nu(dx). \tag{A. 26}$$

ただし $C_0(X)$ が実数値関数の空間であるときは有界複素正則測度を有界符号つき正則測度におきかえる．

証明 μ が有界複素正則測度のとき，$f\in C_0(X)$ に対して

$$\left|\int f(x)\,\mu(dx)\right| = \left|\int f(x)\,w(x)\,\nu(dx)\right| \leqq \|f\|_{C_0(X)} \int |w(x)|\,\nu(dx)$$

と評価できるから，(A. 25) の積分は $C_0(X)$ 上の連続線型汎関数であり，これを l とするとき

$$\|l\| \leqq \int |w(x)|\,\nu(dx).$$

逆に，$\varepsilon>0$ を任意にとったとき，$w(x)$ は ν-可積分であるから，コンパクト集合 E が存在して $\int_{X\setminus E} |w(x)|\,\nu(dx) < \varepsilon$．また積分の絶対連続性により $\delta>0$ が存在し，$A\subset E$ かつ $\nu(A)<\delta$ ならば $\int_A |w(x)|\,\nu(dx) < \varepsilon$ となる．Lusin の定理によって $\nu(E\setminus K)<\delta$ となるコンパクト集合 $K\subset E$ が存在し，$w(x)$ を K に制限したものは連続になる．$x\in K$ に対して

$$f(x) = \begin{cases} \exp(-i\arg w(x)), & |w(x)| \geqq \varepsilon/\nu(K), \\ \nu(K)\,\overline{w(x)}/\varepsilon, & |w(x)| < \varepsilon/\nu(K), \end{cases}$$

とすれば，これは $|f(x)|\leqq 1$ をみたす K 上の連続関数である．X がコンパクト

でないときは E の相対コンパクト開近傍 L をとり L の外では $f(x)=0$ とする．ここで Tietze の拡張定理を適用して $f(x)$ を $|f(x)|\leqq 1$ をみたす X 上の連続関数に拡張する（実部，虚部それぞれを拡張し，絶対値が 1 をこえるときは動径にそって単位円周上に射影せよ）．このとき，$\|f\|_{C_0(X)}\leqq 1$ かつ

$$|l(f)|\geqq\int_K|w(x)|\nu(dx)-\varepsilon-\int_{E\setminus K}|w(x)|\nu(dx)-\int_{X\setminus E}|w(x)|\nu(dx)$$
$$\geqq\int_X|w(x)|\nu(dx)-5\varepsilon.$$

ゆえに，(A.26) がなりたつ．

次に l を $C_0(X)$ 上の連続線型汎関数とする．はじめに $C_0(X)$ が実数値関数の空間である場合を考える．このとき $f\in C_0(X)^+=\{f\in C_0(X)\,|\,f\geqq 0\}$ に対して

(A.27) $$l^+(f)=\sup\{l(g)\,|\,0\leqq g\leqq f\}$$

と定義し，これが自然に $C_0(X)$ 上の正値線型汎関数に拡張されることを示そう．まず明らかに

(A.28) $$0\leqq l^+(f)\leqq\|l\|\,\|f\|,\quad f\in C_0(X)^+,$$

(A.29) $$l^+(af)=al^+(f),\quad a\in\boldsymbol{R}^+,\ f\in C_0(X)^+,$$

が成立する．次に

(A.30) $$l^+(f_1+f_2)=l^+(f_1)+l^+(f_2),\quad f_1,f_2\in C_0(X)^+$$

を示そう．$0\leqq g_i\leqq f_i$ ならば $0\leqq g_1+g_2\leqq f_1+f_2$ ゆえ，$l^+(f_1+f_2)\geqq l^+(f_1)+l^+(f_2)$ がわかる．

逆に，$0\leqq g\leqq f_1+f_2$ のとき，$g_1(x)=\min\{g(x),f_1(x)\}$，$g_2=g-g_1$ とおくと $0\leqq g_i\leqq f_i$ がなりたつ．これから逆むきの不等式が導かれる．

ここで，$f,g\in C_0(X)^+$ に対して

(A.31) $$l^+(f-g)=l^+(f)-l^+(g)$$

と定義する．(A.30) により，これは差 $f-g$ のみによって定まる数である．$C_0(X)$ のすべての元はこのように表わされるから l^+ は $C_0(X)$ 上の汎関数であり，(A.30) から

$$l^+(f+g)=l^+(f)+l^+(g),\quad f,g\in C_0(X),$$

がわかる．もう一つの線型性の条件

$$l^+(af)=al^+(f),\quad a\in\boldsymbol{R},\ f\in C_0(X),$$

も (A. 29) と (A. 31) より従う．(A. 28) と合せて l^+ は $C_0(X)$ 全体で定義された正値線型汎関数であることがわかる．したがって Riesz-Markov-角谷の定理により

$$l^+(f) = \int f(x)\,\mu_+(dx), \qquad f \in C_0(X),$$

となる有界 Radon 測度 μ_+ が存在する．

一方 (A. 27) の定義より $l^+ \geqq l$ となるから，$l^- = l^+ - l$ もいたるところ定義された正値線型汎関数である．こうして $l = l^+ - l^-$ は有界符号つき正則測度による積分と一致することが証明された．

$C_0(X)$ が複素数値関数の空間である場合は，l を実数値関数の $C_0(X)$ に制限したとき，$\mathrm{Re}\, l$ および $\mathrm{Im}\, l$ は連続実線型汎関数になる．それぞれに対する表示をたし合せれば，有界複素正則測度による表示が得られる．

μ_1, μ_2 を二つの有界複素正則測度，l_1, l_2 を対応する連続線型汎関数とするとき，μ_1, μ_2 が絶対連続となる Radon 測度 ν をとって，$\mu_i(dx) = w_i(x)\nu(dx)$ と表わせば，(A. 26) により

$$\|l_1 - l_2\| = \int |w_1(x) - w_2(x)|\,\nu(dx).$$

したがって，$l_1 = l_2$ ならば ν に関してほとんどいたるところ $w_1(x) = w_2(x)$ となる．それゆえ一つの連続線型汎関数を表わす有界複素正則測度はただ一つしか存在しない．▌

参 考 書

Fourier 解析に関する著書は数かぎりない．次は本講の執筆に参照したものである．

[1] T. Carleman: L'Intégrale de Fourier et Questions qui s'y Rattachent, Almqvist & Wiksells, Uppsala, 1944.

[2] P. L. Duren: Theory of H^p Spaces, Academic Press, London-New York, 1970.

[3] K. Hoffman: Banach Spaces of Analytic Functions, Prentice-Hall, Englewood Cliffs, 1962.

[4] 猪狩惺: フーリエ級数，岩波全書，岩波書店，東京，1975.

[5] 河田龍夫: Fourier 解析，産業図書，東京，1975.

[6] R. E. A. C. Paley-N. Wiener: Fourier Transforms in the Complex Domain, Amer. Math. Soc., Providence, 1934.

[7] L. S. Pontrjagin (柴岡，杉浦，宮崎共訳): 連続群論 上，下，岩波書店，東京，1957, 1958 (Непрерывные Группы, Москва, 1954).

[8] E. M. Stein: Singular Integrals and Differentiability Properties of Functions, Princeton Univ. Press, Princeton, 1970.

[9] E. M. Stein-G. Weiss: Introduction to Fourier Analysis on Euclidean Spaces, Princeton Univ. Press, Princeton, 1971.

[10] 洲之内源一郎: フーリエ解析，現代数学講座 2A，共立出版，東京，1956.

[11] A. Weil: L'Intégration dans les Groupes Topologiques et ses Applications, Hermann, Paris, 1940.

[12] N. Wiener: The Fourier Integral and Certain of its Applications, Cambridge Univ. Press, Cambridge, 1933; リプリント，Dover, New York.

[13] A. Zygmund: Trigonometrical Series, Monografje Mat., Warsaw, 1935; リプリント，Dover, New York.

[14] A. Zygmund: Trigonometric Series, Second Edition, Cambridge Univ. Press, Cambridge, 1959.

[14] は Fourier 級数論の集大成であるが，大部すぎて通読には適さない．少々古いけれどもこの第1版 [13] の方が理論の大綱を知るにはよい．[4], [5] は本講と大体同程度であるが，Wiener の理論など本講で扱えなかった話題ものっている．

[12], [1] は特色ある Fourier 積分論の入門書である．[6] では Fourier 解析の多彩な

領域が展開されている.

本講では Hardy 空間について古典的な結果しか与えることができなかったが，その後の発展については [2], [3] などを見られたい.

群上の Fourier 解析については [7], [11] が古典である. 専門を志す人でなければこれらで十分であろう.

本講で扱うことのできなかった多変数の Fourier 解析および (Stein 流の) Littlewood-Paley の理論については [8], [9] を見られたい.

なお序文でも述べたように本講は

[15] G. H. Hardy-J. E. Littlewood-G. Pólya: Inequalities, Second Edition, Cambridge Univ. Press, Cambridge, 1952

を意識して書いた. 予備知識として仮定した積分論および関数解析については本講座のそれぞれの項目および本講の付録または

[16] 伊藤清三，小松彦三郎編: 解析学の基礎，現代数学演習叢書 3，岩波書店，東京，1977

を参照されたい.

以下本講の執筆に用いた論文を掲げる.

§1.2 定理 1.17 は

[17] M. M. Day: The spaces L^p with $0<p<1$, Bull. Amer. Math. Soc., **46** (1940), 816-823

による. Lorentz 空間は

[18] G. G. Lorentz: Some new functional spaces, Ann. of Math., **51** (1950), 37-55

によって導入された. Marcinkiewicz の定理は

[19] J. Marcinkiewicz: Sur l'interpolations d'opérations, C. R. Acad. Sci. Paris, **208** (1939), 1272-1273

で発表されたが，Marcinkiewicz は証明を公表する前に亡くなり，戦後になって

[20] A. Zygmund: On a theorem of Marcinkiewicz concerning interpolation of operations, J. Math. Pures Appl., **35** (1956), 223-248

が証明を与えた. その後の発展は

[21] E. M. Stein-G. Weiss: An extension of a theorem of Marcinkiewicz and some of its applications, J. Math. Mech., **8** (1959), 263-284,

[22] R. A. Hunt: On $L(p, q)$ spaces, Enseignement Math., **12** (1966), 249-276,

[23] A. P. Calderón, Spaces between L^1 and L^∞ and the theorem of Marcinkiewicz, Studia Math., **26** (1966), 273-299

による．本講は [22] によるところが大きい．弱 $(p_0, q_0; p_1, q_1)$ 型等の考え方について筆者は

[24] R. A. DeVore-S. D. Riemenschneider-R. C. Sharpley: Weak interpolation in Banach spaces, J. Functional Analysis, **33** (1979), 58-94

から学んだが，起源は

[25] R. O'Neil-G. Weiss: The Hilbert transform and rearrangement of functions, Studia Math., **23** (1963), 189-198

および [23] にある．さらに [20] にさかのぼることもできるようである．

§1.6 で引用した O'Neil の論文は

[26] R. O'Neil: Convolution operators and $L(p, q)$ spaces, Duke Math. J., **30** (1963), 129-142

である．Hardy-Littlewood-Sobolev の不等式は

[27] G. H. Hardy-J. E. Littlewood: Some properties of fractional integrals, Math. Z., **27** (1928), 565-606 & **34** (1932), 403-439,

[28] S. L. Sobolev: Об одной теореме функционального анализа, Mat. Sbornik, **4** (1938), 471-497

に発表された．

なお，Lebesgue 空間および Lorentz 空間の間の作用素に対する補間定理は，J. L. Lions, A. P. Calderón, J. Peetre 等によって一般の Banach 空間の対の間の作用素の場合に拡張されている．これについては

[29] J. Bergh-J. Löfström: Interpolation Spaces, an Introduction, Springer, Berlin-Heidelberg-New York, 1976

または

[30] H. Triebel: Interpolation Theory, Function Spaces, Differential Operators, North-Holland, Amsterdam, 1978

を見よ．

第2, 3章の執筆に際してははじめにあげた単行本，[21] および [25] の他に次の論文を参照した．

[31] G. H. Hardy-J. E. Littlewood: A maximal theorem with function-theoretic applications, Acta Math., **54** (1930), 81-116.

[32] E. Hille-J. D. Tamarkin: On a theorem of Paley and Wiener, Ann. of Math., **34** (1933), 606-614.

[33] E. Hille-J. D. Tamarkin: A remark on Fourier transforms and functions analytic in a half-space, Compositio Math., **1** (1934), 98-102.

[34] E. Hille-J. D. Tamarkin: On the absolute integrability of Fourier transforms, Fund. Math., **25** (1935), 329-352.

[35] T. Kawata (=Takahashi): On analytic functions regular in the half-plane, Jap. J. Math., **13** (1937), 421-430 & 483-491.

[36] F. Riesz: Über die Randwerte einer analytischen Funktion, Math. Z., **18** (1923), 87-95.

§2.4 で結果のみを述べた Carleson-Hunt の概収束定理は

[37] L. Carleson: On the convergence and growth of partial sums of Fourier series, Acta Math., **116** (1966), 135-157,

[38] R. A. Hunt: On the convergence of Fourier series, Proc. Conf. on Orthogonal Expansions and their Continuous Analogues, Southern Ill. Univ. Press, Carbondale and Edwardsville, 1968, pp. 235-255

および

[39] C. Fefferman: Pointwise convergence of Fourier series, Ann. of Math., **98** (1973), 551-571

にある.

Hardy 空間 $H^p(\boldsymbol{R})$ の理論は実関数的に再構成され多次元 Euclid 空間 $\boldsymbol{R}^n$ の場合に拡張されている. これについては

[40] C. Fefferman-E. M. Stein: H^p spaces of several variables, Acta Math., **129** (1972), 137-193

を見よ.

超関数および超関数の Fourier 解析については

[41] L. Schwartz (岩村, 石垣, 鈴木訳): 超函数の理論, 原書第3版, 岩波書店, 東京, 1971 (Théorie des Distributions, 3 éd., Hermann, 1966)

が基本的な参考書である. 本講座の "解析入門" でも論じられることになっている.

第1刷以後に出版された文献のうち

[42] R. R. Coifman-Y. Meyer: Au delà des Opérateurs Pseudo-différentiels. Astérisque 57, Soc. Math. France, 1978,

[43] P. Koosis: Introduction to H_p Spaces, London Math. Soc. Lecture Notes 40, Cambridge Univ. Press, 1980

をあげておこう.

本講の第一稿および校正を宮地晶彦氏に読んでいただいて, 数々の誤りを正しえた. 記して感謝の意を表する.

■岩波オンデマンドブックス■

岩波講座 基礎数学
解析学 (I) vi
Fourier 解析

1978 年 10 月 30 日　第 1 刷発行
1988 年 11 月 4 日　第 3 刷発行
2019 年 10 月 10 日　オンデマンド版発行

著　者　小松彦三郎（こまつひこさぶろう）

発行者　岡 本　厚

発行所　株式会社 岩波書店
〒 101-8002 東京都千代田区一ツ橋 2-5-5
電話案内 03-5210-4000
https://www.iwanami.co.jp/

印刷／製本・法令印刷

ISBN 978-4-00-730935-9　　Printed in Japan